家用电器维修实用技能手册：
空调器、电冰箱、洗衣机

张泽宁　张新德　主编

机械工业出版社

本书以提炼理论知识、突出实用演练、强化技能训练、服务技能鉴定为宗旨，系统地介绍了白电（电冰箱、空调器、洗衣机）维修基础知识和基本技能。全书先简要介绍家电维修的理论基础、元器件、读图方法、工具拆装与检修思路，再分类介绍电冰箱、空调器、洗衣机的结构原理与故障检修技能，既有服务维修前提的基础训练，又有分类电器的具体维修操作技能。

本书适合家电维修初、中级工，家电维修技师学院（校）师生和维修爱好者阅读，也可作为家电维修实体企业、网络会员制企业、维修行业协会的内部参考用书。

图书在版编目（CIP）数据

家用电器维修实用技能手册：空调器、电冰箱、洗衣机/张泽宁，张新德主编. —北京：机械工业出版社，2014.9（2024.6 重印）
ISBN 978-7-111-47603-0

Ⅰ.①家… Ⅱ.①张…②张… Ⅲ.①空气调节器-维修-技术手册②冰箱-维修-技术手册③洗衣机-维修-技术手册 Ⅳ.①TM925.07-62

中国版本图书馆 CIP 数据核字（2014）第 180989 号

机械工业出版社（北京市百万庄大街 22 号　邮政编码 100037）
策划编辑：刘星宁　责任编辑：刘星宁
版式设计：霍永明　责任校对：陈延翔
封面设计：马精明　责任印制：刘　媛
涿州市般润文化传播有限公司印刷
2024 年 6 月第 1 版第 8 次印刷
169mm×239mm · 20.75 印张 · 447 千字
标准书号：ISBN 978-7-111-47603-0
定价：49.80 元

前　言

目前我国家电服务维修行业的从业人员有 300 多万人，但却存在维修行业总体服务水平偏低的情况，主要是由于家电服务维修行业缺乏具有较高职业素质的专业人员，导致维修服务人员一次上门的修复率较低，加大了维修服务的成本。与此同时，我国大批维修服务企业仍处于小、散、乱的状态，这些企业急需壮大产业规模，加大初、中级工维修培训的力度，提高服务维修水平。为此，我们编写了《家用电器维修实用技能手册：空调器、电冰箱、洗衣机》，以满足广大读者的需要。希望本书的出版，能够帮助广大维修人员提高维修技能和家电行业的整体维修水平。

本书是《家用电器维修实用技能手册》的延续篇，是对《家用电器维修实用技能手册》进一步的细化和提升。在内容的安排上，本书以理论基础、维修技巧、操作技能为重点，突出技能操作，注重实操实用，做到该详则详、该略则略，内容全面、形式新颖、图文并茂。本书所测数据，如未特殊说明，均采用 MF47 型指针式万用表和 DT9205A 数字万用表测得。为了便于读者实践应用，本书采用了很多原厂的电路图，其中的文字符号未与国家标准进行统一，请读者注意。

本书在编写和出版过程中，得到了出版社领导和编辑的热情支持和帮助，刘淑华、陈金桂、张健梅、刘晔、张新春、张云坤、王光玉、刘运和、陈秋玲、罗小姣、刘桂华、张美兰、周志英、刘玉华、王灿、张利平、王娇等同志也参加了部分内容的编写、资料收购、整理和文字录入等工作。值此成书之际，向这些领导、编辑和同仁一并表示深情致谢！

由于作者水平有限，书中错漏之处在所难免，恳请广大读者批评指正。

作　者

目　　录

第一章　电冰箱/空调器/洗衣机维修基础

第一节　电子技术基础

一、模拟电路

模拟电路就是利用信号的大小强弱（某一时刻的模拟信号，即时间和幅度上都连续的信号）表示信息内容的电路，如声音经话筒（学名为送话器）变为电信号，其电信号的大小就对应于电信号大小强弱（电压的高低值或电流的大小值），用以处理该信号的电路就是模拟电路。模拟信号在传输过程中很容易受到干扰而产生失真（与原来不一样）。与模拟电路对应的就是数字电路。模拟电路是数字电路的基础。

学习模拟电路应掌握以下概念。

1. 电源

电源是电路中产生电能的设备。按其性质不同，电源可分为直流电源和交流电源，可以将化学能和机械能转换成电能。很多直流电源是将化学能转换为电能的，如干电池和铅酸蓄电池；很多交流电源是通过发电机产生电能的。

电源内可以形成一种力，能使电荷移动而做功。这种力做功的能力称为电源电动势，常用符号 E 表示，其单位为伏特（V），常用单位及换算关系是

1 千伏（kV）= 1000 伏（V）

1 伏（V）= 1000 毫伏（mV）

1 毫伏（mV）= 1000 微伏（μV）

2. 电路

电路指电流通过的路径。它由电源、导线和控制元器件组成。

3. 电流

电流指电荷在导体上的定向移动。在单位时间内通过导体某一截面的电荷量用符号 I 表示。电流的大小和方向能随时间有规律地变化，叫做交流电流；电流的大小和方向不随时间发生变化，叫做恒定直流电。

电流的单位为安培，用字母 A 表示，常用单位及换算关系是

1 安培（A）= 1000 毫安（mA）

1 毫安（mA）= 1000 微安（μA）

4. 电压

电压是指电流在导体中流动的电位差。电路中元器件两端的电压用符号 U 表示。电压的单位为伏特（V），常用单位有伏（V）、毫伏（mV）、微伏（μV）。

5. 电阻

电阻是指导体本身对电流所产生的阻力。电阻用符号 R 表示。电阻的单位为欧姆（Ω），常用单位及换算关系是

1 千欧（kΩ）= 1000 欧（Ω）

1 兆欧（MΩ）= 1000 千欧（kΩ）

由于电阻的大小与导体的长度成正比，与导体的截面积成反比，且与导体的本身材料质量有关，其计算公式为

$$R = \rho \frac{L}{A}$$

式中，L 为导体的长度（m）；A 为导体的截面积（m^2）；ρ 为导体的电阻率（$\Omega \cdot mm^2/m$）。

6. 电容

电容是指电容器的容量。电容器由两块彼此相互绝缘的导体组成，一块导体带正电荷，另一块导体一定带负电荷。其储存电荷量与加在两导体之间的电压大小成正比。

电容用字母 C 表示。电容量的基本单位为法拉（F）。常用单位及换算关系是

1 法（F）= 10^6 微发（μF）= 10^{12} 皮法（pF）

注意：电容在电路图中有时采用数标法，即用三位数字表示容量大小，前两位表示有效数字，第三位数字是 10 的多少次方，基本单位为 pF。如：103 表示 10×10^3 pF = 0.01μF，203 表示 20×10^3 pF = 0.02μF。

电容器在电路中的作用如下：

1）能起到隔直流通交流的作用；

2）电容器与电感器可以构成具有某种功能的电路；

3）利用电容器可实现滤波、耦合定时和延时等功能。

使用电容器时应注意：电容器串联使用时，容量小的电容器比容量大的电容器所分配的电压要高，串联使用时要注意每个电容器的电压不要超过其额定电压。电容器并联使用时，等效电容的耐压值等于并联电容器中最低额定工作电压。

电阻器和电容器串并联的等效计算见表 1-1。

表 1-1　电阻器和电容器串并联等效电容计算表

计算内容	阻容连接图	等效阻容计算公式
串联电阻器总电阻的计算		$R = R_1 + R_2 + \cdots + R_i + \cdots + R_n = \sum\limits_{i=1}^{n} R_i$ $G = \dfrac{1}{\dfrac{1}{G_1} + \dfrac{1}{G_2} + \cdots + \dfrac{1}{G_i} + \cdots + \dfrac{1}{G_n}} = \dfrac{1}{\sum\limits_{i=1}^{n} \dfrac{1}{G_i}}$
并联电阻器总电阻的计算		$G = G_1 + G_2 + \cdots + G_i + \cdots + G_n = \sum\limits_{i=1}^{n} G_i$ $\dfrac{1}{R} = \dfrac{1}{R_1} + \dfrac{1}{R_2} + \cdots + \dfrac{1}{R_i} + \cdots + \dfrac{1}{R_n} = \sum\limits_{i=1}^{n} \dfrac{1}{R_i}$

（续）

计算内容	阻容连接图	等效阻容计算公式
串联电容器总电容的计算	C_1 C_2 C_n	$\dfrac{1}{C} = \dfrac{1}{C_1} + \dfrac{1}{C_2} + \cdots + \dfrac{1}{C_i} + \cdots + \dfrac{1}{C_n} = \sum\limits_{i=1}^{n} \dfrac{1}{C_i}$
并联电容器总电容的计算	C C_1 C_2 $\cdots$ C_n	$C = C_1 + C_2 + \cdots + C_i + \cdots + C_n = \sum\limits_{i=1}^{n} C_i$

注：表中 G 为电导，$G = \dfrac{1}{R}$。

7. 电能

电能指在某一段时间内电流的做功量。常用千瓦小时（kW·h）作为电能的计算单位，即功率为 1kW 的电源在 1h 内电流所做的功。

电能用符号 W 表示，单位为焦耳（J）。电能的计算公式为

$$W = Pt$$

式中，P 为电功率（W）；t 为时间（s）；W 为电能（J）。

8. 电功率

电功率是指在一定的单位时间内电流所做的功。电功率用符号 P 表示，单位为瓦特（W），常用单位千瓦（kW）和毫瓦（mW）等，即 1W = 1000mW。

电功率是衡量电能转换速度的物理量。其计算如下：

假设在一个电阻值为 R 的电阻两端加上电压 U，而流过 R 的电流为 I，求该电阻上消耗的电功率 P，即

$$P = UI = I^2 R = \frac{U^2}{R}$$

式中，U 为电压（V）；I 为电流（A）；R 为电阻（Ω）；P 为电功率（W）。

9. 电感线圈

电感线圈是用绝缘导线绕制在铁心或支架上的线圈。它具有通直流阻交流的作用。可以配合其他电器元器件组成振荡电路、调谐电路、高频和低频滤波电路。

电感是自感和互感的总称，其两种现象表现为，当线圈本身通过的电流发生变化时将引起线圈周围磁场的变化，而磁场的变化又在线圈中产生感应电动势，这种现象称作自感；两只互相靠近的线圈，其中一个线圈中的电流发生变化，而在另一个线圈中产生感应电动势，这种现象称为互感。

电感用符号 L 表示，单位为亨利（H）。常用单位及换算关系为毫亨（mH）和微亨（μH）。1 亨（H）= 1000 毫亨（mH）= 1×10^6 微亨（μH）。

电感线圈对交流电呈现的阻碍作用称作感抗，用符号 X_L 表示，单位为欧姆（Ω）。感抗与线圈中的电流的频率及线圈电感量的关系为 $X_L = \omega L = 2\pi f L$。

10. 欧姆定律

在一段只有电阻的电路中，流过电阻 R 的电流 I 与加在电阻两端的电压 U 成正比，与电阻成反比，称作无源支路的欧姆定律。

欧姆定律的计算公式为

$$I = \frac{U}{R}$$

式中，I 为支路电流（A）；U 为电阻两端的电压（V）；R 为支路电阻（Ω）。

在一段含有电源的电路中，其支路电流的大小和方向与支路电阻、电动势的大小和方向、支路两端的电压有关，称作有源支路欧姆定律。其计算公式为

$$I = \frac{U - E}{R}$$

11. 基尔霍夫定律

基尔霍夫第一定律为节点电流定律，几条支路所汇集的点称作节点。对于电路中任意节点，任意瞬间流入该节点的电流之和必须等于流出该节点的电流之和。或者说流入任意节点的电流的和等于 0（假定流入的电流为正值，流出的则看做是流入一个负极的电流），即

$$I_1 + I_2 - I_3 + I_4 - I_5 = 0$$

基尔霍夫第二定律为回路电压定律。电路中任意闭合路径称作回路，任意瞬间，电路中任意回路的各阻抗上的电压降的和恒等于回路中的各电动势的和。

12. 频率

频率指交流电流量每秒钟完成的循环次数，用符号 f 表示，单位为赫兹（Hz）。我国交流供电的标准频率为 50Hz。

13. 周期

周期指电流变化一周所需要的时间，用符号 T 表示，单位为秒（s）。周期与频率是互为倒数的关系，其数学公式为

$$T = \frac{1}{f}$$

14. 相位和初相位

在电流表达式 $i = I_m \sin(\omega t + \varphi)$ 中，电角度 $(\omega t + \varphi)$ 表示正弦交流电变化过程的一个物理量称作相位。当 $t = 0$（即起始时）时的相位 φ 称作初相位。

15. 角频率

角频率指正弦交流电在单位时间内所变化的电角度，用符号 ω 表示，单位是弧度/秒（rad/s）。角频率与频率和周期的关系为

$$\omega = 2\pi f = \frac{2\pi}{T}$$

16. 振幅值

振幅值交流电流或交流电压，在一个周期内出现的电流或电压的最大值。用符号 I_m 表示。

17. 有效值

有效值指交流电流 i 通过一个电阻时，在一个周期内所产生的热量，如果与一个恒定直流电流 I 通过同一个电阻时所产生的热量相等，该恒定直流电流值的大小称作该交流电流的有效值。电流有效值用字母 I 表示，电压有效值用 U 表示。

对于正弦交流电，其电流及电压的有效值与振幅值的数量关系为

$$I = \frac{I_m}{\sqrt{2}} \quad U = \frac{U_m}{\sqrt{2}}$$

18. 相电压

相电压指在三相对称电路中，每相绕组或每相负载上的电压，即端线与中线之间的电压。

19. 相电流

相电流指在三相对称的电路中，流过每相绕组或每相负载上的电流。

20. 线电压

线电压是指在三相对称电路中，任意两条线之间的电压。

21. 线电流

线电流是指在三相对称电路中，端线中流过的电流。

二、数字电路

用数字信号完成对数字量进行算术运算和逻辑运算的电路称为数字电路或数字系统。由于它具有逻辑运算和逻辑处理的功能，所以又称数字逻辑电路。现代的数字电路是由半导体工艺制成的若干数字集成器件构造而成的。逻辑门电路是数字逻辑电路的基本单元。存储器是用来存储二进制数据的数字电路。从整体上看，数字电路可以分为组合逻辑电路和时序逻辑电路两大类。

数字电路与模拟电路不同，它不是利用信号大小强弱来表示信息的，而是利用电压的高低或电流的有无或电路的通断来表示信息的 1 或 0，用一连串的 1 或 0 编码表示某种信息（由于只有 1 与 0 两个数码，所以叫二进制编码，图 1-1 所示为数字信号与模拟信号波形对照）。用以处理二进制信号的电路就是数字电路，它利用电路的通断来表示信息的 1 或 0。其工作信号是离散的数字信号。利用电路中的晶体管的工作状态即可代表数字信号，即时而导通时而截止就可表示数字信号。

最初的数字集成器件以双极型工艺制成了小规模逻辑器件，随后发展到中规模逻辑器件；20世纪 70 年代末，微处理器的出现，使数字集成电路的性能产生了质的飞跃，出现了大规模的数字集成电路。数字电路最重要的单元电

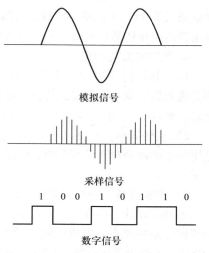

模拟信号

采样信号

1 0 0 1 0 1 1 0

数字信号

图 1-1　数字信号与模拟信号波形对照

路就是逻辑门。

数字集成电路是由许多的逻辑门组成的复杂电路。与模拟电路相比，它主要进行数字信号的处理（即信号以 0 与 1 两个状态表示），因此抗干扰能力较强。数字集成电路有各种门电路、触发器，以及由它们构成的各种组合逻辑电路和时序逻辑电路。一个数字系统一般由控制部件和运算部件组成，在时序脉冲的驱动下，控制部件控制运算部件完成所要执行的动作。通过模拟数字转换器、数字模拟转换器，数字电路可以和模拟电路实现互联互通。

学习数字电路主要应掌握以下概念。

1. 组合逻辑电路

组合逻辑电路简称组合电路，它由最基本的逻辑门电路组合而成。特点：输出值只与当时的输入值有关，即输出惟一地由当时的输入值决定。电路没有记忆功能，输出状态随着输入状态的变化而变化，类似电阻性电路，如加法器、译码器、编码器、数据选择器等都属于此类。

2. 时序逻辑电路

时序逻辑电路简称时序电路，它是由最基本的逻辑门电路加上反馈逻辑回路（输出到输入）或器件组合而成的电路，与组合电路最本质的区别在于时序电路具有记忆功能。特点：输出不仅取决于当时的输入值，而且还与电路过去的状态有关。它类似含储能元器件的电感或电容的电路，如触发器、锁存器、计数器、移位寄存器、储存器等电路都是时序电路的典型器件。

3. 分类

按电路有无集成元器件来分，可分为分立元器件数字电路和集成数字电路。

按集成电路的集成度进行分类，可分为小规模集成数字电路（SSI）、中规模集成数字电路（MSI）、大规模集成数字电路（LSI）和超大规模集成数字电路（VLSI）。按构成电路的半导体器件来分类，可分为双极型数字电路和单极型数字电路。

4. 数字电路的特点

1）同时具有算术运算和逻辑运算功能。数字电路是以二进制逻辑数学为基础，使用二进制数字信号，既能进行算术运算又能方便地进行逻辑运算（与、或、非、判断、比较、处理等），因此极其适合运算、比较、存储、传输、控制、决策等应用。

2）实现简单，系统可靠。以二进制作为基础的数字逻辑电路，可靠性较强，电源电压的小的波动对其没有影响，温度和工艺偏差对其工作的可靠性影响也比模拟电路小得多。

3）集成度高，功能实现容易，体积小，功耗低是数字电路突出的优点。

电路的设计、维修、维护灵活方便，随着集成电路技术的高速发展，数字逻辑电路的集成度越来越高，集成电路块的功能随着小规模集成电路（SSI）、中规模集成电路（MSI）、大规模集成电路（LSI）、超大规模集成电路（VLSI）的发展也从元器件级、器件级、部件级、板卡级上升到系统级。只需采用一些标准的集成电路块单元连接就能组成电路。对于非标准的特殊电路还可以使用可编程序逻辑阵列电路，通过编程的方法实现各种逻辑功能。

数字电路与数字电子技术广泛地应用于电视、雷达、通信、电子计算机、自动控制、航天等科学技术领域。

数字电路又可分为数字脉冲电路和数字逻辑电路。前者研究脉冲的产生、变换和测量；后者对数字信号进行算术运算和逻辑运算。

三、数字电路的划分

1. 按功能分为组合逻辑电路和时序逻辑电路

前者在任何时刻的输出，仅取决于电路此刻的输入状态，而与电路过去的状态无关，它们不具有记忆功能，常用的组合逻辑器件有加法器、译码器、数据选择器等。后者在任何时候的输出，不仅取决于电路此刻的输入状态，而且与电路过去的状态有关，它们具有记忆功能。

2. 按结构分为分立元器件电路和集成电路

前者是将独立的晶体管、电阻等元器件用导线连接起来的电路。后者将元器件及导线制作在半导体硅片上，封装在一个壳体内，并焊出引线的电路。集成电路的集成度是不同的。

数字电路主要研究对象是电路的输出与输入之间的逻辑关系，因而在数字电路中不能采用模拟电路的分析方法，如小信号模型分析法。由于数字电路中的器件主要工作在开关状态，因而采用的分析工具主要是逻辑代数，用功能表、真值表、逻辑表达式、波形图等来表达电路的主要功能。

四、模拟信号数字化技术

由于数字电路是采用脉冲的"有"和"无"这个码值来表示的，其计数方式就必须实行二进制方式。二进制数由"1"和"0"两位数组成，"1"对应脉冲"有"，"0"对应脉冲"无"。

要将模拟信号转化为数字信号，首先应将模拟信号进行换码，图1-2所示为模拟信号的换码过程。它是将输入模拟信号的波形按适当时间来测量，把各个时刻波形的幅度用二进制数读出，并把这些二进制排成顺序脉冲序列，这样就达到了模拟信号数字化的目的。即使光盘在记录或重放过程中有失真和噪声，重放时根据识别码的长短或脉冲的有无，即可使原来的信号再现。具体说来，模拟信号数字化要经过以下过程。

1. 采样

模拟信号数字化需经过采样、量化和编码三个程序。所谓采样，即以适当的时间间隔观测模拟信号波形，并将观测到的时间不连续的样本值替换原来的连续信号波形的操作，又称为取样。

采样的基本定理：如果把随时间变化的信号波形用该信号所含最高频率2倍的频率进行采样，就可以从采样值通过插补，正确地得到原信号的波形。

为什么采样频率为信号中最高频率的2倍时，就能重现原信号波形呢？这是因为采用的采样频率为足够高时，在被采样后只舍去了采样点以外的波形值，对于原信号的频谱仍完整地保留下来，只是新增加一些高频频谱。再经低通滤波器把新增加的多余频谱成分滤除后，就成了和原信号一样的频谱了。由于该低通滤波器的频率特性包含有脉冲响应特性，所以通常把这种低通滤波器叫做解调滤波器（LPF）。由于解调滤波器的平滑作用，使滤波后的脉冲变成了各个脉冲均响应的合成波，从而达到了重现原信号波形的目的。

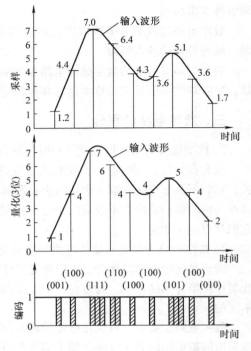

图 1-2　模拟信号的换码过程

2. 量化

量化就是把各个时刻的采样值用二进制表示，通过把随时间连续变化的信号振幅变换成不连续的离散值的近似操作和四舍五入的计算方法，就可以将采样所得的无限个模拟电压值转换成有限个电压值。而有限个电压的数值就是数字信号的前身，它反映了模拟电压的变化曲线，使电压曲线变成了一连串的数字信号。因此，从狭义上说，整个量化过程就是将模拟信号转换成数字信号的过程。

量化器实际上是一种具有量化特性的电路，量化的方式有两种，即：无论信号的大小，均具有同样量化阶梯高度（相等的时间间隔，相等的取样间隔）的量化方式叫做均匀量化；根据信号大小，具有不同阶梯高度（相等时间间隔，不等的取样间隔）的量化方式叫非均匀量化。

3. 二进制编码技术

量化后还要经过编码，将量化的采样值表示为数值，则称为编码。二进制编码是使用"0"和"1"两个数字表示某一数值，这个二进制数位（Binary Digit）称为 bit，通常 8bit 为一个字节（表示文字信息量的单位，英文为 Byte）。该组二进制数称为字（Word），字内各个位的名称是，最高位叫做 MSB，第二位叫 2SB，第 3 位叫 3SB…，最低位叫 LSB。

与十进制不同的是，二进制采用逢二进一的方法。如果把日常生活中常用的十进制码表示为二进制位数，则可用每一个都是 4bit 的二进制码来表示。例如，十进制中的 1、2、3、4、5、6、7、8、9、10 表示为二进制码，则分别为 0001、0010、0011、0100、0101、0110、0111、1000、1001、1010。可以这样定性理解，十进制中的"1"只有一位，而二进制中的"1"则用四位表示，但实质上还是 1；而"2"则是两个二进制"1"根据逢二进一的原则相加，即 0001 + 0001 = 0010；"3"是二进制码中的"2"和

"1"相加，0001 + 0010 = 0011；"8"是二进制的"7"和"1"相加，即 0001 + 0111 = 1000；…；"15"是二进制"10"加上"5"，即 1010 + 0101 = 1111；"63"为四个二进制"15"相加，再加上二进制的"3"，即 1111 + 1111 + 1111 + 1111 + 0011 = 111111，依此类推。十进制中的自然数都可以通过二进制数表示出来。

采用二进制之后，只有数字"1"和"0"，而且数字"1"和"0"可以通过晶体管的开和关表示出来，数位简单，进位原则也较简单，特别适合计算机运算，所以二进制数在数字编码技术中得到了广泛应用。

五、A – D 和 D – A 转换技术

1. A – D 转换技术

A – D 转换就是将模拟信号转换成数字信号，在 A – D 转换过程中，首先是利用采样保持电路对输入的模拟信号进行采样，如图 1-3 所示。

电路中的模拟开关是采样开关，它的每秒接通次数为采样频率，接通时间为采样时间。例如，对于音响信号，每秒采样 44.1 千次，即 44.1kHz。

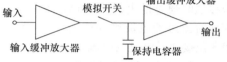

图 1-3　模拟信号采样电路

模拟开关通断是由控制信号控制的，高电平接通，低电平断开。接通时送出输入信号在接通时刻的电平值（样本值）。该样本电平值送到保持电容以保持其电平值，经输出缓冲放大器放大后输出，待下一个采样值送出时，它又保持输出这一电平值。因此，经保持电路处理后的信号就变成了一种阶梯形的模拟信号，该信号经量化编码后变成了数字信号。

A – D 转换器有多种类型，若影碟机采用 16 位的数字信号，则要求 A – D 转换器不但要具有将模拟信号分解成 2^{16} = 65536 个等级的能力，而且必须在 10 ~ 20μs 的时间内完成整个转换过程。

图 1-4 所示为逐级比较式 A – D 转换器，它主要由模拟比较器、移位寄存器、锁存器和 A – D 转换器构成。其工作步骤是按照天平称物的原理来完成的。如果把图中的模拟比较器比作天平，输入模拟信号比作所测重物的重量，D – A 转换器比作砝码，那么，移位寄存器和锁存器就相当于放入、取出或留下的砝码。输入信号增加表示物体量增加，这时就必须增加砝码，也就是说，物体重量改变时，砝码也必须相应改变，才能使天平保持平衡，使称出的物体量与砝码相等。

2. D – A 转换技术

与 A – D 转换相反，D – A 转换是将数字信号变成模拟信号。其作用是将 A – D 转换后形成的数字信号再还原成模拟信号，推动模拟设备进行工作。

D – A 转换器的基本结构如图 1-5 所示。

D – A 转换的位数与 A – D 转换的位数（图 1-5 中为 16 位）应相同，变换速度的最低限度应控制在一定的时间之内。图 1-5 所示的转换器是采用晶体管的，根据数字信号是 0 还是 1 来控制开关是通（ON）还是断（OFF）的工作状态。

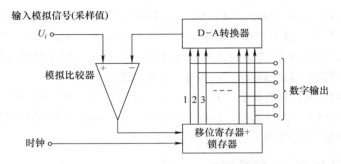

图1-4　逐级比较式 A－D 转换器

图 1-5 中，流过 R1 至 R16 各个开关的电流用 2 的倍数加权，即第 1 位接通时通过的电流为 1mA，第 2 位接通时流过的电流则为 (1/2) × 1mA，第 3 位接通时流过的电流则为 (1/4) × 1mA，第 4 位接通时流过的则为 (1/8) × 1mA…。各个电源开关使加权的电流源通、断，在运算放大器的输入端上就会出现导通的电源之和，如 $1 + 1/2 + 1/4 + 1/8 + 1/16 + 1/32 + 1/64 + 1/128 + 1/256 + 1/512 + \cdots + 1/65536 mA$。

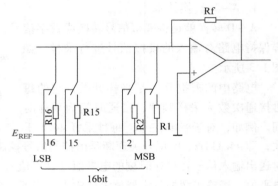

图1-5　D－A 转换器的基本结构

该输入电流通过运算放大器进行电流/电压变换，经变换的电压即为与输入的 16bit 数字值相对应的模拟值，从而推动模拟设备工作。

D－A 转换器有多种形式，如用 R－2R 梯形电阻构成的 D－A 转换器、积分式 D－A 转换器、DEM 方式 D－A 转换器等。这些方式的转换器都是用单片集成电路制成的，具有无须调整的优良特征。不管结构如何复杂，其 IC 的内部结构都是根据这个基本原理制成的。

第二节　专用电子元器件简介

一、加热化霜熔丝——电冰箱

加热化霜熔丝又称温度熔丝，它是由封装在塑料外壳中的超热熔断合金制成，一般卡装在蒸发器上，直接感受蒸发器的温度，在除霜过程中起保护作用。当系统工作在除霜过程中时，因双金属恒温器在温度升高时无法断开或除霜定时器有故障，使蒸发器温度过高（高于 76℃）造成温度失控时，温度熔丝将自动熔断，断开加热器电源，停止加热，从而避免意外发生。

二、遥控接收器——空调器

遥控接收器在空调器中主要用于接收遥控器所发出的各种运转指令，再传给电脑板主芯片来控制整机的运行状态。图1-6所示为遥控接收板。

图1-6　遥控接收板

三、传感器——洗衣机

传感器一般应用于全自动洗衣机中，主要有水位传感器和NTC温度传感器两种类型比较多见，如图1-7所示。

1. 水位传感器

水位传感器也称水位压力开关，通过用塑料软管与盛水桶下侧的贮气室口相连接。其原理是当水位上升时产生的空气压力通过管道传递到传感器，使电阻发生变化或内部开关接通来使程控器产生动作。它与程序控制器、进水阀互相配合使用，主要用来检测和控制洗衣机进水和排水状

a) 水位传感器　　　　b) NTC温度传感器

图1-7　全自动洗衣机中的传感器

况，同时也是接通和断开洗衣机控制电路的转换器件。

2. NTC温度传感器

NTC温度传感器主要应用在具有加热洗和烘干功能的全自动洗衣机中，在高档的全自动滚筒洗衣机中应用较多。它与微电脑程控器、水位开关、加热器及全自动智能烘干控制系统配合，可利用温度曲线方法来判别洗涤温度及衣物干湿度，从而精准控制洗涤水温和烘干温度。其阻值随温度变化而变化。

四、单向阀——空调器/电冰箱

单向阀又称止逆阀，在制冷系统中，单向阀只允许制冷剂单方向流动，装在管路中起防止制冷剂气体或液体倒流的作用。它主要用于热泵型空调器中，配合电磁四通换向阀改变制冷剂的流向及系统压力，一般在单向阀的外表面用箭头标出制冷剂的流向。

单向阀其实就像一根水管，中间装了一个单向导通的阀门。单向阀两端都有两个接口，一根较短的制热毛细管（辅助毛细管）和单向阀并联，这样两端各有一个接口被占用。单向阀剩下的接口一端接较长的制冷毛细管（主毛细管），一端接室内机，如图1-8所示。

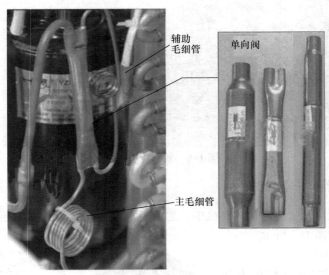

图1-8　单向阀

单向阀有球形单向阀和针形单向阀两种，内部结构如图1-9所示。针形单向阀的工作原理：单向阀与调节毛细管并联，可防止制冷剂逆流，在制冷时，制冷剂正向流动，单向阀内尼龙阀针在制冷剂流动压力的作用下被打开推动至限位环，单向阀导通；制热时，制冷剂反向流动，尼龙阀针受自重和阀内两端压力差的作用，被紧压在阀座上，单向阀截止，制冷剂经调节毛细管流过。球形单向阀的工作原理与针形单向阀类似，当制冷剂正向流动时，A侧压力高于B侧压力，钢珠向左移动，制冷剂便由A向B流动，单向阀即处于开启状态；而当制冷剂流向发生逆转时，B侧压力高于A侧压力，钢珠向右移动，堵塞了制冷剂流通管路，此时单向阀处于截止状态。

五、干燥过滤器——空调器/电冰箱

干燥过滤器主要是起到杂质过滤的作用，外壳是用纯铜管收口成型，两端进出接口有同径和异径两种；内部装有干燥剂（分子筛）和金属网（见图1-10）。干燥剂可以吸收

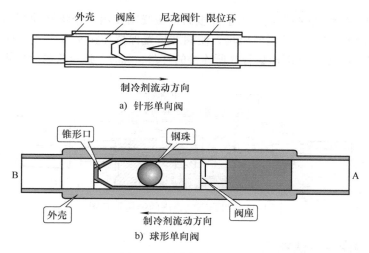

外壳　阀座　尼龙阀针　限位环

制冷剂流动方向

a）针形单向阀

锥形口　钢珠

B　　　　　　　　　　　　　　　　A

外壳　　制冷剂流动方向　　阀座

b）球形单向阀

图1-9　单向阀内部结构

制冷剂中的水分，以确保毛细管畅通和制冷系统正常工作；进端为粗金属网，出端为细金属网，它们可以有效地滤掉混在制冷剂中的杂质。干燥过滤器贮藏时必须两头用胶柱盖紧，再外加包装密封，防止空气和水分进入。

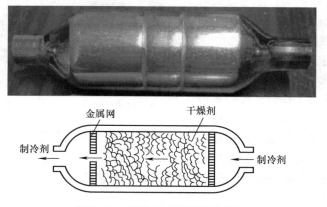

金属网　　　干燥剂

制冷剂　　　　　　　　　　　　　　制冷剂

图1-10　干燥过滤器外形及结构

六、电磁阀——电冰箱

变频电冰箱中采用的电磁阀分为单稳态和双稳态两种，在外观上单稳态、双稳态电磁阀大小不同。单稳态电磁阀体积较大，本身带有滤波整流电路板（压敏电阻、交流熔丝250V/1A、整流二极管1N4007 4只），驱动转换的信号是220V交流电压。而双稳态电磁阀体积较小，无电路板，转换驱动信号采用的是脉冲信号。

图1-11所示为双稳态电磁阀的结构示意图。其工作原理是，通过主控板向电磁线圈发出一个正脉冲驱动电流，在电磁线圈上生成一个瞬时磁场；使阀芯位置保持在接头A一端，阀芯内的密封垫A密封阀口A，从而切断出口管A所连接的管路；此时，进口

管与出口管 B 保持正脉冲常通；当主控板向电磁线圈发出一个负脉冲驱动电流时，在电磁线圈上生成一个反向的瞬时磁场，使阀芯位置保持在接头 B 一端，阀芯内的密封垫 B 密封阀口 B，从而切断出口管 B 所连接的管路；此时，进口管与出口管 A 保持正脉冲常通。

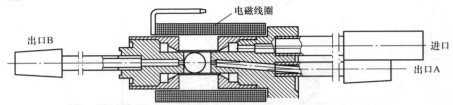

图 1-11　双稳态电磁阀的结构示意图

七、电磁阀——洗衣机

电磁阀是采用电流流过线圈形成磁场的原理进行工作的。电动控制的全自动洗衣机一般采用交流电磁阀，而微电脑全自动洗衣机的电脑程控器上设有二极管桥式整流装置，都采用直流电磁阀。洗衣机上的电磁阀有进水电磁阀和排水电磁阀两种，如图 1-12 所示。

1. 进水电磁阀

进水电磁阀也称注水阀，在洗衣机中起自动注水和自动断水的作用。当洗衣机开始洗涤工作时，程控器控制电路使进水电磁阀得电，进水阀开启注水。而当洗涤桶的水位达到设定水位时，水位开关由于压力的作用动作，与程控器的控制电路断开，进水阀关闭，切断洗衣机注水。

a) 进水电磁阀　　　　b) 排水电磁阀

图 1-12　洗衣机上的进、排水电磁阀

2. 排水电磁阀

排水电磁阀是通过程控器控制其动作来完成洗衣机的排水和脱水工作程序。当洗衣机进行排水或脱水时，程控器经过二极管桥式整流电路使排水电磁阀的电磁铁线圈得电，电磁铁的铁心动作，牵引排水阀的活塞被打开，开始排水。当排水结束时，程控器与排水电磁阀的控制电路断开，排水电磁阀没有电流通过，电磁铁失去磁性，铁心此时在弹簧力的作用下，拉回原处，阀门关闭。

八、电磁四通换向阀——空调器

电磁四通换向阀的阀体本身有 4 根铜管分别与制冷管路连接，因此而称为四通阀，它是热泵家用空调器中的关键部件，其主要通过导阀的电磁作用，改变其制冷剂的流向，以达到制冷、制热或除霜等功能的切换。图 1-13 所示为其外形与安装位置及内部结构。

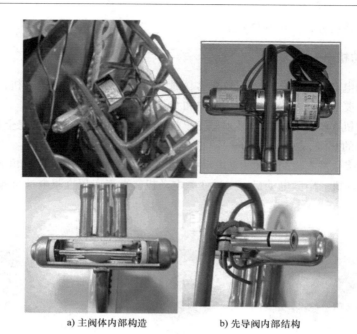

a) 主阀体内部构造　　　　b) 先导阀内部结构

图 1-13　电磁四通换向阀外形与安装位置及内部结构

　　电磁四通换向阀由两部分组成：一部分为电磁导向阀，另一部分为四通换向阀。四通换向阀是通过电磁导向阀来控制的，两者之间用三根导向毛细管连接（见图 1-14）。电磁导向阀又由阀芯、衔铁、弹簧和电磁线圈等组成。电磁线圈是用螺钉固定的，可以单独拆卸下来。主阀与阀芯用三根毛细管相连（改正后的新阀为四根毛细管）。四通换向阀又由阀体、连接管等组成，阀芯内包含活塞和滑块。电磁四通换向阀的作用是用来改变制冷剂的流向，实现制冷与制热的转换。即，制冷时，电磁阀不通电，阀体内的滑块和活塞左移，实现制冷效果；制热时，四通换向阀的电磁线圈通电，衔铁被吸住，阀芯及阀体内的

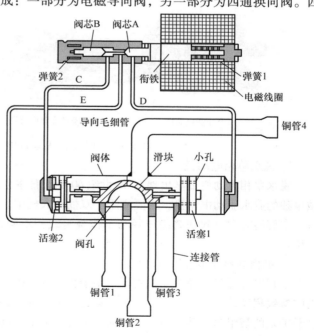

图 1-14　电磁四通换向阀内部结构

滑块、活塞均往右移，实现制热效果。

九、电动机——洗衣机

洗衣机的电动机因工作环境比较恶劣，通常使用开启式结构的电动机，以便散热和排出水气，主要由定子、转子、轴、风扇和端盖等组成。

由于洗衣机在洗涤衣物时，必须做正、反转运行，要求工作状态完全相同，因此，通常把电动机的初级、次级绕组的线圈匝数、线径设计得完全一样。

目前，大多数洗衣机配备的驱动电动机主要有脱水单相电动机、单相电容异步洗涤电动机、双速电动机、串激电动机、交流变频电动机、直流变频直驱电动机等，如图1-15所示。

a) 脱水单相电动机　　　b) 单相电容异步洗涤电动机　　　c) 双速电动机

变频器

d) 串激电动机　　　e) 交流变频电动机　　　f) 直流变频直驱电动机

图1-15　几种洗衣机驱动电动机

1. 脱水单相电动机

脱水单相电动机最早出现在20世纪60年代日本生产的带干桶的双桶洗衣机，用来做单独的脱水驱动电动机，主要应用于双桶洗衣机中。其特点是，功率小但转速快，只有一个旋转方向，起动绕组线径与工作绕组线径不同，起动绕组线径细，工作绕组线径粗。

2. 单相电容异步洗涤电动机

单相电容异步洗涤电动机主要应用于普通洗衣机。其特点是，电动机定子的两个绕组的参数相同，作用可以相互转换，其起动电容配备高耐压400V的电解电容器，与电容器串入的绕组为起动绕组，另外的一个绕组为工作绕组。

3. 双速电动机

双速电动机主要应用于全自动洗衣机。其特点是，电动机的定子由高速绕组和低速绕组构成，高速绕组用于脱水，电动机单向高速旋转、转矩小，但旋转速度快；低速绕组用于洗涤、漂洗，工作时电动机作正反方向旋转低速但转矩大。双速电动机在工作时无摩擦噪声，但转速不可调、效率低。

4. 串激电动机

串激电动机主要应用于全自动洗衣机。它是将定子铁心上的励磁绕组和转子上的电枢绕组串联起来使用，采用换向式结构，通过一定的控制电路来实现无级调速的交、直流两用调速电动机。其特点是，转速可调，较容易控制，但电刷产生的噪声大，效率高于双速电动机。

5. 交流变频电动机

交流变频电动机主要应用于高档洗衣机。它是通过变频器调节电压的波形来调节电动机的转速实现无级调速的。其特点是，无摩擦噪声，可实现无级调速。而且变频电动机洗涤转速和节拍可同时改变，速度控制灵活，可以根据衣物质地选择不同脱水转速，效率明显高于串激电动机。

6. 直流变频直驱电动机

直流变频直驱电动机是在20世纪90年代出现在日本生产的电动直接驱动式洗衣机中，目前主要应用于高档洗衣机中。其特点是，省去了齿轮转动和驱动方式，变传动带传动为直接驱动，解决了传动带传动的能量损失及机械噪声等问题。

十、定时器——洗衣机

目前，在洗衣机上使用的定时器有洗涤定时器、脱水定时器、烘干定时器三种，如图1-16所示。洗涤和脱水定时器应用于普通洗衣机中作洗涤和脱水时间设定，烘干定时器应用于全自动洗衣机中作烘干衣物的时间设定。

　　a) 脱水定时器　　　　　　b) 洗涤定时器　　　　　　c) 烘干定时器

图1-16　洗衣机中的三种定时器

普通洗衣机的脱水、洗涤定时器由发条、齿轮机构等构成。装有保护罩，该保护罩由外罩、内罩以及内罩和外罩之间的底面构成。内罩是中空的；内、外罩之间形成的腔体为蓄水槽，在其底面设有排水孔；排水孔设在定时器体外的底面。

烘干定时器主要应用于高档洗衣机，特别是在全自动滚筒洗衣机中比较多见，用于设置烘干衣物的时间。它以同步微电动机驱动，通过减速齿轮组变速后，带动两片凸轮转动，从而控制两对触头的通断来控制烘干系统电源及低温烘干动作。

十一、风扇组件——空调器

空调器中风扇的作用是加速空气的流动。空调器中的风扇主要有三种：离心风扇、贯流风扇和轴流风扇；一般在空调器室外机组中装有轴流风扇；而在空调器室内机组中，窗式空调器和立柜式空调器一般采用的是离心风扇；分体壁挂式空调器则采用贯流风扇。

电动机俗称马达，是指依据电磁感应定律实现电能的转换或传递的一种电磁装置。在空调器系统中，电动机的主要作用是产生驱动转矩，作为压缩机、风扇等器件的动力源。空调器风扇电动机是离心风扇、贯流风扇、轴流风扇的动力来源，它可分为三相电动机和单相电动机。小型家用空调器大多采用单相异步电动机。容量较大的柜式空调器采用三相异步电动机。摇风装置和电子膨胀阀多用微型同步电动机或步进电动机。一般来说，室内风扇电动机主要有贯流风扇电动机和离心风扇电动机，室外风扇电动机采用的是轴流风扇电动机。

1. 轴流风扇与电动机

轴流风扇安装在冷凝器的内侧，其作用是冷却冷凝器。即，室外空气从室外机两侧的百叶窗吸入，经轴流风扇吹向冷凝器，将冷凝器中散发的热量强制吹向室外。轴流风扇叶是用 ABS 工程塑料与铝合金材料压制而成（家用空调器大多采用 ABS 工程塑料，中央空调器末端一般采用铝合金材料），扇叶有 3 片、4 片、5 片几种（见图 1-17）。轴流风扇的特点是效率高、风量大、价低、省电，缺点是风压较低、噪声较大。

图 1-17　轴流风扇叶外形

轴流风扇电动机（见图 1-18）主要用于空调器的室外机及窗式空调器的冷凝器鼓风扇电动机，其作用是驱动轴流风扇叶转动。即，将带动扇叶将冷凝器散发的热量吹向室外，加速冷凝器的冷却，使制冷剂由气态变为液态。

2. 离心风扇与电动机

离心风扇装在窗式空调器室内侧或分体立柜式空调器室内机组中，其作用是将室内的空气吸入，再由离心风扇叶轮压缩后，经蒸发器冷却或加热，提高压力并沿风道送向室内。离心风扇与贯流风扇的叶片相似，但叶轮直径大、长度很小，而且叶轮四周都有蜗壳包围。离心风扇在室内电动机带动下高速旋转时，在扇叶的作用下产生离心力，中心形成负压区，使气流沿轴向吸入风扇内，然后沿轴向朝四周扩散，为使气流定向排出，在涡壳的引导下，气流沿出风口流出。离心风扇的特点是结构紧凑、风量大、噪声

图 1-18　轴流风扇电动机外形及安装位置

比较低、压力小。离心风扇组件如图 1-19 所示。

图 1-19　离心风扇组件

离心式风扇应用在窗式空调器的室内侧空气循环鼓风以及柜式空调器的室内机鼓风。离心风扇电动机的风量比轴流式小，但风压比轴流式大。

3. 贯流风扇与电动机

贯流风扇通常应用在分体壁挂式空调器室内机组中，安装在蒸发器的里侧，为调节气流的方向，通常将贯流风扇固定在两端封闭塑壳中。这种风扇轴向尺寸很宽，风扇叶轮直径小，呈细长圆筒状，贯流风叶的叶片采用向前倾斜式，气流沿叶轮径向流入，贯穿叶轮内部，然后沿径向从另一端排出。贯流风扇的特点是转速高、噪声小，适用于室内机。贯流风扇外形及安装位置如图1-20所示。

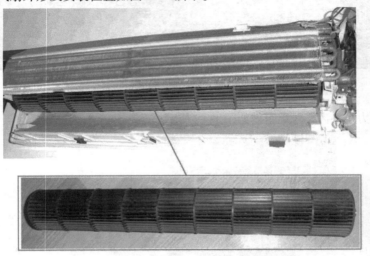

图 1-20　贯流风扇外形及安装位置

贯流风扇的驱动电动机主要应用在分体式空调器的室内机中，它直接与贯流风扇的主轴相连。当工作时，电动机转动，即可带动风扇旋转。贯流式风扇电动机工作时，横截面上的一部分流道吸入空气；而另一部分流道排出空气，空气是横贯流过风扇电动机的。驱动贯流扇叶的电动机一般都采用单相电容式电动机，该电动机有两组引线，一组用于速度检测（速度检测传感器插头较小），另一组为驱动绕组（电动机绕组引出线插头较大）。贯流风扇的驱动电动机外形及安装位置如图1-21所示。

4. 导风板与电动机

导风板一般都装在空调器的出风口上（见图1-22），其作用是调节空气的流向，以利于室内空气的循环，使冷气（或热气）能按设定方向定向吹出。多数空调器导风板有两组，分别安装在水平方向和垂直方向上。垂直方向的导风板靠手动调节，控制风向左右的偏转程度；水平方向的导风板则由机内的步进电动机控制，可以根据用户不同要求上下摆动，也可以在某个角度上定位，改变水平导风板的动作和位置，可以控制送风方向的高低。现在新型空调器导风板的动作是由电脑来控制。

步进电动机常用在分体壁挂式室内机的导风板上，作为驱动导风板的动力。步进电

图 1-21　贯流风扇的驱动电动机外形及安装位置

图 1-22　导风板

动机的内部有 4 组线圈，只有在相应的引线端子上按次序加上电压，转子才能转动，也就是说它是靠脉冲电压控制运转的。在脉冲电压信号的控制下，步进电动机的转速可以在很大范围内变化，转动方向也能随意改变。为了控制转速和增大转矩，步进电动机内一般装有整套的齿轮转动机构。空调器采用的典型步进电动机如图 1-23 所示，它通过红、橙、黄、蓝、棕（或粉）5 根导线与控制电路相接。其中，红线为 5V 或 12V 电源线，其他 4 根是脉冲驱动信号线。

　　同步电动机主要用于窗式与柜式机的导风板导向使用，它的外形与步进电动机基本相同，但它只有两根引出线（见图 1-24）。其工作电压为交流 220V，电源由电脑板供给，当控制面板送出导风信号后，电脑板上继电器吸合，直接提供给同步电动机电源，

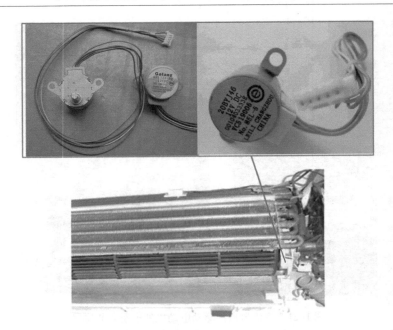

图 1-23　空调器采用的典型步进电动机

使其进入工作状态。

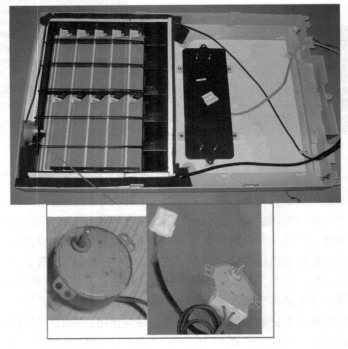

图 1-24　同步电动机外形

十二、辅助电加热部件——空调器

电辅热就是电加热。在空调器里装有电加热元件，在室外环境温度很低的情况下，用辅助电加热提高温度，以便对制热效率进行补充。在热泵型空调器中其加热元件有PTC加热器和电加热管式两种，小型空调器常用PTC式，大中型空调器则采用电加热管式加热器。图1-25所示为几种常用空调器电加热管。

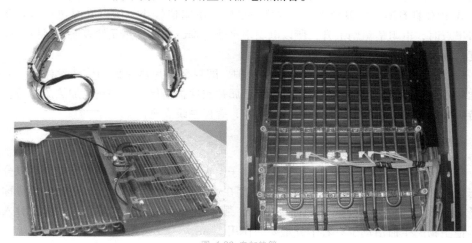

图1-25　几种常用空调器电加热管

1）管状电加热器又称电热管（一般也就是1组或几组套在管里的电热丝），它装配在室内机的蒸发器背风面附近，靠左右固定座进行安装。图1-26所示为管状电加热器。电热管优点是热效应高、耐压高、性能稳定、使用寿命长、几何形状多、结构强度高、安全性能好、成本低。缺点是热惯性大、表面温度较高，为了克服这一缺点常在较大功率的电热管上绕有散热片，以提高散热效率。

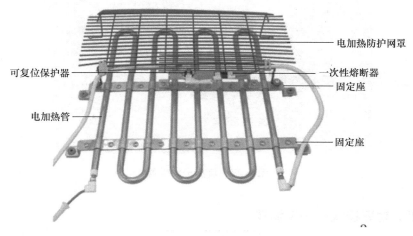

图1-26　管状电加热器

2）PTC 加热器。PTC 元件是由许多 PTC 单片和金属电极板组合而成的，要改变发热量只需改变组装的 PTC 单片数即可。现在广泛使用的是陶瓷 PTC，是掺入微量稀土元素的钛酸钡型半导体，它与其他发热元件相比，具有以下特点：

① PTC 发热元件热容量小，所以一通电就能吹出热风。

② PTC 发热量随环境温度而变化。当环境温度低时，发热量相应增加；当环境温度高时，发热量相应减少，从而起到节电效果。

③ PTC 具有温度自限能力。当温度较低时，电阻值较小，所以升温快；当温度达到居里点时，电阻值急剧上升，所以电功率迅速下降，这样发热元件表面将保持在恒定温度范围内。

3）辅助电加热电路中设有两级温度保护，即双金属片热保护和熔断丝保护。如果电加热表面温度过高，首先是可恢复的双金属片热保护器保护，停止电加热的运行。遇到特殊情况，温度过高，一次性熔断丝熔断，确保系统安全。

十三、负离子发生器——空调器

负离子是空气中一种带负电荷的气体离子。大气中的各种气体成分不完全是以分子状态存在的，其中有一部分是以离子状态存在。那些带负电荷的分子或微粒（俗称负离子）不仅能促成人体合成和储存维生素，强化和激活人体的生理活动，而且对人体及其他生物的生命活动也有着十分重要的作用。

负离子发生器是利用针状电极与平板电极在高压电晕下产生不均匀的电场，使空气离子化，增加负离子的浓度。空气负离子发生器可改善空气质量，可以促进身体健康，被誉为"空气维生素"，如图 1-27 所示。

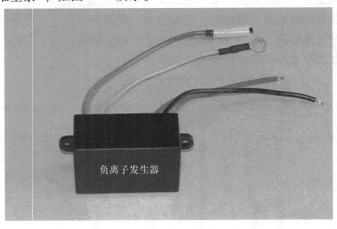

图 1-27　负离子发生器

十四、功率模块——空调器

在变频空调器中，功率模块是主要控制部件，是室外变频电路的核心。变频压缩机运转的频率高低，完全由功率模块所输出的工作电压的高低来控制。功率模块输出的电压越低，压缩机运转频率及输出功率也就越低。功率模块内部是由三组（每组两个）大功率的开关晶体管组成，其作用是将输入模块的直流电压通过晶体管的开关作用，转变为驱动压缩机的三相交流电源。功率模块输入的直流电压（P、N 之间）一般为260 ~ 310V，而输出的电压一般不应高于220V，如图1-28 所示。

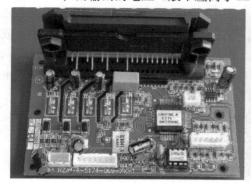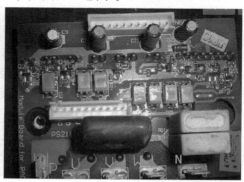

图 1-28　功率模块（IPM）实物图

　　IPM 是一种智能的功率模块，它将 IGBT 连同其驱动电路和多种保护电路封装在同一模块内，从而简化了设计，提高了整个系统的可靠性。

十五、过载过热保护器——电冰箱

　　过载过热保护器是一种过电流和过热保护继电器，是保护压缩机电动机不会因压缩机的负载过重而发热烧坏。即，压缩机在工作时，因某种原因造成压缩机电动机工作电流超过正常范围时，保护控制器就会切断压缩机的电源，使压缩机停止工作，避免电动机不致烧毁；当压缩机电动机的工作电流小于额定电流，过电流保护器不起作用，会使压缩机不停地工作；当压缩机电动机温度过高时，过热保护器就会切断电源，保护压缩机电动机绕组。过载过热保护器可分外置式或内藏式，其中碟形热保护继电器为外置式。

　　1. 碟形热保护继电器

　　碟形热保护继电器是将镍铬电阻丝热元器件、碟形双金属片和一对常闭触点安装在一个耐高温的酚醛塑料制成的小圆壳内制成的，具有过电流、过温升两种保护作用。主要由碟形双金属片、触点、电阻丝加热器、胶木外壳等组成。图 1-29 所示为碟形热保护继电器外形与结构。

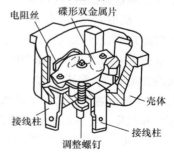

a) 碟形热保护继电器外形　　　b) 碟形热保护继电器结构

图 1-29　碟形热保护继电器外形与结构

　　为了起到热保护作用，通常将碟形热保护继电器安装在压缩机外壳与接线盒子上，以便感测压缩机的温升。当电路中的电流过大时，通过电阻丝的电流也增大，温度将升高，烘烤上部的碟形双金属片，使其膨胀变形而反向弯曲，此时常闭触点断开，将电动机绕组的电路断开，从而起到保护作用。此类保护器检修时，拆卸较为方便。

2. 内藏式过载保护器

内藏式过载保护器用于功率较大的全封闭式压缩机。它对温度反应速度快，能更迅速、更有效地保护电动机。它采用金属片及一对触点制成，直接安装在压缩机内部电动机绕组中，能直接感受到电动机绕组的温度。当压缩机电动机因某种原因引起过电流或温度升高时，过载保护器内的双金属片变形，触点断开，切断电源，压缩机停止工作。其优点是灵敏度高，缺点是检修时拆卸较困难。此类过载保护器通常与 PTC 启动继电器一起连接在电路中配合使用。图 1-30 所示为内藏式过载保护器结构。

双金属片　　静触点　　动触点　　铝玻璃套

图 1-30　内藏式过载保护器结构

十六、化霜定时器——电冰箱

化霜定时器是无霜电冰箱控制电路的重要元器件。它可以控制化霜的时间间隔，定时控制化霜电热器工作，为电冰箱自动除霜。化霜定时器计时电机与压缩机同时运转，当压缩机累计工作几小时后（通常约为 8h）。蒸发器上会结有一层冰霜。此时，化霜定时开关将自动转换到化霜电路，同时切断化霜定时器电动机与压缩机电源，然后对蒸发器等元器件进行化霜。化霜完成后，化霜定时器开关又自动转换至制冷电路，压缩机重新启动，化霜定时器重新计时。

化霜定时器由微型小电动机、齿轮转动箱和触点凸轮机构组成。它又可分为机械式化霜定时器和电子式化霜定时器。图 1-31 所示为化霜定时器结构。

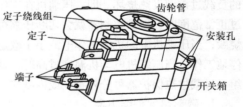

定子绕线组　　　　齿轮管
定子　　　　　　　　安装孔
端子　　　　　　　　开关箱

图 1-31　化霜定时器结构

1）机械式化霜定时器由计时电动机和一组触点构成，其触点动作时间等于压缩机累计运行的时间之和，动作间隔时间根据机型不同而不同，通常为 8h 动作一次，化霜时间约为 10min。霜层溶化，双金属片开关跳开，化霜结束。由于此时化霜定时器开关尚在 1~3 的位置，定时器电动机还可以正常转动。2min 后，开关由 3 转换至 2，接通压缩机和风扇，电冰箱开始制冷循环，化霜定时器进入下一轮化霜定时。

2）电子式化霜定时器是通过微电脑来控制整个化霜过程的。其特点是，采用电子计数器来取代机械式计时电动机。

十七、化霜加热器——电冰箱

化霜加热器是，将一根细镍铬电热丝绕在多股玻璃丝芯线上，并装入一根薄壁管

（或铝管）中，并在管内填满绝缘材料，使电热丝与管壁具有良好的绝缘性，两端用橡胶密封而成，如图 1-32 所示。其主要用在间冷式无霜电冰箱中，通常安装在蒸发器上面或接水盘、排水管、风扇外壳中。在直冷双温、单温控电冰箱中，还增设了温度补偿加热器（少数电冰箱在温控器上面贴有加热器）。

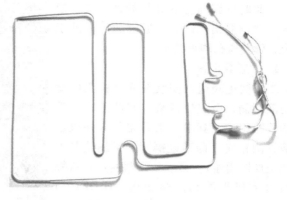

图 1-32　化霜加热器

十八、交流接触器——空调器

交流接触器是一种利用电磁吸力使电路接通和断开的一种自动控制器，是一种用途广泛的开关控制元件，主要由铁心、线圈、和触头组成（见图 1-33）。空调器上用交流接触器主要用于控制压缩机的开停。

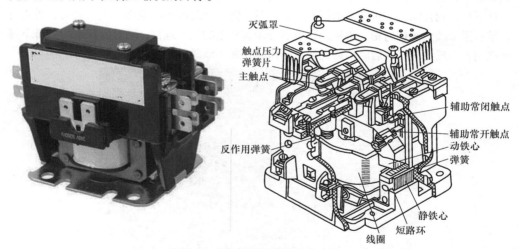

图 1-33　交流接触器外形及结构

十九、截止阀——空调器

截止阀又称修理阀（见图 1-34），通常安装在分体式家用空调器室外机组气管及液管的连接口上，通常各连接一个截止阀。截止阀是一种管路关闭阀，以手动控制启闭阀芯来控制制冷剂的通过与截止。截止阀按管路结构，可分为二通阀和三通阀两种；根据其外形的不同，又分为直角形和星形。在制冷循环时，修理阀的阀杆处于后位，管路导通，但旁通孔关闭；在维修或安装过程中，抽真空、充灌制冷剂时，三通阀的阀杆处于中位，此时管路与旁通孔均导通，呈三通状态；空调器出厂时，三通阀的阀杆处于前位，管路通孔均被关闭。

1. 二通截止阀

二通截止阀通常安装在室外机组配管中的液管侧，由定位调整口和两条相互垂直的管路组成，其中一条管路与室外机组的液管侧相连（即通过铜管和毛细管与室外热交换器相连），另一条管路通过扩口螺母与室内机组的细配管相连，如图 1-35所示。

二通截止阀主要由定位调整口、阀杆封帽、压紧螺钉等组成（见图 1-36），定位调整口中有阀杆和阀孔座，阀杆中部有石墨棉

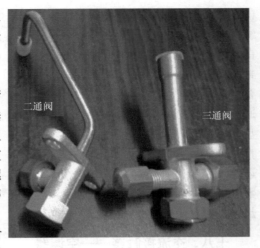

图 1-34　修理阀

绳（或耐油橡胶）密封圈，依靠压紧螺钉压紧密封，使气体不会从阀杆处泄漏。在检修或安装时，先拧开阀杆铜封帽，再用内六角扳手拧动阀杆上的压紧螺钉，顺时针拧动，则阀杆下移，阀孔闭合；否则，则阀孔开启，两个垂直管路流通。检修时或安装时，可先拧开带有铜垫圈的阀杆封帽，再用六角扳手拧动阀杆上的压紧螺钉，顺时针拧动时阀杆下移阀孔闭合，反之阀孔开启。检修完毕，确认阀杆处不泄露后再拧紧阀杆封帽。

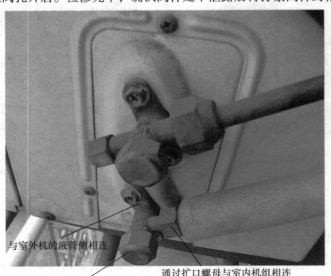

与室外机的液管侧相连

带有铜垫圈的阀杆封帽

通过扩口螺母与室内机组相连

图 1-35　二通截止阀

2. 三通截止阀

三通截止阀安装在室外机组配管中的气管侧，其中一条管路与室外机组的气管侧相

连（即通过铜管与室外机组的四通阀相连通），另一条管路通过扩口螺母与室内机组的粗配管相连；另外它还多了一个维修口，为检修空调器提供了方便，如图1-37所示。

三通截止阀分为维修口内带有气门销与没有带气门销的两种三通截止阀，常见的是带有气门销的三通截止阀。它由两条管路连接口、一个调整口和一个检修口组成，四个口都是相互直的，其结构如图1-38所示。检修口内的气门销，在工作时需将维修口封堵，并用防尘铜

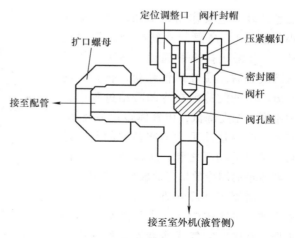

图1-36　二通截止阀结构

螺母封盖，若阀杆下移至关闭位置时，配管与室外机组管路断开，而阀杆向上旋出至打开位置时，两条连接管路导通，室外机组与室内机组连通，需要维修后充注制冷剂时，按下气门芯，维修口始终与配管导通，与阀门的开关位置无关。

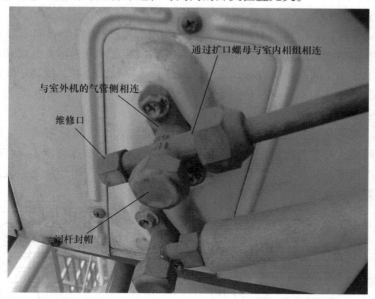

图1-37　三通截止阀

二十、冷凝器——电冰箱

冷凝器又可称为散热器，它是制冷系统中安装在压缩机排气口和毛细管之间的一种器件，是电冰箱散热的部件，其作用是通过外界的热交换将压缩机排出的高温、高压制冷剂及过热蒸气变成中温、高压的过冷液。它主要由金属管组成，在其外表面通常采用

黑色外表（主要作用是增加黑度，加强辐射散热）。高温制冷剂在金属管内流动，当压缩机排出的高温、高压气体进入冷凝器后，通过铜管和肋片传热，使冷凝器中的制冷剂在冷却凝结过程中压力不变、温度降低，由气体转化为液体。它散出的热量几乎为电冰箱内的制冷量与压缩机的功耗之和，所以热量散得快对电冰箱的制冷效果有比较好的作用。

冷凝器按其冷却方式分类，可分为水冷式、空气式、蒸发式和淋水式四种类型。其中的空气式冷凝器又称风冷却

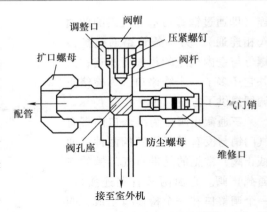

图 1-38 三通截止阀内部结构

式冷凝器，它以空气作为冷却介质，靠空气的温升带走冷凝热量。一般大型制冷设备均采用水冷，而电冰箱、冷藏柜则采用空气冷却式。电冰箱、冷藏柜冷凝器按照形态结构可以分为百叶窗式、丝管式、内藏式（平背式）、板管式、翅片式。其中前四种为空气自然对流冷却；最后一种为风扇强制冷却，用于某些卧式冷藏柜中。

1. 百叶窗式冷凝器

百叶窗式冷凝器结构如图 1-39 所示，它是由铜管或镀铜钢管弯制成盘管，然后卡装或焊在百叶窗状的散热片上，并喷涂黑漆而制成，其走向分为垂直方向和水平方向两种。盘管与散热板之间应接触良好，以利于散热。电冰箱工作时，依靠空气自然对流散热。这种冷凝器工艺简单，但散热性能较差。

2. 丝管式冷凝器

丝管式冷凝器结构如图 1-40 所示，它是在百叶窗式冷凝器的基础上，将钢丝焊在盘管的前后两侧，与盘管形成一个坚固的整体，同时增大了散热面积。具有单位尺寸散热面积大、通风散热条件好、重量轻、成本低、结构强度高，但焊接工艺较复杂，目前普遍用于外露式冷凝器。

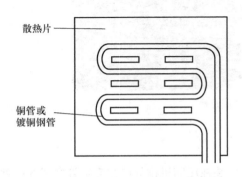

图 1-39 百叶窗式冷凝器结构

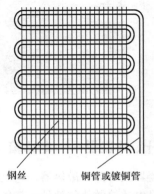

图 1-40 丝管式冷凝器结构

3. 内藏式冷凝器

内藏式冷凝器又称为箱壁式冷凝器，结构如图 1-41 所示。它是采用铜管制成的盘管，并将冷凝盘管挤压或用铝胶带粘接在箱背或两侧薄钢板的两侧，是利用电冰箱壳的外壁向外散热。这种结构外形美观、不占空间、不易损伤，但散热效果差。内藏式冷凝器常采用背藏式和侧藏式两种。背藏式冷凝器的主冷凝器在电冰箱背面，门周边的冷凝器起着防露作用。底部冷凝管的作用是对蒸发器冷凝水进行蒸发；侧藏式冷凝器装在电冰箱的两侧，顶部的冷凝管是为防止顶部结露而设置的。主冷凝器放在侧面，散热面积较大，但冷凝管安装较复杂，接头较多。

4. 翅片盘管式冷凝器

翅片盘管式冷凝器结构如图 1-42 所示，是将冷凝器的盘管制成 U 形，再按一定的片距套上铝质平板翅片而构成的。由于外表面积大、体积小，通常采用强制对流冷却方式提高效率。其结构紧凑、冷却能力强，适用于功率在 200W 以上的大型电冰箱。

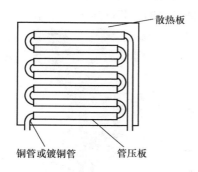

图 1-41　内藏式冷凝器结构

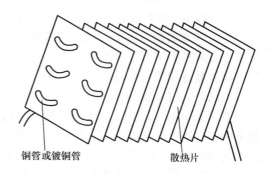

图 1-42　翅片盘管式冷凝器结构

二十一、离合器——洗衣机

离合器（又称减速离合器）在洗涤时带动波轮运转起减速的作用，是波轮式全自动洗衣机的关键部件。洗涤时，波轮低速旋转；脱水时，脱水桶高速运转，将水从衣物中分离出来，达到甩干的目的。离合器主要由制动盘、制动板、离合器电磁铁、制动带、弹簧套、防逆转弹簧、内轮毂、扭簧、齿轮减速组件等组成，如图 1-43 所示。其按制动方式可分为盘式离合器、拨叉式离合器。其中，盘式离合器制动时噪声小、稳定性好，在波轮式全自动洗衣机上应用较为广泛。

二十二、毛细管——空调器/电冰箱

毛细管是用一根外径小、精密度高、内外表面光滑的纯铜管或不锈钢管拉制而成的，结构简单，一般用作小型家用空调器的节流元器件，如图 1-44 所示。毛细管的作用：制冷时将从散热器送来的高温高压液态制冷剂，通过毛细管的内壁阻力，将其压力释放，使其成为低温低压的液态制冷剂，再送入蒸发器；制热时则刚好相反。

图 1-43　离合器

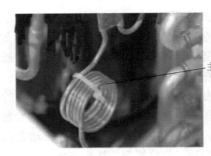
主毛细管

图 1-44　空调器毛细管

空调器毛细管焊接在冷凝器输液管与蒸发器进口之间，起降压节流作用，如图 1-45 所示。毛细管没有运动部件，它依靠其流动阻力沿长度方向产生压力降，来控制制冷剂的流量和维持冷凝器和蒸发器的压差。

毛细管具有自动补偿的特点。即，制冷剂在一定压差（$\Delta p = p_K - p_O$）下，流经毛细管时的流量是稳定的；当制冷负荷变化，冷凝压力 p_K 增大或蒸发压力 p_O 降低时，Δp 值增大，制冷剂在毛细管内的流量也会相应增大，以适应制冷负荷变化对流量的要求，但这种补偿的能力较小。

二十三、门盖开关——洗衣机

门盖开关又称安全开关，在洗衣机运行过程中起安全保护作用，在脱水过程中利用门盖开关的通、断，来实现洗衣机开盖或桶偏心时自动断电的安全保护。该开关通过固定架用螺钉紧固在洗衣机控制台后部内侧的位置上，其盖板杆伸出在洗衣机盖板后端凸出部分的上方，而安全杆则下垂在盛水桶外侧，并与盛水桶保持一定距离。图 1-46 所示为门盖开关。

门盖开关受洗衣机盖板控制，洗衣机盖板关闭，门盖开关接通，洗衣机才能够脱水运转；洗衣机盖板开启，门盖开关断开，脱水运转停止。在控制电路中，门盖开关起到传递洗

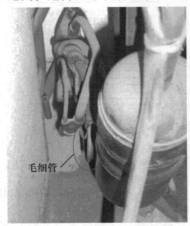
毛细管

图 1-45　毛细管安装位置

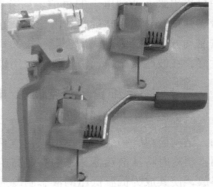

图 1-46　门盖开关

衣机盖板是否关闭的信号的作用，IC 根据此信号发出脱水或停止脱水的指令。微电脑全自动波轮洗衣机门盖开关结构如图 1-47 所示（图 a 为洗衣机盖板开启时的状态，图 b 为洗衣机盖板关闭时状态）。电动式程控器式波轮洗衣机门盖开关结构如图 1-48 所示。

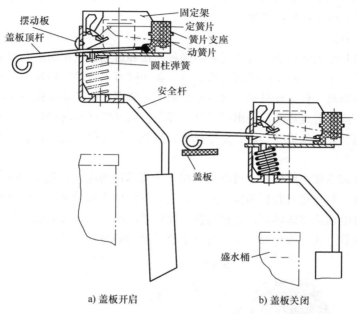

a) 盖板开启　　　　　　　　　b) 盖板关闭

图 1-47　微电脑程控式波轮洗衣机门盖开关结构

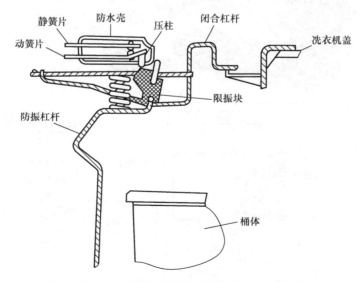

图 1-48　电动式程控器式波轮洗衣机门盖开关结构

二十四、膨胀阀——空调器/电冰箱

制冷系统的节流器件通常可以分为毛细管节流、热力膨胀阀节流（内平衡、外平衡）和电子膨胀阀节流，还有一种是膨胀机节流（很少用到）。膨胀阀是其中一种，包含热力膨胀阀和电子膨胀阀两种。

1. 电子膨胀阀

随着新型制冷剂的出现，需要更多不同种充注和过热度设定的热力膨胀阀以满足不同工质的需要，于是出现了电子膨胀阀。电子膨胀阀可以满足不同种工质的应用，它适用于变频空调器及一台室外机带动多台室内机的空调器。电子膨胀阀是由电子电路进行控制的。即，根据对过热度或进出口空气的温差，回风温度及其设定值等多项参数的检测和数据采集，经单片机处理后，发出指令，控制电子膨胀阀的开启度，以满足系统负荷的要求。

电子膨胀阀主要由阀体和步进电动机两个主要部件构成（见图1-49）。步进电动机位于阀的上部，并直接与阀板和阀芯组件相连，阀体位于阀的下部，外壳采用为全封闭式设计。步进电动机与阀体组件直接连接，使阀芯的移动更加可靠和容易，不需要额外的密封及波纹管、膜片等可能有使用寿命限制和泄漏影响的部件。

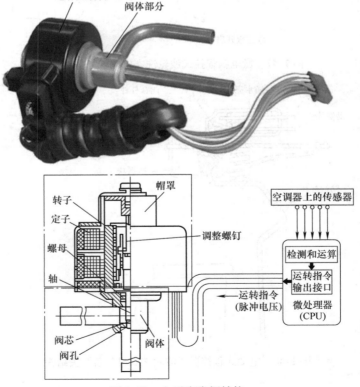

图 1-49　电子膨胀阀结构

电子膨胀阀的原理如图 1-50 所示，当微电脑发出运转信号，控制电路的脉冲电压按一定的逻辑顺序输入到电子膨胀阀电动机各相线圈上时，电动机转子受磁力矩作用产生旋转运动，通过减速齿轮组传递动力，并通过传递机构，带动阀针做直线移动，改变阀口开启大小，从而实现自动调节工质流量，使制冷系统保持最佳状态。

变频空调器使用电子膨胀阀的优势主要有以下几种：能够精确地控制制冷剂的流量；反应速度比热力膨胀阀要快，蒸发温度更加稳定；可以提高蒸发压力；降低从蒸发器压力和

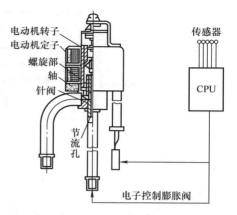

图 1-50　电子膨胀阀控制原理

压缩机吸气温度测得的过热度；较大地降低了压缩机的工作量；降低压缩机排气温度；降低的冷凝压力，可及时达到除霜所需的开启度，提高除霜性能；更好地控制吸气过热度，适应更大的制冷范围。

2. 热力膨胀阀

热力式膨胀阀安装在蒸发器的进口管上，其感温包紧贴在蒸发器的出口管上，通过检测蒸发器出口处气态制冷剂的热度来自动调节流入蒸发器液态制冷剂的流量。热力式膨胀阀分内平衡式和外平衡式两种结构。外平衡式主要应用于盘管长、容量大的蒸发器。

热力膨胀阀的结构及实物如图 1-51 所示。热力膨胀阀由感应机构、执行机构、调整机构和阀体组成。感应机构中充注感温剂工质，感温包设置在蒸发器的出口处。感温包感知温度变化后，其内部的感温剂收缩或膨胀，从而减少或增大压力，压力将通过膜片传给顶杆直到阀芯，以便控制膨胀阀的开启度。当蒸发器热负荷增大时，出口过热度偏高、压力增大，热力膨胀阀的开启度增大，制冷剂流量按比例增加；反之，热力膨胀阀开启变小，制冷剂流量按比例减少。因此，热力膨胀阀是通过控制过热度来实现制冷系统的自我调整的。

二十五、气液分离器——空调器

气液分离器也称为贮液器，俗称贮液罐。气液分离器是防止制冷剂液体进入压缩机的一种装置，安装于压缩机的吸气管路上，和压缩机成为一体。它把进入气液分离器的液体留下，只让蒸气进入压缩机，以防止压缩机产生液击现象。气液分离器由外壳、进气管、出气管、过滤网等组成，如图 1-52 所示。

二十六、热交换器——空调器

热交换器是蒸发器和冷凝器的总称，也称换热器，它是家用空调器中的关键部件。蒸发器的作用是使制冷剂液体汽化蒸发，从外界吸收热量；而冷凝器是向外散热，使制

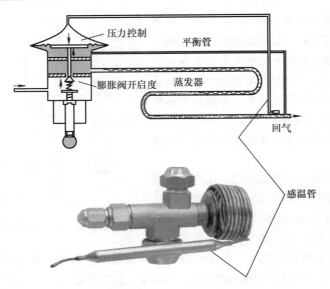

图 1-51　热力膨胀阀结构及实物

图 1-52　气液分离器外形及结构

冷剂气体降温液化。对单冷式空调器而言，室内热交换器为蒸发器，室外热交换器为冷凝器。在热泵式空调器中设有室内、室外两台热交换器，其作用因制冷剂的循环流动方向不同而不同：制冷时，室内热交换器相当于蒸发器，室外热交换器相当于冷凝器；制热时，室内热交换器相当于冷凝器，室外热交换器相当于蒸发器。

　　热交换器中的蒸发器和冷凝器的外形虽有不同，但结构基本相同。家用空调器室内、室外热交换器大多采用翅片盘管式结构，为提高换热效率，常将铝合金翅片冲成各种形状，以增加换热面积，如图 1-53 所示。

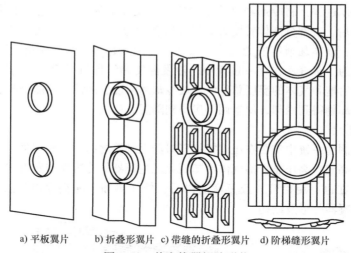

a) 平板翼片　　b) 折叠形翼片　c) 带缝的折叠形翼片　d) 阶梯缝形翼片

图 1-53　热交换器翅片形状

1. 蒸发器

蒸发器又称冷却器，它是制冷循环中获得冷气的直接器件，一般装在室内机组中。空调器一般采用传热系数高、结构紧凑的翅片盘管式蒸发器［是用铜管（现在也有用铝管）反复弯曲以后，外面再加上薄铝片以利散热（冷）］。其作用是将来自毛细管（热力膨胀阀）的低温、低压液态制冷剂在其管道中蒸发，使蒸发器和周围空气的温度降低，同时对空气起减湿的作用。图 1-54 所示为蒸发器外形及结构。

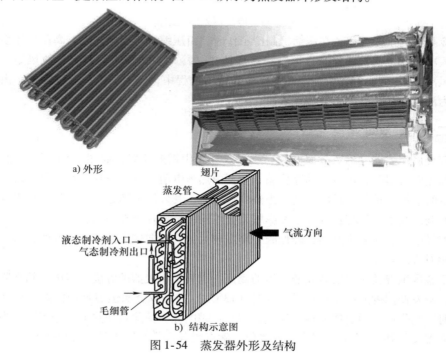

a) 外形

图 1-54　蒸发器外形及结构

蒸发器工作过程：制冷剂经过冷凝器冷凝后变成液体，但经过毛细管（或膨胀阀等）降压节流后，有部分液体转变为蒸气（其含量为10%左右）。随着湿蒸气在蒸发器内流动与吸热，液体逐渐蒸发为蒸气，蒸气含量越来越多。当流到接近蒸发器的出口时，一般已成为干蒸气。在这一过程中，蒸发温度始终保持不变，并与蒸发压力相对应。由于蒸发后饱和气体的温度总是低于被冷却的温度，因此，不断吸收被冷却物的热量，从而使冷却物得到冷却，使空调器房得到降温。

2. 冷凝器

冷凝器是制冷系统中安装在压缩机排气口和毛细管之间的一种器件，其作用是将由压缩机送出的高温、高压制冷剂气体冷却液化。空调器的冷凝器与蒸发器是一样的，都是用铜管（现在也有用铝管）反复弯曲以后，外面再加上薄铝片以利散热（冷）。图1-55所示为冷凝器外形及结构。

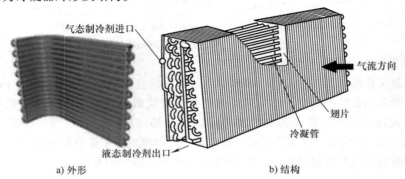

气态制冷剂进口

气流方向

翅片

冷凝管

液态制冷剂出口

a) 外形　　　　　　　　　b) 结构

图1-55　冷凝器外形及结构

冷凝器的工作过程：在压缩机制冷工作时，由压缩机排出的高温、高压气体由进气口进入冷凝器紫铜管后，通过铜管和翅片传热（冷却空调器中都装有轴流风扇，采用的是风冷式），使冷凝器中的制冷剂在冷却凝结过程中，压力不变，温度降低，由气体转化为液体。

二十七、双金属恒温器——电冰箱

双金属恒温器又称双金属开关，或称双金属化霜温控器，如图1-56所示。其作用是与除霜定时器配合进行自动除化霜，主要由热敏电阻、双金属片及触点等组成，是与化霜定时器配合进行自动除霜的。当温度改变时，其外形也随之变化，致使触点自动接通与断开。其工作原理：两种温度膨胀系数不同的金属片合在一起，由于它们温度膨胀系数差异较大，当温度升高或降低时，膨胀较大的一面向较小的那一面弯曲，这样就接通了相对应的触点。

双金属恒温器一般安装在蒸发器的侧面，以感受蒸发器的温度。当电冰箱在除霜过程中，蒸发器温度升高超过正常范围时（13℃左右），双金属恒温器中的双金属片向下翘曲时，其作用力通过销钉顶开触点，切断化霜电源，使除霜加热器停止工作。当蒸发器表面温度降到 −5℃时，双金属片复位，触点闭合，化霜加热器电路开始正常工作。

图 1-56　双金属恒温器

二十八、微型水泵——洗衣机

洗衣机的排水方式分上排水和下排水。不管是普通洗衣机还是全自动洗衣机，只要是设计为上排水方式的洗衣机都装有微型水泵。另外，全自动洗衣机的微型水泵又分循环微型水泵和排水微型水泵。只不过在装配时，实际上是将两个单独的微型水泵合二为一。泵的上部分与循环管相接，使洗涤水再循环；泵的下半部分与排水管相连接，实现排水。

波轮式洗衣机在装配时，微型水泵与电磁排水阀相接，而滚筒式全自动洗衣机没有排水阀，微型水泵一般直接与循环水管和排水管相接。

微型水泵由微型电动机、泵体、叶轮、风叶等组成，如图 1-57 所示。

微型电动机为微型水泵提供驱动动力。全自动洗衣机上的微型水泵上的微型电动机工作时，可以改变方向，当洗衣机运行在洗涤周期和循环用水

图 1-57　洗衣机上的微型水泵

时，微型电动机向一个方向旋转，带动高速旋转的叶轮把洗涤水抽回内桶；而当洗衣机运行在脱水周期和排水时，微型电动机就会向相反的方向旋转，带动高速旋转的叶轮把污水排出。

普通洗衣机的微型水泵的驱动电动机一般采用电容运转式电动机和罩极式电动机两种，其工作电路示意如图 1-58 所示。排水泵工作时，分溢流漂洗排水、洗衣桶排水、脱水排水三种排水功能，使用时需要手动控制开关来完成。

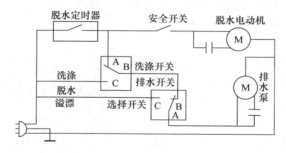

图 1-58　普通洗衣机微型水泵工作电路示意

全自动洗衣机上的微型水泵驱动电动机一般采用永磁直流微型电动机。洗衣机在漂洗、脱水、烘干排水时，由程控器或排水电磁阀来控制微型水泵自动工作。在漂洗时，微型水泵还可以通过循环水管在洗涤衣物时把洗涤液再次排进洗涤桶内。并且，所有循环用水和排水工作不需要人工操作，便能自动完成。

二十九、温度控制器——电冰箱

电冰箱中的控温器件称为温度控制器（简称温控器）。它可以根据电冰箱的使用温度要求，对压缩机的起、停进行自动控制，从而达到控制箱内温度的目的。温度控制器在电冰箱中还可以通过对进风量的控制，来达到控制箱内温度的目的。

温控器的开关直接连接在压缩机的控制电路上，温控器的感温管则在蒸发器或电冰箱内，结构如图 1-59 所示。当温度比较低时，感温管的温度下降，此时隔膜内的制冷剂温度下降，其内部压力下降，隔膜变小，可调弹簧因拉力作用被压缩，触点分开，使压缩机停机；反之，当电冰箱内的温度上升时，隔膜内的压力也上升，手柄顺时针旋转，达到预定的温度时接点就接触。

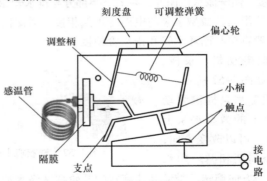

图 1-59　温控器（机械式）结构

电冰箱的温度控制器可分为机械式和电子式两类，按所用感温元器件的不同还可分为两类，即感温囊式温度控制器和热敏电阻式温度控制器。

1. 感温囊式温控器

感温囊式温控器也称蒸气压力式温度控制器，它根据结构、功能和用途的不同，可分为普通型、半自动化霜型和风门型三种。

（1）普通型温控器

普通蒸气压力式温度控制器又称为机械式温控器，主要用于冷冻箱、冷藏箱、双温双控直冷式电冰箱、多门间冷式电冰箱的温度控制，如图 1-60 所示。

普通型温控器主要由温压转换部件和触点式微动开关组成，内部结构如图 1-61 所示。

图 1-60　普通型温控器

由图可见，温压转换部件由感温管（感温毛细管）和感温腔（气室）组成一个连通的密封系统，其内充入感温剂（一般为氯甲烷或 R12）。其中，感温剂随检测点的温度变化而产生压力变化，使感温腔发生伸缩，作用于机械传动机构控制触点的通断，从而实现对压缩机电动机供电路通断的控制。

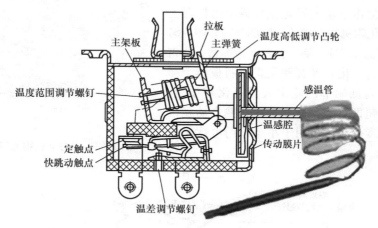

图 1-61　普通型温控器的内部结构

直冷式电冰箱将感温管的尾部卡紧在蒸发器管路出口附近的表面上，间冷式电冰箱将感温管放置在循环冷风的入口处。根据感温腔的形状不同，温压转换部件又分为波纹管式和膜盒式两种，如图 1-62 所示。波纹管式感温腔由温度传感器和波纹管连成一体，感温腔内充有感温剂，在弹力 P 的作用下，受力点 A 的位移与感温腔内压力呈线性关系。膜盒式感温腔由温度传感器和膜片连成一体后，内充感温剂，在线性弹力 P 的作用下，其受力点 A 的位置和感温剂压力变化呈非线性关系。

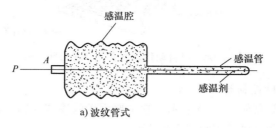

a) 波纹管式

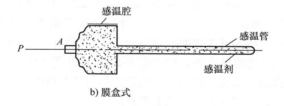

b) 膜盒式

图 1-62　感温腔的形状

（2）半自动化霜型温控器

具有半自动化霜功能的温控器称为半自动化霜型温控器（又称为化霜复合型温控器），其外形如图1-63所示。

半自动化霜型温控器是在普通型温控器上加装了一套化霜机构而成的，内部结构如图1-64所示。所增加的部分包括，化霜平衡弹簧、化霜温度调节螺钉、化霜弹簧和化霜控制板四个部件。在温度高低调节凸轮中央设有化霜按钮，按下化霜按钮即可达到化霜目的，并自动复位到原设定温度位置，多用于小型单门电冰箱作温控元器件。

图1-63　半自动化霜型温控器

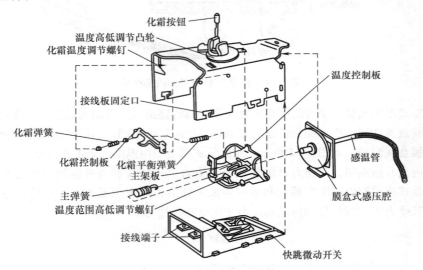

图1-64　半自动化霜型温控器的内部结构

（3）风门型温度控制器

风门型温度控制器如图1-65所示，它主要用于间冷式无霜电冰箱中控制冷藏室的温度，按结构形式分有风道式和盖板式两种。

风门型温度控制器的结构如图1-66所示，这种温控器由温压转换部件（包括感温腔和感温包）、顶针、弹簧、圆柱形齿轮、壳体和拨轮等组成。其中，波纹管式感温腔受到弹簧弹力的作用；感温管末端的感温包安装在冷藏室内，直接检测冷藏室内的温度（有的安装在出风口附近的风道内，检测循环冷风的温度变化）；壳体的上方有螺纹，并与圆柱齿轮的内螺纹相啮合，而圆柱形齿轮的外齿又与拨轮上的齿相啮合，当温控器的旋钮带动拨轮转动时，圆柱形齿轮便上下移动。

图 1-65 风门型温度控制器

2. 热敏电阻式温控器

热敏电阻式温控器是电子式温度控制器的一种,它采用的感温元器件是热敏电阻,其控温原理是将热敏电阻直接放在电冰箱内适当的位置,当热敏电阻受到电冰箱内温度变化的影响时其阻值就发生相应的变化。通过平衡电桥来改变通往半导体晶体管的电流,再经放大来控制压缩机运转继电器的开启程度,实现对电冰箱的温度控制作用。

三十、限压阀——空调器

限压阀又称压力安全阀,如图 1-67 所示,多用在热泵型家用空调器中,其两端管口并接在压缩机的高、低压端。当压缩机的高压压力上升高于限压阀的压力设定值时,限压阀的弹性膜片向上运动将球阀打开,高压制冷剂从旁路进入压缩机低压端。当高压压力下降至压力设定值时,弹性膜片向下运动将球阀关闭,从而控制压缩机的高压压力始终在规定的压力范围内。

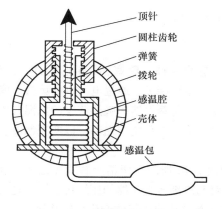

顶针
圆柱齿轮
弹簧
拨轮
感温腔
壳体
感温包

图 1-66 风门式温度控制器的结构图

图 1-67 限压阀

三十一、压缩机——电冰箱

压缩机（俗称压气机或压风机）是电冰箱制冷系统的动力源，是制冷循环中最关键的一个部件，称为电冰箱的"心脏"。其作用是将工质从低温、低压气态转化为高温、高压气态，属于一种压缩气体提高气体压力或输送气体的机械设备。各种压缩机都属于动力机械，能将气体体积缩小、压力增高，具有一定的动能，可作为机械动力或其他用途。

压缩机是制冷系统中低压与高压及低温与高温的分界处理。压缩机的主要作用是维持制冷剂在制冷系统中的循环，并通过热功转换达到制冷的目的。其具体工作过程：按照制冷量的需要定量吸入来自蒸发器的低温、低压制冷剂蒸气，压缩制冷剂蒸气使其压力和温度升高，并按额定的冷凝压力将制冷剂蒸气送往冷凝器。

家用电冰箱中的压缩机均采用全封闭式压缩机，如图1-68所示。它具有结构紧凑、体积小、重量轻、振动小、噪声低及不泄漏制冷剂等优点。全封闭式压缩机又分为往复式和旋转式。往复式压缩机又细分成曲柄滑管式、曲柄连杆式和电磁振动式；旋转式压缩机又分为滚动转子式（叶片固定）和滑片转子式（叶片旋转）。

图1-68 全封闭式压缩机

1. 往复式压缩机

图1-69所示为全封闭往复式压缩机结构。它由壳体、活塞、气缸、阀片、曲轴、连杆等构成。外壳上有吸气管、排气管、加液管和接线端子。通过电动机的旋转，实现吸气、压缩、排气和膨胀四个过程的连续往返动作，将蒸发器中吸热蒸发的低温制冷剂蒸气抽出，经压缩变成高温、高压气体，使制冷剂蒸气在系统内循环，以实现制冷。

2. 旋转式压缩机

旋转式压缩机又称旋转活塞式压缩机，如图1-70所示。所谓旋转式压缩机，就是活塞不是做直线运动，而是做旋转运动来完成对制冷剂蒸气压缩的压缩机。即通过旋转活塞（转子）和一块固定的叶片与气缸内面相接触，从而对气体产生压缩作用。

旋转式压缩机的结构主要由气缸、支架和曲轴、转子、滑片、循环阀、排气阀、弹簧、外壳、气液分离器、电动机和冷冻油等组成。旋转式压缩机有螺杆式、滚动转子式

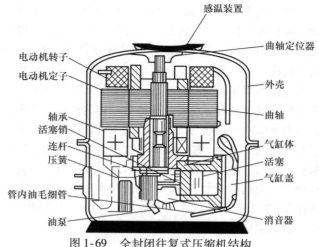

图 1-69　全封闭往复式压缩机结构

图 1-70　旋转式压缩机

和滑片式等多种，目前在电冰箱中应用较多的是滚动转子式和滑片式压缩机。

3. 曲柄滑管式压缩机

曲柄滑管式压缩机是往复活塞式压缩机的一种，是电冰箱、冷藏柜上用得最多的一种压缩机。它的工作原理如图 1-71 所示，当电动机转子带动曲柄轴旋转时，曲柄拨动

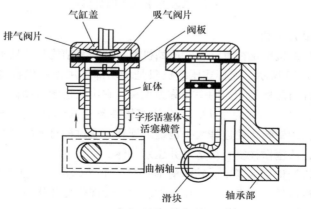

图 1-71　曲柄滑管式压缩机工作原理

活塞滑管的滑块，滑块围绕主轴中心旋转，同时在滑管内作往复运动，并带动活塞在垂直方向作往复运动，配合吸气阀、排气阀片完成吸气、压缩和排气过程。

曲柄滑管式压缩机结构如图 1-72 所示，主要由曲柄滑管机构、气阀机构、气缸体、气缸盖、机座、润滑机构、排气管、电动机定子、电动机转子、过载保护继电器、启动继电器等组成。滑管与活塞焊接或烧结在一起，成 T 字形。滑块为圆柱体，曲柄销穿过滑管壁上下槽与滑管的孔成动配合。滑管、气缸分别作为滑块、活塞运动的导轨。滑块带动滑管运动时，只有在滑块中心线与活塞中心线重合，从而产生转矩，引起活塞对气缸的侧向力，活塞对气缸的侧向力，使活塞对气缸壁的磨损加剧。压缩机功率越大，滑管对活塞的行程越长，侧向力越大，磨损越严重。这种压缩机结构简单、易于安装，但由于只有一个支持轴承，曲柄轴受力不良，容易出现单边磨损的情况，故障率较高。因此，该类压缩机适用于 120W 以下范围小型电冰箱，功率大于 200W 的电冰箱、冷藏柜均不采用，在国外发达国家已属淘汰产品。

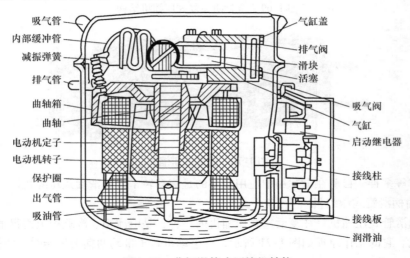

图 1-72　曲柄滑管式压缩机结构

4. 曲柄连杆式压缩机

曲柄连杆式压缩机也是往复活塞式压缩机的一种。其结构与曲柄滑管式压缩机基本相同，结构如图 1-73 所示，连杆式压缩机只是传动部件用连杆代替滑块和滑管。曲柄连杆结构中的连杆与曲柄销相连的一端称为大头，它由曲柄销带动做旋转运动。连杆与活塞销或十字头连接一端称为小头，带动活塞做往复直线运动。连杆中间部分称为杆身。曲柄销绕主轴颈旋转，使连杆大头也绕之旋转。通过杆身的摆动和活塞销在连杆小头内的旋转运动，活塞做往复直线运动并压缩气体。

连杆式压缩机结构更为紧凑，其曲柄轴只有一个支撑点，气缸体与机座连为一体，具有运转平稳、噪声低、磨损小、工作可靠、综合性能优良等优点，适用于所有范围的电冰箱，是目前电冰箱、冷藏柜压缩机的主导产品。

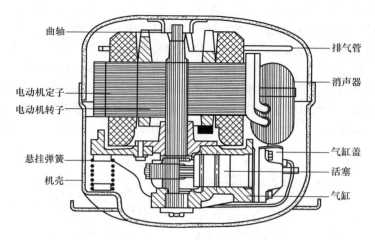

图 1-73　曲柄连杆式压缩机结构

5. 滚动转子式压缩机

滚动转子式压缩机又称定片式压缩机，结构如图 1-74 所示，主要由滚动转子、轴承、气缸、排气阀、电动机定子等组成。转子式活塞与电动机共用一根主轴，环形转子套在偏心轴上，转子式活塞中心和气缸中心有一定的偏心距。刮片（滑片）则装在气缸体上。当以偏心距跟随电动机转动时，转子一侧总是与气缸壁接触，形成密封线。波动副板依靠弹簧力与转子表面严密接触，并随转子的运动做往复运动。因而将气缸内分隔成两个密封的单元容积，靠近刮板的两侧设有吸、排气口。

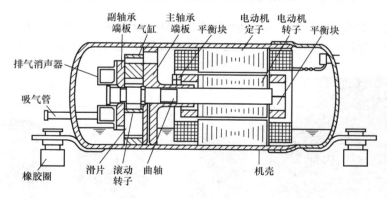

图 1-74　滚动转子式压缩机结构

滚动转子式压缩机适用于 100～300W 范围大中型电冰箱，其具有结构简单、运行可靠、输气系数较高、压缩机体积小、重量轻、加工精度要求较高等优点，其缺点是滑片与气缸壁面之间的泄漏、摩擦和磨损较大，限制了使用寿命及效率的提高。

6. 滑片转子式压缩机

滑片式压缩机又称旋片式压缩机，其结构如图 1-75 所示，主要由气缸、环形转子、偏心轴（又称转子）、滑动刮板（又称滑片）等组成。这种压缩机结构与滚动转子式压缩机基本相同，只是摩擦力略高。偏心轴与电动机共用一根主轴，环形转子套装在偏心轴上。转子中心有一定的偏心距，转子半径与偏心距之和等于气缸半径。为了隔断吸气区与排气区，转子外圆一侧与气缸内壁接触而形成一条密封线，在密封线两侧设有排气口，转子设有开口槽，滑片装在槽中。当主轴随电动机逆时针旋转时，由于偏心轴逆时针转动，这时转子沿气缸壁逆时针方向滚动，刮板上方容积逐渐减少，受到压缩的制冷剂气体从排气口排出。与此同时，刮板下方的容积逐渐扩大，将制冷剂气体吸入气缸。

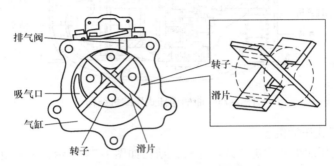

图 1-75　滑片式压缩机结构

滑片式压缩机有卧式和立式之分。由于受空间的限制，电冰箱一般采用卧式滑片式压缩机。它具有成本低、尺寸小、重量轻、容积效率高、搬运时可以任意倾斜等优点。

三十二、压缩机——空调器

压缩机是空调器的核心，由电动机和压缩机两部分组成（见图1-76）。压缩机是制冷循环中最关键的一个部件，目的是把工质从低温低压气态转化为高温、高压气态。它

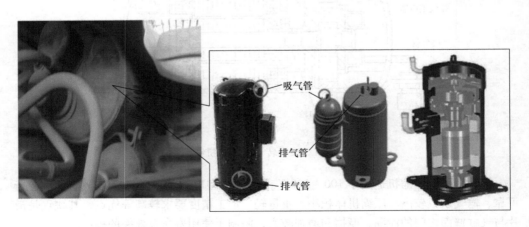

图 1-76　压缩机实物图

是一种压缩气体提高气体压力或输送气体的机械设备，又称为压气机或压风机。各种压缩机都属于动力机械，能将气体体积缩小、压力增高，具有一定的动能，可作为机械动力或其他用途。压缩机不仅是空调器制冷系统的心脏，而且是制冷系统中低压与高压及低温与高温的分界线。压缩机的主要作用是维持制冷剂在制冷系统中的循环，其具体工作过程：按照制冷量的需要定量吸入来自蒸发器的低温、低压制冷剂蒸气，压缩制冷剂蒸气使其压力和温度升高，并按额定的冷凝压力将制冷剂蒸气送往冷凝器。

空调器中的压缩机一般采用全封闭式结构，将作为动力源的电动机和压缩制冷剂的压缩机构密闭封装在一个容器内，里面装有使之运行平滑的润滑油和润滑机构。常见的家用空调器压缩机主要有往复活塞式和旋转式两大类。

1. 往复活塞式压缩机

往复活塞式压缩机又称为连杆活塞式压缩机，是指靠一个或几个做往复运动的活塞来改变压缩腔内部容积的容积式压缩机。如图 1-77 所示，电动机和压缩机都置于机壳内，压缩机主要由气缸、活塞、曲轴、连杆及其他零部件组成。这种压缩机一般采用偏心压力输送润滑油，压缩气体的工作过程可分成吸气、压缩、排气、膨胀四个过程，如图 1-78 所示。

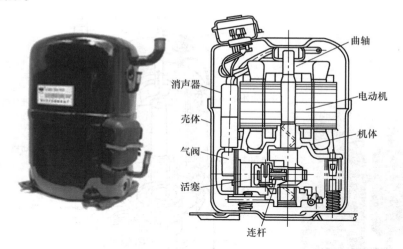

图 1-77　往复活塞式压缩机的结构

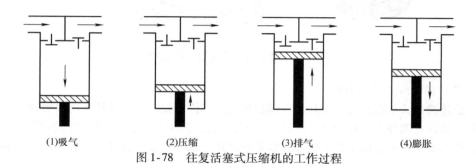

(1)吸气　　　　(2)压缩　　　　(3)排气　　　　(4)膨胀

图 1-78　往复活塞式压缩机的工作过程

往复活塞式压缩机的优点是运行可靠性高、振动小，缺点是构造复杂、运动部件多、机械损失大、体积大。其性能系数低于旋转式压缩机和涡旋式压缩机。

2. 旋转式压缩机

旋转式压缩机是指通过一个或几个部件的旋转运动来完成压缩腔内部容积变化的容积式压缩机。在空调器中采用的旋转式压缩机主要有滚动活塞式、旋转滑片式等。

（1）滚动活塞式压缩机

滚动活塞（滚动转子）式压缩机又称旋转活塞式压缩机，是指依靠偏心安设在气缸内的旋转活塞，在圆柱形气缸内做滚动运动和一个与滚动活塞相接触的滑板的往复运动实现气体压缩的压缩机。其结构如图1-79所示，上部是电动机，下部是压缩机构，整个气缸几乎全部浸在冷冻油中；气缸里面的转子由偏心轴带动，在气缸内沿着缸壁面滚动，气缸壁面有一条串通的槽，槽内有一滑块，它们的配合精度很高，滑块与转子之间配合，在槽内滑动，在弹簧的作用下与转子外圆壁面紧密接触，组成动密封，将转子与气缸壁之间的空间分成进气腔与压缩腔两部分；偏心轴每转动一周，进气腔进气的同时，压缩腔完成压缩与排气过程。旋转式压缩机的主要特征是旁边有一个气液分离器（贮液器）。

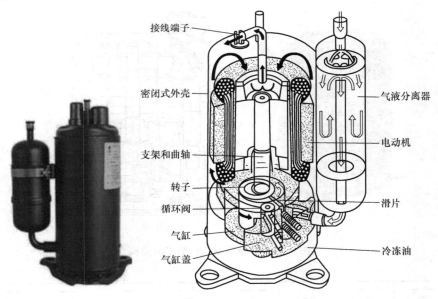

图1-79　滚动活塞式压缩机的结构

（2）旋转滑片式压缩机

旋转滑片式压缩机简称滑片机，顾名思义，是依靠偏心转子和转子槽内滑动的一个或几个滑片在圆柱形气缸内做回转运动而实现气体压缩的压缩机。其结构如图1-80所示，旋转滑片式压缩机主要有机体、转子及滑片三部分组成。装有活动滑片的转子偏心配置在气缸内，转子旋转时，滑片由于离心力作用，紧贴气缸内壁上，形成若干由气缸内壁、转子外壁、滑片组成的基元容积，随着基元容积由小到大和由大到小的反复连续变化，便完成了吸气、压缩、排气的循环过程。

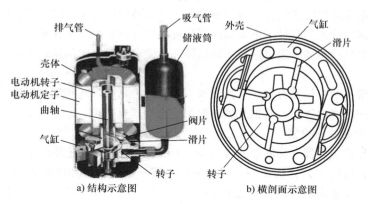

a) 结构示意图　　　　　　　　b) 横剖面示意图

图 1-80　旋转滑片式压缩机的结构

（3）涡旋式压缩机

涡旋式压缩机是由一个静涡旋盘（固定的渐开线涡旋盘）和一个动涡旋盘（呈偏心回旋平动的渐开线运动涡旋盘）组成可压缩容积的压缩机。其结构如图 1-81 所示，压缩机主要由涡旋定子、涡旋转子、十字滑环、曲轴、支架、机壳等组成。在吸气、压缩、排气工作过程中，静盘固定在机架上，动盘由偏心轴驱动，使其围绕静盘基圆中心做很小半径的平面转动。压缩介质由涡旋体外部进入由动盘和静盘啮合时形成的月牙形压缩腔内被逐步压缩，最后经静盘中心孔排出，实现较为连续的供气方式。

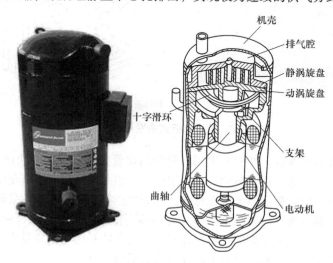

图 1-81　涡旋式压缩机的结构

三十三、蒸发器——电冰箱

蒸发器又称冷却器，主要是由金属管制成（如铜管、钢管和铝管等），属于一种热交换器，是电冰箱的吸热装置。液态制冷剂在蒸发器内汽化蒸发时，吸收电冰箱内的热量，蒸发器制冷管内部有低于电冰箱内部环境温度的低温制冷剂在流动，由于存在温度差，就会有热量的传递。通过这种不断地换热，使电冰箱内的温度逐渐降低，以达到制冷的目的。

蒸发器常见的有铝复合板式、板管式、丝管式、翼片管式和翅片盘管式。其中翅片盘管式用于间冷式电冰箱，其他几种主要用于直冷式电冰箱。

1. 铝复合板式蒸发器

铝复合板式蒸发器又称吹胀式蒸发器，如图 1-82 所示。它是依靠空气自然循环的一种蒸发器，按照工艺方法不同，可分为铝—锌—铝复合板和印刷管路复合板。铝—锌—铝复合板式是由两层铝合板轧压通过高压吹胀工艺制造而成的。它是将铝—锌—铝复合板冷轧焊在一起，然后放在刻有制冷管道的模具上，加热加压后使复合板中间的锌层熔化，同时用高压空气把刻有管道轨迹的部分吹胀成管形，然后进行抽真空，无管道部分的锌重新与铝板粘合即成蒸发器板坯。板坯焊上制冷剂进、出管，并弯成口字形，最后经铝阳极氧化处理即成。

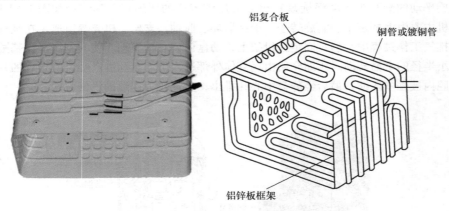

图 1-82　铝复合板式蒸发器实物及结构

印刷管路复合板是在一块铝板上用石墨印制出管路图，再用一块铝板覆盖在上面，经碾轧及热压处理而成。由于锌的存在，铝—锌—铝蒸发器易产生电化学腐蚀，现已逐渐淘汰。印刷管路复合板蒸发器耐腐蚀性强，因而广泛得到应用。目前采用铝复合板式蒸发器的电冰箱，其冷冻、冷藏柜蒸发器均为串接一体，这种结构更合理，且成本较低，使用可靠性更高。多用于早期的单门电冰箱、双门电冰箱的冷藏室及小容量双门电冰箱的冷藏室、冷冻室，以平板的形式安装在冷藏箱后壁上部。

2. 板管式蒸发器

板管式蒸发器实物及结构如图 1-83 所示，它是用铜管（铝管）弯成蛇形后，用粘合剂粘接或用焊锡固定在已成型的铝板（铜板）上，置于聚氨酯隔热层内。其中，铜管用于制冷剂的流通，铝板用于增加传导面积。这种蒸发器制造工艺简单、易于清理、制造成本低、不易腐蚀，但传热性能稍差。通常用在直冷式冷藏冷冻箱的冷冻室蒸发器和直冷式冷藏箱的制冰室。

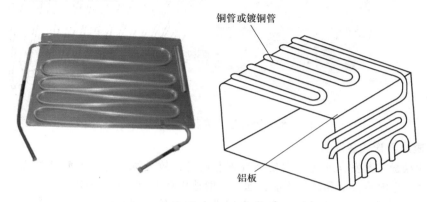

图 1-83　板管式蒸发器实物及结构

3. 丝管式蒸发器

丝管式蒸发器实物及结构如图 1-84 所示。它的结构与钢丝式冷凝器相同，是将细钢丝焊在直径为 8mm 的钢管两侧，作成层架（用于放抽屉），并在其表面做镀锌（或喷塑）处理。蒸发器盘管既是蒸发器，又是抽屉搁架。目前抽屉式直冷电冰箱的蒸发器多采用此种蒸发器。它具有散热面积大、冷冻速度快、箱内温度分布均匀、结构紧凑的优点，且比板管式蒸发器制冷效果好。

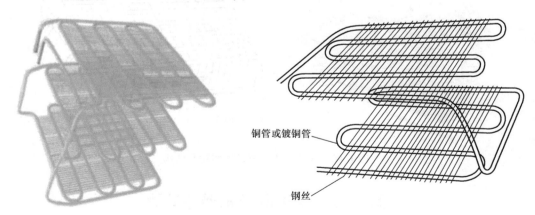

图 1-84　丝管式蒸发器实物及结构

4. 翼片管式蒸发器

翼片管式蒸发器实物及结构如图 1-85 所示。它是用带有翼片的管子弯曲而成的。翼片高一般为 15～20mm，主要用作双门直冷式电冰箱冷藏柜内的蒸发器。

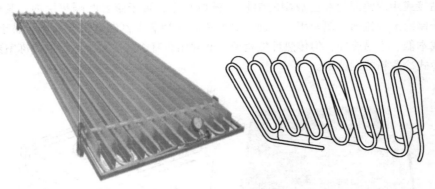

图 1-85　翼片管式蒸发器实物及结构

5. 翅片盘管式蒸发器

翅片盘管式蒸发器通过风扇使空气强制循环，故又称风冷翅片管式蒸发器，如图 1-86所示。它由蒸发器和翅片组成，翅片一般选用 0.1～0.2mm 的铝片，盘管一般采用 $\phi8～\phi12mm$ 的铜管（或铝管），盘管之间设有电热管，用于快速自动除霜。它是在盘管上穿套铝翅片，经胀管焊接而成。该蒸发器传热效率高、结构紧凑、占用空间小，但缺点是耗电量高，且必须采用风扇使空气强迫对流，以形成箱内冷气的均匀分布。此类蒸发器的管状部分主要用于制冷剂的流通，片状部分用于吸取冷藏室、冷冻室的热量，适用于双门间冷式电冰箱。

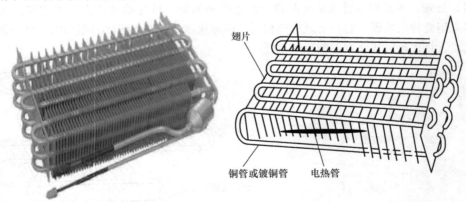

图 1-86　翅片盘管式蒸发器实物及结构

第三节　专用电子元器件检测

一、电脑板的检测——洗衣机

对洗衣机电脑板的检测主要有安装前的检测、电源部分的检测、单片机的检测、单片机接口电路的检测四个方面。下面介绍具体检测方法。

1. 安装前的检测

当修复电脑板故障后或换用新的电脑板时，在安装前有必要检查电动机、进水阀、排水阀是否存在短路现象。如果其中一部件有故障的话，有可能会再次烧坏电脑板。而且必须注意，如果使用电子控制的水位器，要使用与电脑板相等频率的水位器，否则会出现进水不止或不干衣现象。

2. 电源部分的检测

当洗衣机电脑板出现异常时，首先应该查看与电脑板连接的线束是否正确、有无松脱，查看变压器是否发热，若发热说明电脑板或与之连接的线束等可能发生了短路，应立即断电并进一步检查。若无以上问题，用万用表依次测量变压器输出端电压是否正常，整流桥后电解电容两端的电压是否正常，控制芯片 VCC 脚和 GND 脚之间电压是否正常（一般为5V 也有可能为3.3V 左右），芯片复位脚电压是否正常（一般为5V 左右，通电时也可能为3.3V 左右）。

3. 检测单片机接口电路

检测单片机接口电路应重点检查电路板上的熔丝是否熔断。洗衣机电路板上设有熔丝的部位有三处：一是在插座前；二是在直流电磁铁整流桥的输出端；三是在整流电源的变压器输入端。若发现熔丝熔断，则应进一步检查引起熔丝熔断的原因，排除洗衣机和电路板上可能出现的短路故障。另外，接口电路易损元器件还有晶闸管、晶体管和限流电阻，也应作为检修的重点。

二、电脑板的检测——空调器

当家用空调器接通电源后，用遥控器开机，室内、室外机都不运转，且听不到遥控开机时接收红外信号的"嘀、嘀"声，说明电脑板交流电源部分有故障。

检测空调器电脑板时主要应检查以下几个方面：

1）检测电脑板的5V 供电、CPU 复位电路或晶振电路是否正常。一般情况下，电脑板损坏的概率较小，重点放在石英晶振的检测上。

2）检测电脑板的传感器输入电路是否存在开路或短路故障。

3）检测电脑板用于电动机速度检测的霍尔元件是否正常。检测时，用手拨动风扇电动机使之旋转，用万用表100V/10V 挡测量霍尔元件的反馈线，正常时应有电压脉冲输出。

4）检测电脑板大功率继电器的触点是否粘连、积碳或烧损。

三、功率模块的检测——空调器

1. 功率模块的检修方法和注意事项

功率模块输入的直流电压（P、N 之间）一般为 260～310V，而输出的电压一般不应高于220V。如果功率模块的输入端无310V 直流电压，则表明该机的整流滤波电路有问题，而与功率模块无关；如果有 310V 直流电压输入，而 U、V、W 三相间无低于220V 均等的电压输出或 U、V、W 三相输出的电压不均等，则可初步判断功率模块有故障，但有时也会因电脑板输出的控制信号有故障导致功率模块无输出电压，维修时应注意仔细判断（可使用部件替换法）。在未连机的情况下，也可用测量 U、V、W 三相与 P、N 两相之间的阻值来判断功率模块的好坏。

【提示】　交流变频模块输出的交流电不应高于 220V，直流变频模块输出的直流电压一般在 0~180V，并且各端子相同，否则功率模块可能损坏。

2. 测量方法

1）用指针式万用表的红表笔接 P 端，用黑表笔分别接 U、V、W 端，其正向阻值应相同。如其中任何一相阻值与其他两相阻值不同，则可判定该功率模块损坏。用黑表笔接 N 端，红表笔分别接 U、V、W 三端，其每项阻值也应相等。如不相等，也可判断功率模块损坏，应更换。

2）数字式万用表的方法与指针式万用表的正好相反，用数字式万用表红色表笔接 N 端，黑色表笔接 U、V、W，其阻值应相同。黑色表笔接 P 端，红色表笔接 U、V、W，其阻值应相同。

3）也可采用数字式万用表的二极管挡检测变频模块，方法是，黑表笔接模块"+"极，红表笔接 U、V、W 极，正向电阻为 380~450Ω，且反向不导通。

4）功率模块的连接线序问题。无论何种型号，普通功率模块基本上具有 7 个连接点"P、N、U、V、W、10 芯连接排、11 芯连接排（部分机型可能没有，如功率模块带电源开关的没有）。

【提示】　在更换模块前，维修人员务必用纸笔记下不同线色对应于哪一个名称的连接点，以便再次连接时可以一一对应，不会出现错误。

【提示】　不同的模块七个连接点位置会有很大的差异，切不可只记连线位置！七个点中："P"用来连接直流电正极，在有些模块中也可能标识为"＋"；"N"用来连接直流电负极，在有些模块中也可能标识为"－"；"U、V、W"为压缩机线，多数按照"U、V、W"→"黑白红"的顺序进行连接（见图 1-87），但也有很多例外（如变频一拖二），建议按照室外机原理图进行连接；"10 芯连接排"是模块的控制信号线，该线有反正之分，已经通过端子的形状进行限定，安装时应确保插接牢固；"11 芯连接排"是模块驱动电源，有的机型可能没有，该线也分反正，已经通过端子的形状进行限定，安装时确保插接牢固，请维修人员注意。"P、N、U、V、W"任意两条线连错，只需要一次开机上电就会造成无法预料的模块损坏。

图 1-87　模块连接引脚标志

【提示】　实际维修中的经验检测方法：将模块上的 P、N、U、V、W 假定是一个"桥堆"，P 对 U、V、W 正向通反向止，U、V、W 对 N 正向通反向截止。这只是一个简单检测 IPM 的方法。一般变频空调器故障都会有故障代码显示，如果显示的是 IPM 故障，在判断前先测压缩机有无损坏，更换 IPM 前要注意各大容量电容是否正常，且更换 IPM 后先不要接压缩机试机（可接其他负载）。更换模块时，切不可将新模块接近有磁体，或用带静电的物体接触模块，特别是信号端子的插口，否则极易引起模块内部击穿。

【提示】　检测 IPM 模块时切记要断电进行，并将压缩机的连线拔掉，以免损坏 IPM 模块。

3. 采用灯泡法判断变频模块故障

用三只同功率的灯泡接成星形，然后与模块 U、V、W 连接，开机观察，若灯泡均由暗逐渐变亮，说明模块无问题；如灯泡不亮则说明模块或机内的控制电路有问题。

四、交流接触器的检测——空调器

交流接触器有问题后空调器会出现压缩机不起动、不工作故障，此时可采用以下方法进行检测：

1）开机观察交流接触器的工作情况，如开机接触器吸合，此时风扇电动机工作，压缩机不工作（假设电容是好的），可初步判定接触器坏。因为压缩机和外风扇电动机都是通过接触器的常开触点控制，所以触点工作是同步的。如其中一个工作，另外一个不工作可大致判定为接触器损坏。

2）开机细听交流接触器工作时的声音，如开机有很大的"吱"的声响则可能是电源电压过低、触点上有脏污或动静铁心接触面上有脏物；若听到"咔咔"的声响，这是接触器吸不上的声音，则可能是电源电压过低或接触器吸力不够。

3）用万用表对交流接触器进行检测，其方法如下：①检测线圈绕组的阻值，判断是否断开或短路；②用万用表欧姆挡检测交流接触器上下触头的通断情况，在未通电的情况下上下触头的阻值应为无穷大，如有阻值则表明内部触头粘连；③按下交流接触器表面的强制按钮，用万用表测量上下触头的阻值，每组阻值正常情况下应该为零，若为无穷大或阻值变大则表明内部触头表面可能有挂弧现象。若出现以上三种现象均应该更换交流接触器。

【提示】　开机接触器吸合后，如压缩机不转，但不知接触器的触头是否损坏，可以用尖嘴钳叉开，用两尖头分别短接同一组的上下触头，如此时压缩机工作了，则表明触头坏了（在使用此方法时应注意安全）；对于单相 3 匹空调器，当电压不稳或启动时压降较大时都很容易损坏交流接触器，如有此类现象，维修时一定要先将电源故障排除后方可更换接触器，否则还是会造成以上故障。

五、传感器的检测——洗衣机

1. 水位传感器

当水位传感器出现异常时，应切断电源，检查水位传感器管道是否破裂，两端密封是否良好，是否漏气。若不是上述原因，可用万用表电阻挡测量水位传感器两插片间的电阻值，来判断是否导通，如图 1-88 所示。在导通时，其阻值一般为 $20.1 \sim 20.3\Omega$，若不导通则说明该水位传感器已损坏。

图 1-88　检测水位传感器

水位传感器上面的红色记号为洗衣机保护水位微调螺钉，一般在出厂时已经调节好，在测量时不能改变其位置，否则会造成检测和控制水位不准确。

2. NTC 温度传感器

NTC 温度传感器其实就是由具有负温度系数的热敏电阻与导线连接而成的。根据 NTC 热敏电阻的特性（其电阻值大小与温度高低成反比），可以用万用表来检测它的性能。如图 1-89 所示：把 NTC 温度传感器放入一盆水中，将万用表置于电阻挡 $R \times 1k$ 量程位置，将两表笔相接调零。将两表笔分别与传感器的导线两端相接，同时在盆中再加入一定温度的热水，观察其阻值变化。在加入热水后，若阻值变小，则说明 NTC 温度传感器性能正常；若阻值没有变化，则说明该 NTC 温度传感器已损坏。根据实践测得 NTC 温度传感器在水温为 $60℃$ 时阻值为 $3.023k\Omega$，水温为 $10℃$ 时阻值为 $18.023k\Omega$。

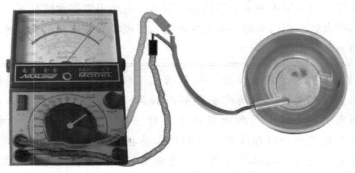

图 1-89　检测 NTC 温度传感器

六、磁性门封条的检测——电冰箱

检测电冰箱的门封条主要是检查其密封性，其检测方法如下：

1）观察门封条的平伏性态，如果发现其不平，则可能存在很大的泄漏。

2）将箱门开启，然后再慢慢关闭，当把门关到离箱体边5mm左右时松手，若门能自动吸上且能听到吸合声，则说明门封条的吸合力正常。一般来说，能吸合的距离越大，说明磁条的吸合力越强。

3）在关闭箱门的同时将一张纸条夹在箱门的门缝各处，如果纸条被夹得比较紧，不会自行滑落，则说明此电冰箱的磁性门封良好。

4）把手电筒打开放入电冰箱内，然后关闭箱门，从门外仔细观察电冰箱门四周有没有泄漏，若有，则说明门封条密封性欠佳。

七、单向阀的检测——空调器

单向阀的常见故障主要表现为堵、关闭不严。

当单向阀芯被堵后会出现结霜的现象，会造成制冷效果差；当单向阀关闭不严，制热时制冷剂通过关闭不严的单向阀，造成系统高压压力下降制热效果差。可用压力表检测系统高压压力并于正常状况的数值进行比较，并同时观察单向阀表面是否结霜。

当阀体内的尼龙阀体被系统脏堵、与它一体的毛细管也被脏堵后，就会造成制冷、制热效果差，甚至不制冷、制热，此时应更换新部件。

> 【提示】　更换单向阀时注意以下事项：单向阀的制冷剂流动箭头向上，焊时应注意降温冷却阀体，防止阀体的内尼龙阀芯变形，造成制热效果差；必须对制冷系统进行清洗后充注氮气进行去污。

八、电磁阀的检测——电冰箱

先用万用表$R \times 1k$挡测电磁阀电源输入端的阻值，正常时阻值为无穷大；若有阻值或阻值偏小，则说明印制电路板有元器件损坏，应检查压敏电阻是否击穿或整流二极管是否击穿。若阻值正常，则用万用表直流电压挡测电磁阀线圈两端的电压，正常电压值为198V左右；若测电压异常，则用电烙铁焊下印制电路板，测整流板的直流输出端电压是否正常，正常电压值为198V左右；若电压值无异常，则用电阻挡测线圈的阻值是否正常，正常时阻值为几千欧；若阻值异常，则检查线圈是否损坏。若印制电路板和线圈均无异常，则说明阀芯故障（一般故障发生率较低）。

九、电磁阀的检测——洗衣机

进水电磁阀和排水电磁阀都是由电磁铁线圈构成，其原理相同，检测时可以用相同的方法来判断其性能。具体方法是，拔掉电磁阀接头上的接线，用万用表测电磁阀线圈的阻值是否为几千欧；若阻值相差较大（为无穷大或阻值较小），则说明电磁阀开路或匝间短路；若阻值正常，则说明电磁阀良好；若电磁阀卡住了，则拆开电磁阀清除异物修复即可。

十、电磁四通阀的检测——空调器

四通阀的故障较多，如线圈断路、短路、堵塞、换向不良、阀芯不动作、开启关闭不严、串气等，其故障表现为不能制热或制冷、制热效果差等。

电磁四通阀是否有故障，可按以下方法进行判断：

1）将空调器控制面板上的温度控制器调整到制热状态，使电磁线圈保持在通电状态。首先测量室内机接线板上的电磁阀线（VALVE）有无220V电压（见图1-90）。若无电压则说明电磁阀可能无故障，重点检查电脑板。若测量正常情况，在电磁线圈通电时，应能听到控制阀内铁心吸合的"咔嗒"声及制冷剂换向的流动声。若听不到任何声音，则说明电磁线圈存在故障。

2）用万用表测量电磁阀电磁线圈的电阻值，如图1-91所示。首先断开控制电路的接线，将万用表接在电磁线圈上，正常情况下的电阻值应在1000～1500Ω之间；若实测电阻值为无穷大或者接近零，则判断为电磁线圈已损坏。

图1-90　测量室内机接线板上的电磁阀线　　图1-91　用万用表测量电磁阀电磁线圈的电阻值

3）用手摸四通阀左右两端毛细管温度进行判断，若两根毛细管都烫手（正常时是一根热、一根凉），说明换向阀换向不正常，引起四通阀换向不良可能有以下原因：

①四通阀线圈断线、短路或电压不符合线圈性能要求，造成阀芯不能动作；②先导阀部变形，造成阀芯不能运作；③先导阀毛细管变形或堵塞，造成流量不足，形成不了换向所需的压力差；④主阀体变形，活塞部被卡死不能运作；⑤冷冻油变质或系统内进入杂物，四通阀活塞或主滑块卡死不能动作；⑥钎焊配管时，主阀体的温度超过了120℃，内部零件发生热变形而不能运作；⑦空调器系统冷媒发生外泄漏，冷媒循环量不能满足四通阀换向的必要流量，达不到换向所需的压力。

4）四通阀串气的快速判断法。用手触摸换向阀六根管子温度，与正常状态下管子温度（见表1-2）比较，如果手摸换向阀6根管子的温度与正常温度相差过大时，说明换向阀有故障。"听"换向阀线圈断电时，是否有一声很大的气流声。如果有此气流声，则说明换向阀换向正常；如无此气流声，则说明换向阀有机械故障，应更换四通阀。

表1-2　四通阀6根管子的正常温度

接压缩机 排气管	接压缩机 吸气管	接蒸发器 冷却管	接冷凝器 冷却管	左侧毛细管 温度	右侧毛细管 温度	换向阀 工作情况
热	冷	冷	热	较凉	较热	正常制冷状态
热	冷	热	冷	较热	较凉	正常制热状态

【提示】　当确定电磁四通阀损坏时，应更换新的电磁阀，可按以下步骤进行更换：

①更换四通阀前，缓慢放掉系统中的制冷剂，往系统中充入氮气；取下电磁线圈，然后将四通阀全部焊下。

②选用规格型号相同的四通阀。更换时，4根铜管接口应摆正到位，并注意保持原方向和角度，换向阀必须呈水平状态。

③焊接四通阀。焊接时，系统中要充入氮气，四通阀应用湿毛巾包裹好，应先焊单根的高压管（即压缩机的排气管），再焊3根低压管的中间1根（即压缩机回气管），然后焊接左、右两根（即与蒸发器及冷凝器接管），如图1-92所示。

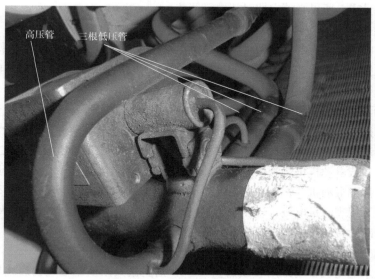

图1-92　四通阀高低压管

④焊接时应注意对阀体进行冷却（如将阀体浸入水中或用水浸湿棉纱后放在

阀体上），防止阀体温度升高，损坏四通阀上的塑料件。同时，焊接阀接口时，应避免烧焊时间过长。

⑤ 焊接结束待阀体冷却后，充入高压氮气对系统进行抽真空、定量填充制冷剂，并检漏试机，检查制冷和制热运行情况。

⑥ 若四通阀为轻微卡死换向不灵，不要贸然更换，可先对线圈反复通断电或轻敲击阀体，强迫吸动滑块。

⑦ 四通阀换向不灵往往是因系统内有杂质造成的。遇到四通阀损坏，不能"头痛医头"地一换了之，应找到原因。例如，在拆四通阀时，观察冷冻油的颜色，如油已变色且有杂质，应对系统用高压氮气进行清洗，必要时还要更换冷冻油，反之，不久新换的四通阀将可能再次卡死。

十一、电动机的检测——洗衣机

洗衣机电动机的检测方法主要有以下几个方面。

1. 定期调整传动带

当洗衣机工作结束后，拔下电源插头，用螺钉旋具（俗称螺丝刀）旋下后盖板的固定螺钉，卸下后盖板，用手感测电动机的温度，若烫手则为电动机发热。此时，应首先检查三角传动带是否过紧或过松，因为三角传动带的过紧或过松都会导致电动机过热，并发出异味，所以必须定期对其进行调整。

2. 通过听声音来检测电动机的性能

洗衣机电动机性能的好坏，可以通过听电动机没有负载运转时的声音来进行判断。具体方法：拆下三角传动带，通电使电动机运转，正常时应为"嗡嗡"的电磁声；若出现干摩擦等异常声音，说明电动机有问题。

3. 用万用表检测电动机转子断条的方法

当洗衣机电动机在空载时运转正常，而在负载后电动机转速变慢或启动困难时，首先应检查电动机绕组是否存在局部短路、轴承是否磨损或缺油、电容是否正常。在排除以上因素后，若电动机仍然难以起动及转速很慢时，则应考虑转子导条是否断裂，判断方法如下：拆下电动机，在电动机初级、次级绕组上加110V的电压，用手转动一下转子，同时用万用表测量电流，若任一组引线的电流不是均匀地摆动，而是大幅度地升、降，则可判断为转子导条有砂眼或有断条现象。

4. 脱水电动机绕组短路故障的检查

拆下脱水电动机，用万用表欧姆挡 $R \times 10$ 挡测量其阻值，如果初级绕组电阻值在 $65 \sim 95\Omega$，次级绕组在 $110 \sim 200\Omega$（次级绕组的阻值比初级绕组的阻值大50%左右），说明该电动机正常，如果实测得的阻值较小，则可判断该电动机有短路故障。

5. 脱水电动机绕组断路故障的检查

拆下脱水电动机，用万用表欧姆挡检测绕组任意两引线间是否导通，若不导通则判断该电动机绕组断路。

6. 用万用表快速检测电动机的好坏

洗衣机电动机的好坏可以通过万用表检测其绝缘阻值来快速判断。具体方法：拔下电源插头，拆下电动机，将电动机上的导线断开，用万用表电阻挡测量电动机引线与外壳间的阻值是否为无穷大。若不是或阻值偏小，则说明电动机漏电；若是，则说明电动机正常。

十二、定时器的检测——洗衣机

洗衣机定时器的检查方法主要有以下几种：

1）检查定时器的发条是否脱落或断裂现象。

2）拆开齿轮、凸轮组件，检查凸轮组件是否有零件损坏而引起松动，以及检查齿轮、凸轮组件中是否有脏物。

3）洗衣机工作时，观察定时器触点表面有无出现打火现象，若有则说明定时器触点表面烧蚀及簧片变形。

4）检查定时器盖是否有裂纹，若有则水会沿裂纹滴入定时器内；同时，洗涤时潮气也会进入到定时器内，从而损坏定时器。

十三、风扇组件的检测——空调器

风扇组件出现异常时会使风扇电动机不转、转速慢或噪声大，此时可采用以下方法进行检测。

1）当单相异步电动机或同步电动机有问题时，可按以下方法进行检测：

① 当单相异步电动机或同步电动机不转时，可用万用表交流电压挡检测它的连接插头处是否有市电压输入。若电压输入正常，则说明电动机内部可能存在绕组开路，此时可用电阻挡测量其绕组的阻值是否正常。若阻值为无穷大，则说明绕组已开路；若电压输入，则检查供电及其控制电路。

② 当出现转速慢时，可用手拨动扇叶看转动是否灵活。若转动灵活，则说明问题出在电动机绕组异常或供电系统；若转动不灵活，则检查轴承是否缺油。

2）当步进电动机有问题后会导致导风板无法正常摆动，此时可按以下步骤进行检测：

① 检查电动机插头与控制板插座是否插好。

② 检查齿轮的配合情况，空载时用手慢慢地转动转轴，受力应均匀，看电动机是否被卡住。

③ 检测电动机绕组的阻值是否正常。步进电动机的 4 个绕组的阻值是相等，一般额定电压为 12V 的电动机，每相电阻为 200～400Ω；5V 的电动机，电阻为 70～100Ω。若某相阻值出现太大或大小，则说明绕组或接线异常。

④ 将电动机插头插到控制板上，分别测量电动机工作电压及电源线与各相之间的电压（额定电压为 12V 的电动机相电压约为 4.2V，额定电压为 5V 的电动机相电压约

为1.6V），若电源电压或相电压有异常，说明控制电路损坏，应更换控制板。

3）室内外风扇组件的检测方法。室内外风扇组件的最常见故障是风扇电动机绕组断路，风扇电动机转子和轴承、接线、叶片有问题，检修时可按以下方法进行：

① 观察导风叶是否破损、卡死、脱位或连杆机构是否损坏；电动与支架的紧固螺钉是否松动或装配不到位；风扇电动机接线是否松动；导风圈是否变形；电动机的转子与轴是否松动；风扇电动机轴弯曲变形等。

② 用风速仪测量风量或转速是否正常；手感风扇电动机轴是否松动、窜动；用万用表测量电动机绕组是否短路或断路。电动机有三根线，两组线圈。一组是启动线圈，一组是运转线圈。接电容的线圈是启动线圈，电阻值要比运转线圈要大一点。两组线圈用万用表量都要有阻值，在 $200 \sim 400\Omega$ 之间。

③ 风扇电动机的运转声音是否正常；电动机轴承是否有异声；听风扇运转是否有噪声等。

> 【提示】 电气控制系统及制冷系统出现问题后会导致通风系统发生故障，如风扇电动机驱动电路故障会导致风扇电动机不转；运转电容失效会导致风扇电动机转速慢；冷凝器或过滤器过脏，又会导致风量受阻下降等问题，故检修风扇组件故障要结合电气控制系统和制冷系统进行综合分析。

十四、辅热电加热部件的检测——空调器

电加热器最常见的故障是电热丝断、丝间短路或绝缘损坏等，其故障表现为电加热器不工作或工作不正常。检修时可用万用表测试其电阻值来进行判断。若阻值为无穷大则说明其为断路；若阻值很小则说明其为短路。若电热器工作但无热风吹出，则检查电热丝或电路板是否有问题（可用万用表对线路板进行检查，看继电器是否有电源输出来判断）。

> 【提示】 ①电加热器的工作一般由芯片控制，发出加热指令，电加热器工作；当感温包感受到环境温度较低时，开始工作。②绝缘的检查方法是，用万用表对电加热器接线端子和其金属外壳的绝缘电阻进行检测，其值应大于30MΩ。

十五、负离子发生器的检测——空调器

由于负离子发生器在工作时，其束状的碳纤化合物会产生高电压，产生大量的负离子。检测时有两种方法：一种是专用的负离子检测板，当检测到负离子发生器工作时，检测板上的灯就会闪烁，说明负离子工作正常；另一种是用测电笔检测，当有负离子发生器工作时，测电笔中的氖泡便会闪烁，说明负离子发生器工作正常。

> 【提示】 检测时应使检测工具尽可能接近负离子发生器。

十六、干燥过滤器的检测——空调器/电冰箱

干燥过滤器的故障主要体现在泄漏和堵塞。检测时，如果在干燥过滤器的某部位出现油迹，则可能是干燥过滤器存在泄漏故障；在制冷过程中，观察干燥过滤器的外表，如果发现有冷凝水，则表明过滤器存在堵塞故障。堵塞主要是由于干燥剂吸收的冷冻油或水分膨胀后造成的，堵塞也可能是由于过滤网的堵塞造成的。解决方法是更换过滤器或过滤器内的干燥剂。

十七、过载过热保护器的检测——电冰箱

先用电流表测量压缩机启动、运行电流是否正常（启动电流一般为运行电流的 5 ~ 8 倍），如电流正常而过载保护器动作，则可能是过载保护器失灵，应更换；否则，则是压缩机有故障。

十八、化霜定时器的检测——电冰箱

先切断电冰箱的电源，再用螺钉旋具顺时针旋转调节定时器的调节轴，如发出"嘣啪"声时，即转到化霜点，将此时调节轴所处的位置做好标记。再转动一周，停在接近化霜点的位置，让电冰箱运行后能自动停机且又能自动开机，说明化霜定时器正常，否则说明其存在故障。

十九、化霜加热器的检测——电冰箱

先拔掉化霜定时器的接头上的接线，再用万用表 $R \times 1k$ 挡测此接线到电源插头的 N 端之间的电阻是否正常，正常阻值约为 270Ω。若阻值偏低，则说明化霜加热器被烧断，应予以更换。

二十、加热化霜熔丝的检测——电冰箱

先拔掉化霜定时器的接头上的接线，再用万用表 $R \times 1k$ 挡测此接线到电源插头的 N 端之间的电阻是否正常，正常阻值约为 270Ω。若阻值为无穷大，则说明加热化霜熔丝熔断，应予以更换。

二十一、截止阀的检测——空调器

二通截止阀、三通截止阀多为安装时用力不当造成阀芯损坏及阀丝损坏而导致漏氟，引起空调器制冷效果差，甚至不制冷。此时可用肥皂水对工艺口及阀芯和配管接口处进行检漏，如有漏点则应更换，如图 1-93 所示。

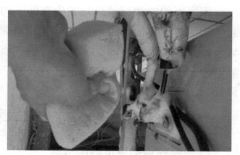

图 1-93　检测截止阀

二十二、离合器的检测——洗衣机

洗衣机离合器的检查方法主要有以下几种：

1）离合器是一个组件，检查紧固螺钉是否松动。

2）离合器在工作时，检查棘爪与棘轮是否正常啮合。

3）检查离合器的含油轴承或滚动轴承是否磨损严重。

4）检查离合器的传动轮有无破裂。

5）检查减速离合器的止逆扭簧是否安装不到位或断裂。

6）检查行星齿轮与齿轮轴顶端的齿轮、与内齿轮的啮合及滚动支架与洗涤轴花键的啮合是否不良。

二十三、毛细管的检测——空调器/电冰箱

电冰箱与空调器中毛细管故障主要是堵塞，而最容易发生的是冰堵和脏堵。可利用毛细管流量检测机进行检测，该设备属于精密检测类仪器。其工作原理为通过检测毛细管在某种条件下的内部流量值，对其阻塞程度进行判断。通过更换夹模可对不同管径的毛细管进行检测。也可根据制冷系统的故障现象大致进行判断：制冷剂通路阻断，系统不制冷，停机一段时间开机又可以制冷，时间不长又再次发生堵塞，可能为毛细管存在冰堵故障，一般发生在毛细管出口处。如果不管制冷系统停机多长时间再启动也不制冷，一般为毛细管存在全堵故障。

> 【提示】　如果在制冷系统运行时，毛细管出现一个最冷的部位，一般该处为脏堵处。

二十四、膨胀阀的检测——空调器/电冰箱

检测膨胀阀是否存在故障，重点应检查膨胀阀的感温剂是否泄漏、进口处过滤网是否堵塞。感温剂泄漏主要是因毛细管或感温包破损引起的，感温剂泄漏后，膨胀阀调节失灵，这时膨胀阀的开起度达不到正常的制冷工况。

膨胀阀的过滤网堵塞常发生在膨胀阀的进口处，主要是由制冷系统内的杂质过多引起。检测时，先加膨胀阀的阀体，看故障能否排除；若无法排除堵塞，则可确定为脏堵。若能排除，则可能是冰堵。对于脏堵故障，首先应将系统内制冷剂收回并贮藏在冷凝器内，拆下膨胀阀，用汽油清洗干净，同时更换制冷系统的干燥剂，将膨胀阀装回原处。

二十五、启动继电器的检测——电冰箱

1. 重锤式启动继电器的检测

（1）重锤式启动继电器触点的检测

将重锤式启动继电器垂直放置，用万用表 $R \times 1k$ 挡测运行和启动两插孔的电阻值，正常时电阻值应为无穷大，若测得阻值为 0Ω，则说明该启动继电器动触点接触不良。然后再将启动继电器水平放置，正常时电阻值应为 0Ω；若阻值为无穷大，则说明该启动继电器静触点接触不良。

（2）重锤式启动继电器电流线圈的检测

将重锤式启动继电器垂直放置，用万用表测其电流线圈的电阻值，正常时电阻值应在 $1 \sim 2\Omega$。若测得阻值不在正常范围内，则观察电流线圈外观是否存在烧焦变色现象。若已变色，则说明该启动继电器已损坏。

2. PTC 启动继电器的检测

用万用表 $R \times 1k$ 挡测其直流电阻值，正常时阻值应在 $15 \sim 40\Omega$ 之间。若测得阻值过高或为 0Ω 时，则说明该启动继电器已损坏或接触不良。

或用 100W 的灯泡与 PTC 组件串联连接 220V 交流电源，正常时灯应亮，并在十几秒钟后由暗转淡直到完全熄灭，过几分钟再接通电源，灯泡仍亮，说明 PTC 正常。切断电源后，测 PTC 两端的电阻值，若阻值小于 $20k\Omega$，则说明启动继电器损坏。若阻值大于 $20k\Omega$，则手摸 PTC 元器件是否有灼热感。若有，则等其 PTC 元器件温度降至室温时，再测其电阻值是否为初始值。若不是，则说明该启动继电器已损坏，只能更换。

二十六、气液分离器的检测——空调器

气液分离器的故障率极低，它产生故障一般主要有，管口的焊接部位（焊口）泄漏制冷剂，导致制冷效果差、不制冷，检修时只需检查贮液器管口的焊口有无油污，当有说明这个焊接部位泄漏。

制冷系统压缩机产生的机械磨损造成的金属粉末及管道内的一些焊渣和冷冻油内的污物对过滤器产生阻塞，造成压缩机回油回气变差，压缩机工作温度升高、高压压力偏高，易产生过热保护，此时将系统制冷剂放完以后将气液分离器焊下，用四氯化碳、三氯乙烯或 RF113 进行清洗，堵塞严重时可进行更换。

二十七、热交换器的检测——空调器

换热器出现故障时，表现为空调器制冷效果差或根本不制冷。其原因是，由于蒸发器或冷凝器表面沾满灰尘，失去了散热作用，或其盘管穿孔泄漏，造成制冷剂不足而影响制冷（热）。其排除方法如下：

1）首先清除蒸发器、冷凝器表面上的灰尘，先用钢刷和毛刷刮去翅片上的污物，再用清水冲洗干净。若故障不能得到排除，则可能是制冷剂泄漏引起的。

2）蒸发器和冷凝器泄漏部位一般在管道的接头连接部位和焊接处。由于泄漏使制冷系统内气体过少或根本没有气体了，采用检漏仪检测时应先充气，然后用检漏仪进行检测，即可以找到泄漏点。

3）对于漏点微小的蒸发器可采取焊补的方法，焊补时漏洞处应加贴铝片。铝蒸发器的漏点也可以用耐高温、耐高压的胶（如 SR102、CH3）来粘补。粘补前应将被粘接

面处理干净，粘补后经固化24h，即可使用。

4）对于漏点较大的蒸发器，可采用与原蒸发器规格相近的铜管重新盘绕来替换。

【提示】　检测蒸发器是否存在泄漏故障，检测时需要通过打压查漏。

（1）内藏式蒸发器的故障诊断方法

对于内藏式蒸发器，只需打低压，看低压管路是否有泄漏，即可判断蒸发器的好坏。具体诊断步骤如下：

① 首先用管刀割开压缩机工艺管口上端的工艺管，对制冷管路进行放气。接着将蒸发器的回气管与压缩机吸气管之间的焊接口焊开，然后将毛细管与干燥过滤器的焊口焊开，并把毛细管一端的端口用气焊封死。

② 在蒸发器回气管管口上焊接一块真空压力表，然后用氮气瓶通过真空压力表对低压制冷管路进行打压（打压的压力通常为0.80MPa），并用肥皂水检查真空压力表与回气管、毛细管端的焊点有无泄漏。在确认无泄漏的情况下，观察24h后，若真空压力表的读数不变即可。对于性能良好的蒸发器，真空压力表读数应始终保持为0.80MPa，若读数下降则说明蒸发器存在泄漏。

（2）外露式蒸发器的故障诊断方法

对于外露式蒸发器，首先应打低压，看低压管路是否有泄漏，然后进行低压分段打压以确定具体是哪个蒸发器有泄漏。用气焊焊开上、下蒸发器接口，将上蒸发器出口焊死，再在上蒸发器管口上焊接真空压力表。通过真空压力表对上蒸发器加注氮气，即可对上蒸发器进行打压查漏。再焊开上、下蒸发器接口，焊死毛细管入口，在下蒸发器管口上焊接真空压力表加注氮气，对一部分下蒸发器进行打压查漏。然后封死下蒸发器毛细管的管口，在回气管管口上焊接真空压力表，加注氮气，即可对下蒸发器的另一部分打压查漏。

二十八、蒸发器的检测——电冰箱

检测蒸发器主要是检测蒸发器是否存在泄漏故障，检测时需要通过打压查漏。

1. 板管式蒸发器的检测

对于板管式蒸发器，首先应打低压，看低压管路是否有泄漏，然后进行低压分段打压以确定具体是哪个蒸发器有泄漏。用气焊焊开上、下蒸发器接口，将上蒸发器出口焊死，再在上蒸发器管口上焊接真空压力表。通过真空压力表对上蒸发器加注氮气，即可对上蒸发器进行打压查漏。再焊开上、下蒸发器接口，焊死毛细管入口，在下蒸发器管口上焊接真空压力表加注氮气，对一部分下蒸发器进行打压查漏。然后，封死下蒸发器毛细管的管口，在回气管管口上焊接真空压力表，加注氮气，即可对下蒸发器的另一部分打压查漏。

2. 铝复合板式蒸发器的检测

对于铝复合板式蒸发器，只需打低压，看低压管是否有泄漏，即可判断蒸发器的好坏，具体检测步骤如下：

　　首先用管刀割开压缩机工艺管口上端的工艺管，对制冷管路进行放气。接着将蒸发器的回气管与压缩机吸气管之间的接口焊开，然后将毛细管与干燥过滤器的接口焊开，并把毛细管一端的端口用气焊封死。

　　在蒸发器回气管管口上焊接一块真空压力表，然后用氮气瓶通过真空压力表对低压制冷管路进行打压（打压的压力通常为0.80MPa），并用肥皂水检查真空压力表与回气管、毛细管端的焊点有无泄漏。在确认无泄漏的情况下，观察24h后，若真空压力表的读数不变即可。对于性能良好的蒸发器，真空压力表读数应始终保持为0.80MPa，若读数下降则说明蒸发器存在泄漏。图1-94所示为制冷系统管道结构。

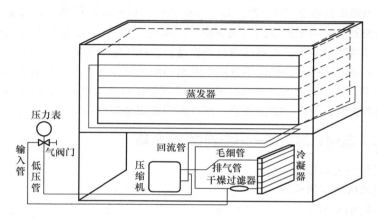

图1-94　制冷系统管道结构

二十九、双金属恒温器的检测——电冰箱

　　先拔下化霜定时器接头上的接线，再用万用表$R \times 1k$挡测其两接头之间电阻是否正常，正常时阻值为无穷大。若阻值无异常，则让电冰箱制冷运转。当电冰箱自动停机后，拔下化霜定时器上的接头上的接线，用万用表测其两接头之间的阻值是否正常。正常时阻值为0Ω，且触点闭合。若阻值无异常，则说明双金属恒温器工作正常。

三十、微型水泵的检测——洗衣机

　　普通洗衣机和全自动洗衣机微型水泵采用的驱动电动机不同，所以检测方法也不相同，具体检测方法如下。

　　1. 检测普通洗衣机微型水泵

　　检测普通洗衣机微型水泵时，将洗衣机操控台上的排水开关和洗涤选择开关置于不同挡位，用万用表测量电源插头两插刃间的电阻，就可以测量出整个排水泵工作时的电阻值。正常时，所测得的各电路阻值应该与排水泵微电动机主绕组的标称阻值相符合。

　　2. 检测全自动洗衣机微型水泵

　　全自动洗衣机一般为永磁直流微型电动机，微型水泵出现异常时，可用万用表测量排水泵的直流电阻来判断其好坏。在测量时，若测得电阻值与标称阻值相符时，则说明正常；若测得电阻值为无穷大时，则说明微型水泵电动机绕组已断路；若测得电阻值为零时，则说明微型水泵的电动机绕组短路。

另外也可以通过检测微型水泵两接线端子的电压来判断，若测得电压值为220V时，则说明该微型水泵已损坏。

三十一、温度控制器的检测——电冰箱

通常根据下述方法判别温度控制器是否发生故障，其具体检测方法如下：

先检查温控器是否在"0"挡，如不在此挡位，再检查温控器是否正常。在通电的情况下将温控器挡位调至强冷挡（无强冷挡则调到7挡），若感温探头在箱内也可用热毛巾加热温控器感温探头，观察压缩机是否运行。如压缩机不起动，则温控器可能有故障，此时可切断电源拆下温控器用万用表欧姆挡测量电源接点与压缩机输入接点是否导通（阻值为零，根据温控器的型号、参数标牌测量相应的接点）。如导通再检查温控器感温管是否有折断、裂纹、泄漏现象，如有则需要更换温控器。

三十二、压缩机的检测——空调器/电冰箱

1. 电动机性能的检测

（1）电动机绕组的检测

绕组断路的检测：对于单相电动机，先拆下压缩机的插头接线，再用万用表测量压缩机三个接线柱间的电阻。如果某一组之间不通，则说明压缩机内部绕组已断路。对于三相电动机，其检测方法与单相相同，所不同的是绕组的阻值为三相相等（具体做法见图1-95），若其中有任何一组之间不通，则说明有某组绕组断路。

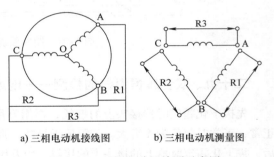

a) 三相电动机接线图　　b) 三相电动机测量图

图1-95　三相电动机检测示意图

绕组短路的检测：有绕组匝间短路、绕组烧毁等，检查短路可用万用表的低阻挡（$R \times 1$）分别测量电动机运行绕组和起动绕组的电阻值，正常值运行绕组电阻在 $10 \sim 20\Omega$ 之间、起动绕组电阻在 $30 \sim 50\Omega$ 之间。如果测出某绕组电阻很大，则表明该绕组断路；如果测出某绕组电阻值比正常值小得多或为0，则说明绕组有短路现象。

绕组接地的检测：用万用表低阻挡测量三个接线柱与压缩机外壳或铜管之间的阻值，若测的阻值为零或阻值偏低，都可以判断绕组与地之间存在短路故障。最好的测量方法是用绝缘电阻表测量绝缘电阻，阻值应大于 $2M\Omega$。

（2）起动性能的检测

用手堵住压缩机排气管，电动机应能连续起动三次以上。如果不能起动或起动后用手堵住排气管能将电动机憋住，则表明电动机转子与定子间隙过大。

（3）运行电流的检测

起动电动机，测量实际的电流，空载时不得超过额定值0.1A（120W压缩机的空载电流为0.9A左右），否则电动机存在短路现象。

2. 压缩机性能的检测

（1）效率的检测

压缩机效率的检测，即吸、排气密封性能检测，具体检测方法有以下两种：

1）首先打开压缩机吸气管，并用拇指按住排气管。再起动压缩机，当压力大到大拇指按不住时，吸气管有明显的吸力。如果符合上述情况，则说明压缩机正常。

2）首先在排气管上焊一段直径8cm、长20cm左右的铜管，另一头接上压力表。起动压缩机，待10s后，测压力应达2.0MPa；接着停机5min，此时压力应不超过0.1MPa。

（2）压缩机抽真空性能的检测

在压缩机维修管上焊接一只真空压力表，并封住吸气口，使排气管与大气相通。接着起动压缩机，压力表的真空度应达0.09MPa，否则不合格。

1）对于全封闭的三相压缩机，测量绕组时应该是任何两个端点的阻值是相等的；如果是单相压缩机，应先测各绕组之间的阻值，判断各是什么绕组，再根据各阻值判断其好坏。

2）压缩机三个接线绕组的判别。一般情况下R表示运行端（线径较粗、内阻较小、电流较大），S表示启动端（线径较细、内阻较大、电流较小），C表示公共端，RS间的电阻大于SC、RC间的电阻，RS间电阻等于SC间电阻加RC间的电阻，如图1-96所示。

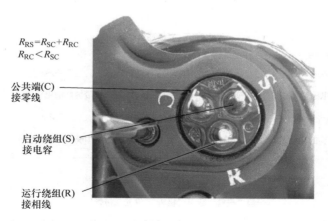

图1-96 压缩机三个接线绕组

当字母模糊无法识别时，可将万用表调到电阻$R \times 1\Omega$挡，①首先找出公共端，用万用表红（黑）表笔放置于压缩机上任一端，另两端分别用黑（红）笔测量；如果两次测得的电阻之和等于被测两端的电阻，那么红表笔所接的为公共端C点。②一般情况下，起动绕组阻值大于运行绕组阻值。

三十三、遥控接收器的检测——空调器

遥控接收器有问题后会使按遥控后机子无反应故障，此时可用指针式万用表电压挡检测接收头信号端和地两脚之间在按下遥控器按键的时候有没有电压浮动，如果有的话，就是正常的。

第四节　电路图识读

一、电路图形符号简介（见表 1-3）

表 1-3　电路图形符号简介

器件	电路图形符号	备注
电阻器	R 普通电阻器　RF 熔断器电阻器　θ 热敏电阻器　U 压敏电阻器　可调电阻器　RP	电路中用字母"R"表示
电容器	C 无极性电容器　C+ 有极性电容器	电路中用字母"C"表示
电感器	电感器　可变电感器　铁心(磁心)电感器　带屏蔽的电感线圈　有抽头的电感器　有滑动的电感器　微调磁心电感器　可调磁心电感器	电路中用字母"L"表示
二极管	一般二极管　稳压二极管　发光二极管	电路中用字母"VD 或 D"表示
晶体管	PNP型 NPN型 普通晶体管　PNP型 NPN型 光敏晶体管　PNP型 NPN型 达林顿管	电路中用字母"Q、V_T 或 B_C"表示

（续）

器件	电路图形符号	备注
晶闸管	A ∕ V G K	电路中用字母"V"或"VT"表示
集成电路	IC　　　IC	电路中用字母符号"IC"表示
按钮	E-\	电路中用字母符号"SW"表示
单极转换开关		电路中用字母符号"SW"表示
导线丁字形连接		
导线间绝缘击穿		
电气或电路连接点	●	
端子	○	
断路器		
反相器	1	
放大器	▷	
非门逻辑元件	1	
蜂鸣器		

（续）

器件	电路图形符号	备注
高压负荷开关		
高压隔离开关		
或逻辑器件	≥1	
继电器线圈		
交流	∿	表示交流电源
交流电动机	Ⓜ	
交流继电器线圈	∿	
交流整流器	∿	
接触器动断触点		
接触器动合触点		
接地		热地
接地		抗干扰接地
接地		保护接地

（续）

器件	电路图形符号	备注
接地		接机壳
接地		冷地
开关		
滤波器		
桥式全波 整流器		
热继电器 开关		
热继电器 驱动部分		
热敏开关		
三相永磁同 步电动机		
三相永磁同 步发电动机		
手动开关		
推拉开关		
线圈 （混合）		
压缩器		

（续）

器件	电路图形符号	备注
与逻辑器件	 &	
直流	===	表示直流电源
直流并励电动机	 Ⓜ	
直流串磁电动机	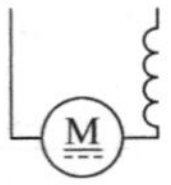 Ⓜ	
直流电动机	 Ⓜ	
直流他励电动机	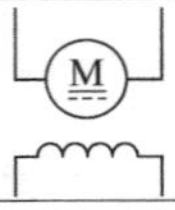 Ⓜ	
中性线、零线	N	L 表示相线，E 表示地线

二、电路图简介

（一）电冰箱特征电路图简介

电冰箱电路主要由电源电路、振荡电路、复位电路、门 S/W 检测电路、温度检测电路、蜂鸣器电路、操作电路、BLDC 电动机驱动电路、负荷驱动部分电路、风门电动机驱动部分电路、变频控制电路（用于变频电冰箱）等组成。

1. 电源电路

图 1-97 所示为电源电路原理图。该电源电路为电冰箱电器控制系统各部分提供所需的工作电源，如继电器、面板、印制电路板及 BLDC 电动机等。

1）AC220V 输入电源间隔 LVT（DC - TRANS）降低，该交流电压经 D101 ~ D104 桥式整流后变成直流电压 12V。

2）DC12V 经 C101 高频滤波电解电容 C102 调平并经三端稳压器 7812 稳压后，得到了一稳定的 12V，用做继电器和面板印制电路板传动电源，输入电源和电冰箱控制。

3）另外，辅助 LVT（DC - TRANS）通过 D105 ~ D112 桥式整流二极管和高频滤波电解电容 C108 调平，并通过 OP 放大器，常压 TR 电路控制到设定电压，然后提供稳定电压给 BLDC 电动机。

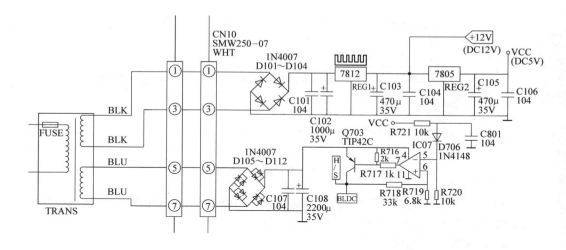

图 1-97 电源电路原理图

2. 振荡电路

图 1-98 所示为振荡电路原理图。该振荡电路为主芯片内部元器件发送/接收信息同步产生时钟和时间计算。

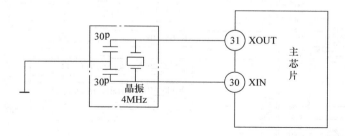

图 1-98 振荡电路原理图

1）振荡器分别接入主芯片的⑨脚和③脚，在主芯片内部集成了两个30pF电容，分别连接到晶振输入端与输出端，并连接到地。这样可以消除振荡信号的高频杂波，为主芯片提供一个4MHz的稳定时钟频率。

2）若谐振器规格发生变化，则由于主芯片定时系统的改变使控制系统无法执行正常功能。

3. 复位电路

图 1-99 所示为复位电路原理图。该电路主要由主芯片、IC2（KA7533）、电容C202、C203 等组成。当复位电路得到 +5V 电源时，电路进行比较，并给主芯片㉙脚提供复位电平，高平复位。

1）若电路瞬时中断或电源给主芯片加电压，则复位电路会对主芯片的内部进行初始化，并使所有工作状态持续处于初始状态。

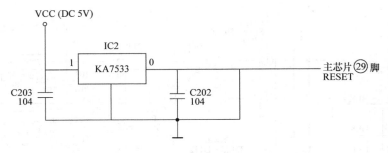

图 1-99　复位电路原理图

2）复位时复位终端电压变成与给主芯片 VCC（DC5V）电压相比的"低电平"，并在正常操作情况下保持"高电平"（VCC 电压）。

4. 门 S/W 检测电路

图 1-100 所示为门 S/W 检测电路原理图。该电路主要由 R401、R403、F－DOOR S/W、R－DOOR S/W 及 CN30 等组成，主要用于控制冷冻室与冷藏室风机的工作状态。

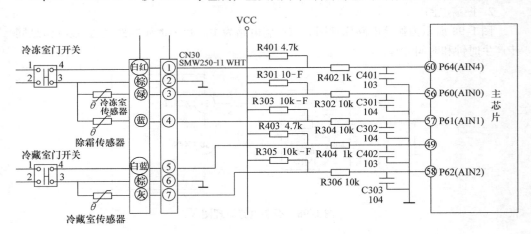

图 1-100　门 S/W 检测电路原理图

1）经过电阻 R401（10℃），CN30 与 GND 连接，②脚提供 VCC（DC5V），通过给主芯片"高（5V）/低（0V）"加电压，检测冷冻室门打开/关闭。

2）经过电阻 R403（10℃），CN30 与 GND 连接，①脚提供 VCC（DC5V），通过给主芯片"高（5V）/低（0V）"加电压，检测冷藏室门打开/关闭。

3）若门 S/W 出现故障，则相应的风扇不工作或发出报警。检查门 S/W 是否异常。若门打开，内部相应风扇停止。则为主芯片停止了决定门打开的风扇（尽管在 S/W 接触点异常时门关闭）。

5. 温度检测电路

图 1-101 所示为温度检测电路原理图。该电路主要由电阻 R502 ～ R507、R602 ～ R607 及各类传感器（如冷冻变温室传感器、冷冻室传感器、冷藏变温室蒸发器传感器、冷藏变温室传感器、冷藏室蒸发器传感器、冷藏室传感器）等组成。传感器利用电阻值随温度升高而降低的特性，一般采用电阻温度系数变化较大的热敏电阻，使温度变化产生较大的阻值变化，以便于电路检测。

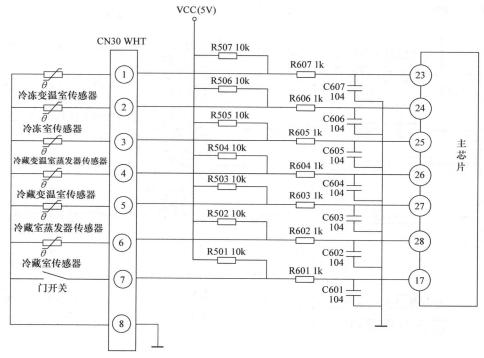

图 1-101　温度检测电路原理图

将随温度变化的电压值分别提供给主控芯片，与设定的温度值进行比较，自动调节压缩机的运转频率，从而控制冷冻室、冷藏室的温度在设定范围内。

6. 蜂鸣器电路

图 1-102 所示为蜂鸣器电路原理图。该电路中的主芯片产生的蜂鸣信号会被驱动器件（晶体管 Q801）放大，从而推动蜂鸣器发出声音。

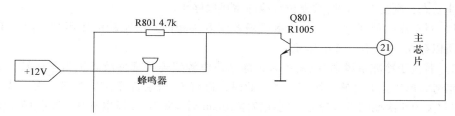

图 1-102　蜂鸣器电路原理图

7. 操作电路

图 1-103 所示为操作电路原理图。在该电路中，当主芯片端口开始输出相应工作电路的信号时，驱动芯片（ULN2003）接通，由于 DC12V 电压通过相应的继电器线圈使继电器触点到接通状态，所以相应的电路开始工作（如，通过继电器 RY72 接通照明灯的供电电路，照明灯能发光）。

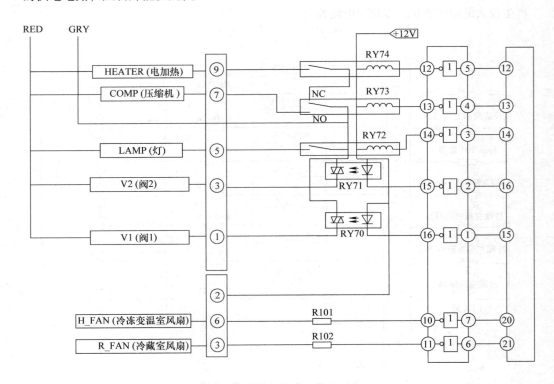

图 1-103　操作电路原理图

8. BLDC（无刷直流）电动机驱动电路

图 1-104 所示为 BLDC 电动机驱动电路原理图。当冷冻室风扇被驱动为 LOW RPM（低转速），使㊴脚总与 R705 和 R707 并联复位主芯片㊵脚。此时，电压在并联电阻和 R706 之间分开，并加给 OP - AMP，使 Q701 打开，冷冻室风扇驱动。若冷冻室风扇处于停止状态，则主芯片㊴脚被复位且冷冻室风扇停止。

1）对于压缩机风扇，与冷冻室风扇控制方法相同。但驱动电压不同，由于 RMP 差，所以存在 E1 电压/E2 电压差。

2）若由于冷冻室风扇/压缩机风扇冻结或电源线连接部件故障风扇不运转，则无风扇信号，所以主芯片确定风扇异常。此时，进行 3s 风扇打开，7s 关闭 5 次。若在风扇打开/关闭 5 次期间没有信号，则在暂停 10min 后，重复 3s 风扇打开，7s 关闭 5 次。

3）若在 3s 风扇打开，7s 关闭期间发生信号，则主芯片确定操作正常并解除所有电

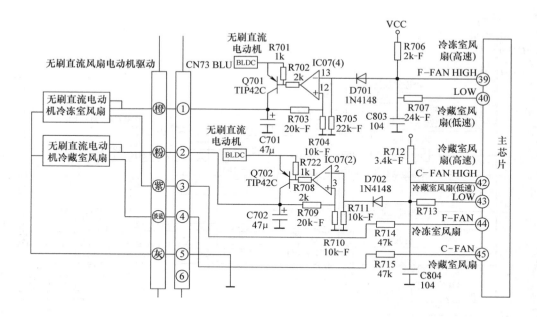

图 1-104　BLDC 电动机驱动电路原理图

动机保护功能并执行正常功能。

9. 负荷驱动部分电路

图 1-105 所示为负荷驱动部分电路原理图。

1）当"HIGH"信号被加给主芯片⑮脚的输入端子，IC 打开。此时，与压缩机继电器一端连接的 V12（DC12V）经过 IC04 输出到地，继电器芯子产生磁场，并使触点接通。AC 输入电压（AC220V）被加给压缩机负荷两端，压缩机运行。

2）若主芯片⑮脚信号为"LOW"，IC04 断开，电流不流到压缩机，继电器线圈使继电器触点断开，压缩机停转。

10. 风门电动机驱动部分电路

图 1-106 所示为风门电动机驱动部分电路原理图。风门为 2 次励磁型步进电动机，用于控制冷藏室温度，使冷藏室通风槽口在温度高于设定温度时打开，低于设定温度时关闭。风门执行打开/关闭，不论冷藏室温度是否处于接通电源状态，并按照温度确定打开/关闭状态。

1）通过风门电动机（步进电动机）专用控制传动装置 IC8（TA7774P），打开/关闭动作受到主芯片㉞脚、㉟脚控制。

2）当给冷藏室加电压时，风门加热器被提供了 DC12V 电压，信号总发生在主芯片㉔脚，通过 IC3，DC12V 流向风门。

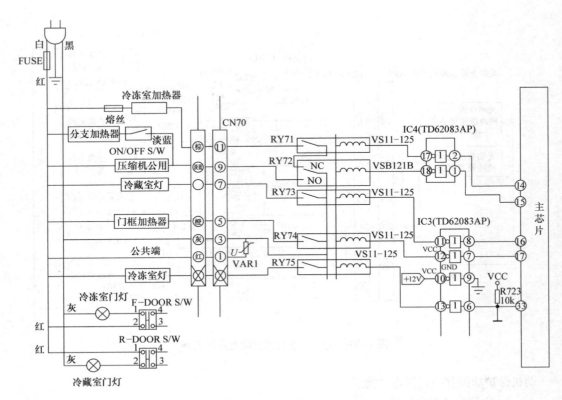

图 1-105　负荷驱动部分电路原理图

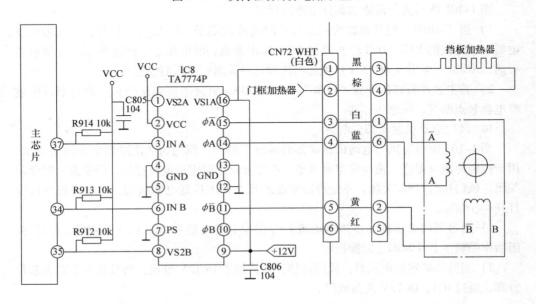

图 1-106　风门电动机驱动部分电路原理图

11. 变频控制电路

图 1-107 所示为电冰箱变频控制电路框图。电冰箱变频控制改变以往的起、停控制方式，采用异步电动机变频调整的原理，根据电冰箱温度及制冷的需求，通过单片机控制 SA8382 生成 SPWM 信号，驱动功率模块组成的逆变电路，输出不同基波频率的交流电压，控制电冰箱压缩机的旋转速度，从而改变电冰箱循环制冷过程的快慢，达到可变制冷的目的。

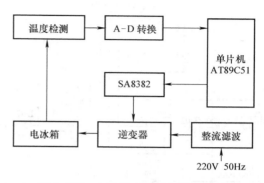

图 1-107　电冰箱变频控制电路框图

1）＋300V 电源滤波电路、辅助电源电路、若干集成电路（均为贴片式元器件）及其他元器件等组成。

2）该电路板上有控制信号输入插件、变频压缩机三相电源输出插件和变频压缩机转子磁极位置检测反馈插件。变频控制电路设有欠电压、过电流、过热、短路保护电路及压缩机转子磁位检测电路等。

3）当变频控制电路或变频压缩机出现某种故障时，由检测电路反馈的故障信号送到主芯片，CPU 作出判断后发出控制命令。

（二）空调器特征电路图简介

1. 室内机电路

室内机电路由室内机电源电路、上电复位电路、振荡电路、过零检测电路、室内风机控制电路、步进电动机控制电路、换气电路、温度传感器电路、E^2PROM 电路、显示屏信号传输电路以及遥控接收电路、显示屏亮度检测电路、显示屏电路、通信电路等组成。

（1）室内机电源电路

室内机电源电路是为室内机空调器电气控制系统提供所需的工作电源，如作为单片机及一些控制检测电路的工作电源等。图 1-108 所示为室内机电源电路原理图。

1）交流电源 220V 经电源变压器⑥脚和⑦脚降压输出 AC12V，经过整流二极管 D02→D08→D09→D10 整流，经 D07，通过 C08 高频滤波电解电容 C11 平滑滤波后得到一较平滑的 DC12V（此电压为 TDA62003AP 驱动集成电路及蜂鸣器提供工作电源）。

2）DC12V 再经 7805 稳压及 C09、C12 滤波后，便得到了一稳定的 5V 直流电（此电压为单片机及一控制检测电路提供工作电源）。

3）电源变压器①脚和②脚降压输出一交流电压，此电压和 7805 输出的 DC 5V 及 DC 27V 为显示屏和显示控制提供工作电源。

（2）上电复位电路

上电复位电路在控制系统中的作用是起动单片机开始工作或监视正常工作时电源电压（若电源有异常则会进行强制复位）。由于在电源上电及正常工作时电压异常或受到

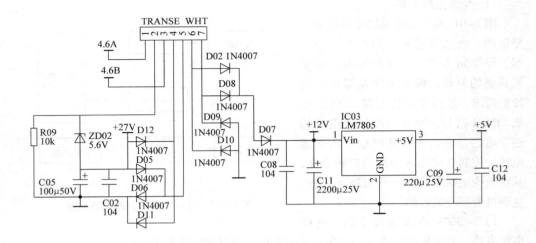

图 1-108　室内机电源电路原理图

干扰，电源会有一些不稳定的因素，为避免影响单片机工作的稳定性，因此，在电源上电延时输出给芯片输出——复位信号。

复位输出脚输出低电平需要持续 3 个或者更多的指令周期，复位程序开始初始化芯片内部的初始状态，等待接受输入信号。图 1-109 所示为上电复位电路原理图。

1）5V 电源通过 MC34064 ②脚输入，①脚便可输出一个上升沿，触发芯片的复位脚。

2）当电源关断时，电解电容 C13（调节复位延时时间）上的残留电荷通过 D13 和 MC34064 内部电路构成回路，释放掉电荷。

（3）振荡电路

振荡电路在单片机系统中为系统提供一个基准的时钟序列。振荡信号如人的心脏，使单片机程序、指令能够运行，以保证系统正常准确地工作。图 1-110 所示为振荡电路原理图。

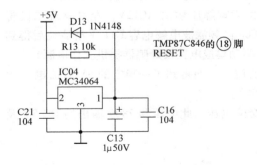

图 1-109　上电复位电路原理图

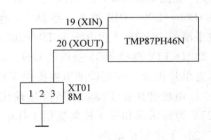

图 1-110　振荡电路原理图

1）振荡器①脚和③脚分别接入 TMP87PH46N 的⑲脚和⑳脚，②脚接地。

2）在单片机 TMP87PH46N 内部集成了两个高频滤波电容，分别连接到 XT01①脚和③脚，并连接到地，以消除振荡信号的高频杂波，为单片机提供一个 8MHz 的稳定时钟频率。

（4）过零检测电路

过零检测电路在控制系统中为单片机提供一个输入检测和控制信号。在电控系统中它主要用于控制室内风机的风速或检测室内供电压的异常。图 1-111 所示为过零检测电路原理图。

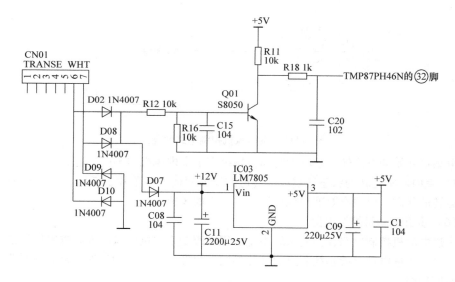

图 1-111 过零检测电路原理图

1）电源变压器输出 AC12V，经 D02、D08、D09、D10 桥式整流输出一脉动的直流电，该直流电经 R12 和 R16 分压提供给 Q01。

2）当 Q01 的基极电压小于 0.7V 时，Q01 不导通。

3）当 Q01 的基极电压大于 0.7V 时，Q01 导通，便可得到一个过零触发的信号。

（5）室内风机控制电路

室内风机控制电路的室内风机是将室内空气经冷却的铝箔而使室内空气的温度降低的。室内风机控制电路是控制室内风机风速依据环境条件（或者设定风速）自动地调节风量的。该空调器室内风机使用的是单相异步电动机。图 1-112 所示为室内风机控制电路原理图。

1）室内风速改变的电气原理是通过电压变化来改变风速。单片机通过过零检测电路对交流电零点检测而得到一个控制起始点。

2）此时，风机驱动信号延时（延时的时间长度是在一个交流电的半个时间周期）输出（以过零点为起始点）通过 TMP87PH46N⑥脚驱动光耦合器（IC05）导通，单相

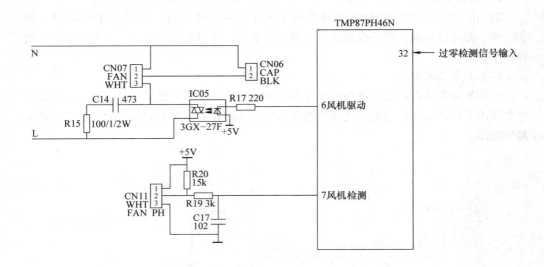

图 1-112　室内风机控制电路原理图

异步电动机开始加电运转。延时的时间长短决定了室内风机的不同风速。

3）室内风机运转的状态通过风机转速的反馈而输入给单片机⑦脚，通过检测室内风机运转的状态，以便有效准确地控制室内风机的风速。

（6）步进电动机控制电路

步进电动机控制电路在控制系统中主要用来改变室内机出风的方向或定位于某一个方向吹风，步进电动机就是控制风门叶片的摆动角度的。图 1-113 所示为步进电动机控制电路原理图。

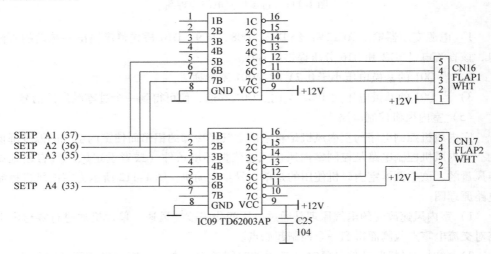

图 1-113　步进电动机控制电路原理图

步进电动机的控制信号经单片机㉝、㉟、㊱、㊲脚输出。再经驱动器 TD62003AP 驱动输出，直接控制步进电动机的摆动。

（7）换气电路

换气电路是控制换气电动机的运转的，换气电动机通过换气管将室内浑浊的空气排到室外，让室内保持清新的空气。图 1-114 所示为换气电路原理图。

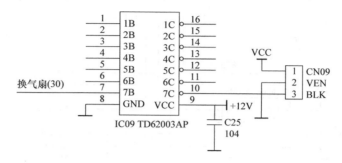

图 1-114 换气电路原理图

单片机㉚脚经 TD62003⑩脚驱动输出一个高低电平来控制换气电动机的运转与停止。

（8）温度传感器电路

室内温度传感器是用来检测室内温度和盘管温度的。它给单片机提供一个温度信号，以便单片机进行检测和控制。图 1-115 所示为温度传感器电路原理图。

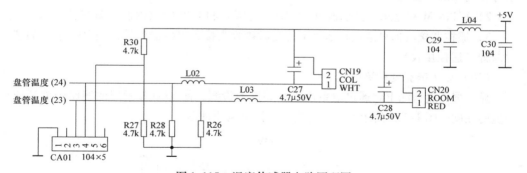

图 1-115 温度传感器电路原理图

1）随温度变化的温度传感器，经 R26 和 R28 分压取样，提供一个随温度变化的电压值，供芯片检测用。

2）电感 L02、L03 的作用是防止电压瞬间跳变而引起芯片的误判断；电感 L04 的作用是防止温度传感器电源波动。

（9）E^2PROM 电路、显示屏信号传输电路及遥控接收电路

该电路将空调器运行的状态数据（如检测到的温度、运行方式等）传输给显示屏显示出来。E^2PROM 设定了一些空调器运行状态的参数（如风速的设定、步进电动机的

转动等），并通过 E^2PROM 与单片机和显示屏进行数据交换。图 1-116 所示为 E^2PROM 电路、显示屏信号传输电路及遥控接收电路原理图。

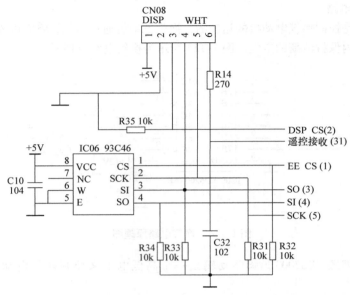

图 1-116　E^2PROM 电路、显示屏信号传输电路及遥控接收电路

1）E^2PROM 和显示屏数据传输公用两条数据线 SI（④脚）和 SO（③脚），另外一条时钟线 SCK（⑤脚）。

2）E^2PROM 和显示屏分别通过 EE CS（①脚）和 DSP CS（②脚）选择信号选择。

3）遥控器接收信号通过显示屏上的光敏接收头接收遥控器信号，经 R14 输入的芯片㉛脚（遥控接收）。

（10）显示屏亮度检测电路

显示屏亮度检测电路通过对室内光线亮度的检测，使 VFD 显示屏的明暗强度适应环境的亮度。图 1-117 所示为显示屏亮度检测电路原理图。

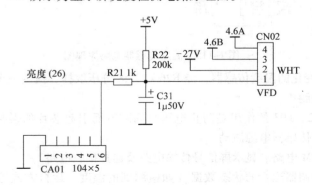

图 1-117　显示屏亮度检测电路原理图

亮度检测通过显示屏的光敏晶体管，经 CN03 的①脚，再经滤波取样输入到单片机的亮度检测的㉖脚。

（11）显示屏电路

显示屏电路是通过其内部的控制来显示空调器的运行状态的，如制冷制热、室内与室外的温度显示等。图 1-118 所示为显示屏电路原理图。

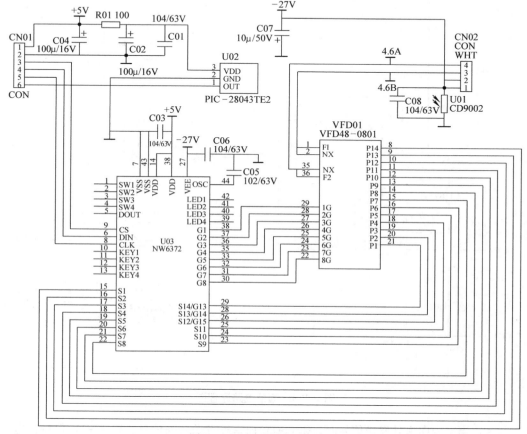

图 1-118　显示屏电路原理图

工作时，CN01③脚即 U03⑨脚的片选信号选择显示控制芯片 U03（NW6372）使其有效，在时钟的作用下（时钟通过 CN03⑤脚提供）通过 U03⑥脚将显示数据输入显示控制芯片，并通过显示控制芯片控制显示屏的显示。

（12）通信电路

通信电路是室内机与室外机进行通信的通道，其工作方式是半双工串行通信。图 1-119 所示为通信电路原理图。

1）电源 AC220V 经过 R10→R07→R04→稳压管 ZD01 至 DC24V。

2）电源 DC24V 经电容 C01→C03→R06 直流滤波后，提供室内通信用电源。

3）经室外部分的 ZD01（30V）及 C04、C05 稳压滤波后，提供室外通信用电源。

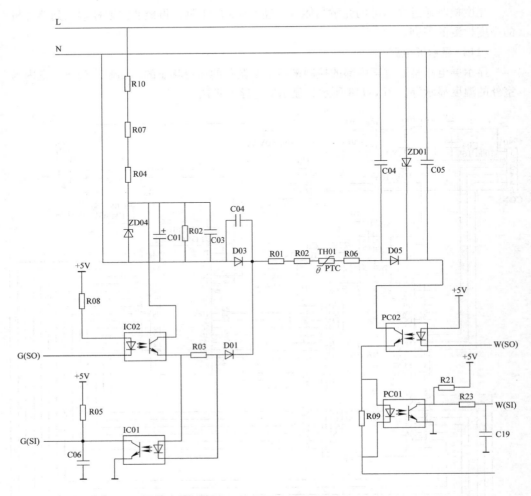

图 1-119　通信电路原理图

4）当室内向室外发送信号时，G（SO）向室外发送数据信息，W（SO）保持低电平，W（SI）接受室内发送来的信息。

5）当室外向室内发送信息时，W（SO）向室内发送数据信息 G（SO）保持低电平。

2. 室外机电路

室外机电路由开关电源电路、电压检测电路、电流检测电路、室外风机四通阀控制电路、温度传感器电路、E^2PROM 和运行状态指示电路、过零检测电路、PWM 驱动电路、IPM 基板电路、滤波基板电路等组成。

（1）开关电源电路

开关电源是将交流电转换为直流电再对直流电做转换的电路。开关电源电路为室外机工作提供稳定的电源。图 1-120 所示为开关电源电路原理图。

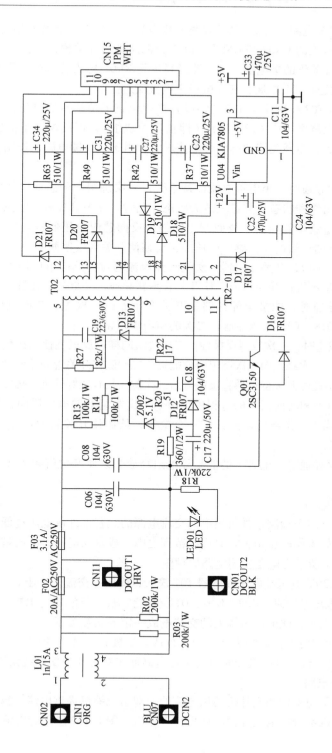

图1-120　开关电源电路原理图

1）开关自激振荡电路。交流220V经整流桥整流、电解电容滤波输出的约300V的峰值电压（即电路板上的CN02和CN07接口）分两路送至开关振荡电路：一路经开关变压器的绕组加到开关管的集电极；另一路经稳压管ZD02稳压后给开关管基极提供微导通电压，于是开关管Q01导通，其集电极有电流流过。

2）开关变压器T02一次绕组T02（5~7）产生上正下负的感应电压，该电压经开关变压器偶合给二次绕组T02（10~11）（即正反馈绕组），正反馈绕组把感应的电压反馈到开关管的基极，使开关管的集电极电流增大。由于正反馈电路的作用，很快进入饱和导通。

3）开关管饱和导通时，集电极电流保持不变，一次绕组上的感应电压消失，正反馈停止，开关管退出饱和状态，并进入放大状态。此时，开关管集电极电流瞬间大大减少，因一次绕组的电流不能突变，故而产生很强的反向感应电压偶合给二次绕组（即正反馈绕组），正反馈绕组的反向感应电压经正反馈使开关管反偏截止。

4）当开关管截止后，开关变压器一次绕组无电流通过，感应电压消失，电源又通过稳压管给开关管基极提供导通电压，使开关管重新导通，并重复上述过程。

5）当开关管导通时，能量全部存储在开关变压器的一次侧，二次侧整流二极管D21、D20、D19、D18、D17未能导通，二次侧相当于开路。

6）当开关管截止时，一次绕组反极性，二次绕组同样也反极性使二次侧的整流二极管正向偏置而导通，一次绕组向二次绕组释放能量。二次侧在开关管截止时获得能量，这样，电网的干扰就不能经开关变压器直接偶合给二次侧，具有较好的抗干扰能力。

7）在开关管由饱和转向截止的过程中，由于一次绕组上的电压反向，使得二极管D13导通。这时相当于一次绕组之间并联一个电容，从而使开关管Q01（C-E）极上的电压上升速率变缓。

8）当开关管再导通时，电容上的能量经电阻释放，以使开关管再截止时缓冲电路仍起作用。

（2）电压检测电路

电压检测电路是用来检测室外机供电的交流电源的。若室外供电压过低或过高，则系统会进行保护。如工作电压是否在允许的范围之内，或者在运行时电压是否出现异常的波动等。图1-121所示为电压检测电路原理图。

1）室外交流220V电压经电压互感器T01输入，输出一交流低电压。

2）该交流低电压经D08、D09、D10、D11桥式整流，再经R26、R28、C10滤波之后，输出一个直流电压，此电压与输入的交流电成一定的函数关系。

3）该空调器的交流工作范围为AC160~253V。二极管D14为钳位二极管是将直流电压牵制在5V，而不致在电压跳变时直流电压过高而击穿芯片或使系统误操作。

（3）电流检测电路

电流检测电路是用来检测室外机的供电流的，即给压缩机提供电流。当电流过高或过低就会保护压缩机不致在电流异常时而损坏压缩机。图1-122所示为电流检测电路原理图。

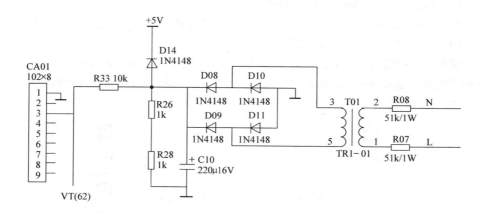

图 1-121 电压检测电路原理图

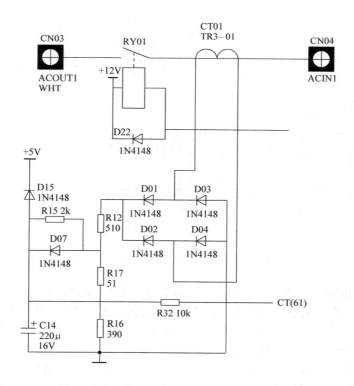

图 1-122 电流检测电路原理图

1）当继电器 RY01 吸合时，电流互感器 CT01 感应出电流信号。

2）该电流信号经 D01、D02、D03、D04 整流出一直流信号。

3）该直流信号经 R12、R17、R16 分压，C14 滤波后，输入到芯片㉛脚（CT）。

（4）室外风机四通阀控制电路

室外风机四通阀控制电路是用来控制空调器的室外风机和四通阀起动运行的。调节室外风机的风速及制冷制热的转换。图 1-123 所示为室外风机四通阀控制电路原理图。

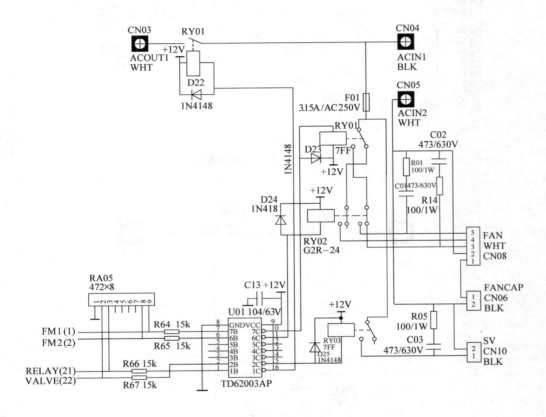

图 1-123　室外风机四通阀控制电路原理图

1）单片机的①、②、㉒和㉑输出控制信号（此信号为高电平），经反相器 U01（TD62003AP）驱动后输出一触发信号（此信号为低电平）使室外风机和四通阀动作。

2）此电路中有一个 CN06（FANCAP）插座，是用来接风机电容的，因室外风机为单相异步电动机，故需一个起动电容来起动。

3）此电路中的继电器在断开瞬间会产生一个较强的反向电动势。为了避免此反向电动势对电路造成不利的影响而在继电器两端接了一个二极管（D23、D24、D25）以消除反向电动势。

4）室外风机和四通阀在接通或断开瞬间也会产生反向电动势，故也需将其消除（R01、C01、R04、C02、R05、C03 其作用便是消除反向电动势）。

（5）温度传感器电路

温度传感器电路是用来检测室外的环境温度、系统的盘管温度、压缩机的排气温度及压缩机的过载保护，为单片机提供一个判断和控制的依据。图1-124所示为温度传感器电路原理图。

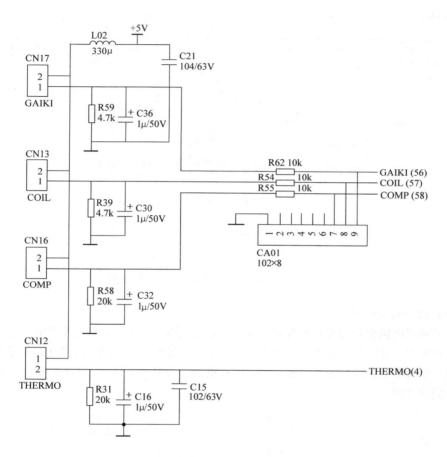

图1-124 温度传感器电路原理图

随温度的变化而阻值也随之变化的温度传感器，经电阻 R59、R39、R58、R31 分压取样 C36、C30、C32、C16 滤波之后输入到芯片相应的引脚，进行 A-D 采样转换。

（6）E^2PROM 和运行状态指示电路

E^2PROM 记录着系统运行时的一些状态参数，如压缩机的 V/F 曲线；运行状态指示则显示空调器运行时的状态，如故障指示等。图1-125所示为 E^2PROM 和运行状态指示电路原理图。

93C46 在 SCK（⑥脚）的作用下，93C46 的④脚将数据输出，③脚将数据读入。运行指示灯与 93C46 公用数据线。

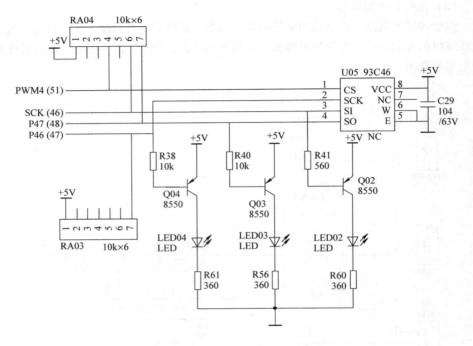

图 1-125　E^{2}PROM 和运行状态指示电路原理图

（7）过零检测电路

过零检测电路会检测室外机提供的交流电源是否异常，因 7805 后级有电解电容的存在，在电源突然断掉时电解电容还存留一些电荷，导致系统不能立即停止。当过零检测电路一旦检测到室外交流电源没有时，单片机会立即停止工作。图 1-126 所示为过零检测电路原理图。

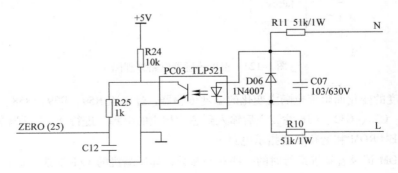

图 1-126　过零检测电路原理图

当有 AC220V 电源输入时，在正弦波的正半周，TLP521 光耦合器导通，输出一个低电压提供给单片机。

（8）PWM 驱动电路

PWM 驱动电路是控制功率模块输出三相频率可变的交流电以控制压缩机的运转。图 1-127 所示为 PWM 驱动电路原理图。

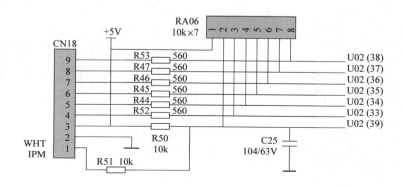

图 1-127　PWM 驱动电路原理图

单片机经过一定的算法，通过 U02 的㉝脚到㊴脚。输出一个控制信号，控制功率模块的输出。

（9）IPM 基板电路

IPM 基极电路是将 PWM 信号经过转换之后，驱动压缩机的运转。图 1-128 所示为 IPM 基板电路原理图。

1）PWM 信号 CN01 输入，经过光耦合器输入到 IPM 模块，CN02 为 IPM 模块工作提供工作电压。

2）PM20CTM60⑮脚为 IPM 模块过电流或过热保护信号的输出。当 IPM 过电流或过热时，便输出一个信号。

3）该信号经光耦合器输入到室外机的单片机，通知故障，并进行保护。

（10）滤波基板电路

滤波基板电路是干净输入的交流电源，抑制高频干扰及共模信号的输入，同时也抑制空调器控制系统产生的干扰信号污染电网。图 1-129 所示为滤波基板电路原理图。

交流电源从 IN1 和 IN2 输入，经 C10 高频滤波，通过电抗器抑制干扰，又经 C11、C12 和 C13 高频滤波之后输出较为干净的交流电源。

（三）洗衣机特征电路图简介

1. 全自动波轮洗衣机特征电路简介

全自动波轮洗衣机单元电路主要由电源电路、复位电路、键扫描电路、显示电路、检测电路、报警电路、功率输出电路等组成。

下面以小鸭 XQB60 - 815B 型洗衣机为例，对全自动波轮洗衣机典型单元电路进行介绍。

（1）电源电路

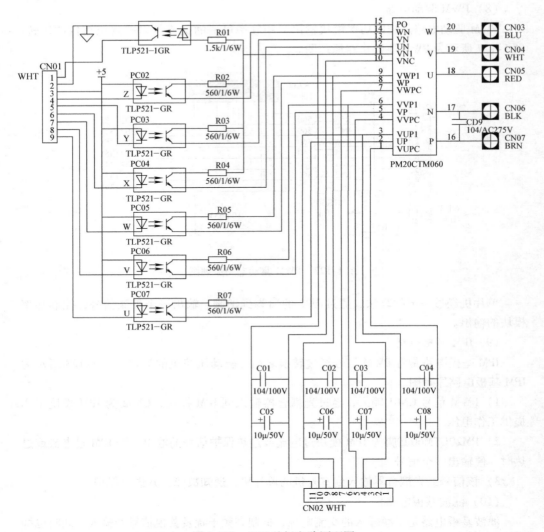

图 1-128　IPM 基板电路原理图

电源电路的作用主要是为微处理器、键输入、检测、显示、控制等电路提供正常所需的工作电压，电路原理图如图 1-130 所示。

洗衣机电源开关被接通后，220V 市电经 1A 熔丝管 BX1 加入电源变压器的降压后，输出 12V 电压，经 VD1 ~ VD4 整流，得到 12V 直流电压。

12V 直流电压经隔离二极管 VD5 送入三端稳压器 IC 的①脚稳压后，由②脚输出 5V 电压，为微处理器⑳、㊵脚提供电源。

由三端稳压器②脚输出的 5V 电压，还为键输入、检测、显示、控制等电路提供正常所需的工作电压。

（2）复位电路

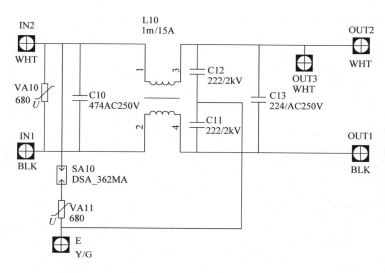

图 1-129　滤波基板电路原理图

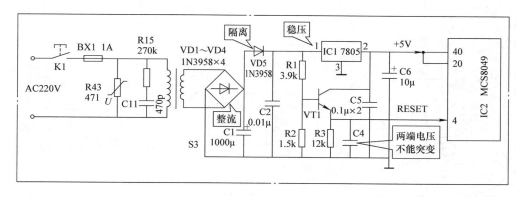

图 1-130　电源及复位电路原理图

　　复位电路由 VT1、R1～R3 及 C4 等元器件组成。当电源接通后，由于 C4 两端电压不能突变，因此由 C4 正端输出到微处理器 IC2 的④脚的 3.8V 复位电压，要比到达⑩脚 5V 电压时刻晚数毫秒，从而使 IC2 内部程序复位清零，为洗衣机工作做好准备。

　　（3）键扫描电路

　　小鸭 XQB60－815B 型全自动波轮洗衣机主要电路原理图如图 1-131 所示。电路是由微处理器 MCS8049（IC2）输出控制电压，再经反相器 TA4069 倒相等一系列处理后，使洗衣机按设定的程序工作。

　　键扫描电路是由 IC2 输出的键扫描信号，经反相器 D1、D4 两次倒相后，加至控制台按键 S1～S5 的公共键盘上。同时，IC2 的㉗脚输出的键扫描信号，经 D4 倒相后加至控制台按键 S6～S10 的公共键盘上。

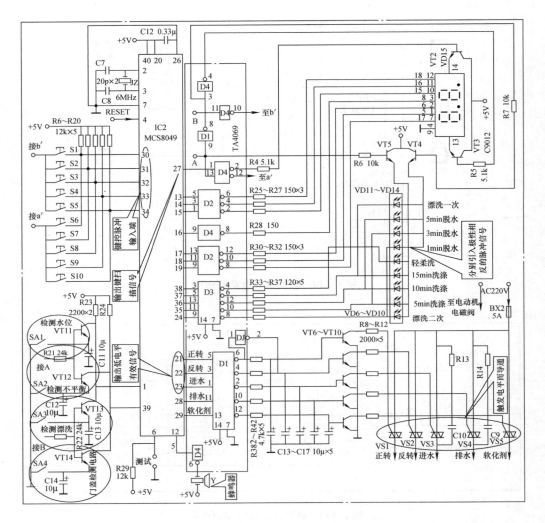

图 1-131 小鸭 XQB60－815B 型全自动波轮洗衣机主要电路原理图

IC2 的㉚～㉞脚为键控脉冲的输入端，㉑～㉓脚可输出低电平有效信号，控制电动机正、反转和进水电磁阀、排水电磁阀及软化剂进入电磁阀的开和关；IC2 可根据键控脉冲的输入脚，和键控脉冲的极性调取放在 ROM 中的相关程序，从而可进行以下对应的程序控制：

1）S1 为"加强洗"控制按键，用于洗涤较脏或较厚衣物。

2）S2 为"单洗"控制按键，用于只洗涤衣物，但不需要漂洗和脱水。

3）S3 为"洗漂"控制按键，用于仅对进行衣物洗涤和漂洗。

4）S4 为"标准洗"控制按键，用于将衣物进行洗涤、漂洗和脱水全部程序。

5）S5 为"轻柔洗"控制按键，用于洗涤较薄的丝绸织物，工作时电动机转速较低。

6）S6 为"轻脱水"控制按键，与 S5 按键同时使用，洗涤、脱水时，电动机转速均较低，以免损坏织物。

7）S7 为"漂洗次数"选择控制按键，按该按键奇数次为漂洗次数一次，按该按键偶数次为漂洗次数两次。

8）S8 为"脱水时间"选择控制按键，时间间隔为 2min。若按 3 次为一周期（即若按一次为选择 1min，若按两次为选择 3min，若按三次为选择 5min，而按 4 次为另一周期，选择 1min……）。

9）S9 为"洗涤时间"选择键，间隔为 5min（即若按 1 次为选择 5min，若按 2 次为选择 10min，若按 3 次为选择 15min；而按 4 次为另一周期，选择 5min……）。

10）S10 为启动/暂停键，当洗衣机上述程序和工作时间选择好后，按下该键，洗衣机会按选定的程序和工作时间进行工作。若工作过程中再次按下该键，则设定的程序被暂停，若再次按下该键，则可按设定的程序继续工作。

（4）显示电路

该机显示电路包括发光二极管显示和数码管显示两部分。具体工作原理如下。

1）发光二极管显示电路。发光二极管显示电路工作过程如下：

① 微处理器 MCS8049 的㉗脚输出的两路键扫描脉冲信号，一路经 R6 加至 VT5 的基极。

② 另一路经反相器 D1 的⑨和⑧脚倒相后，由 R7 加至 VT4 的基极，使得发光二极管 VD11～VD14 与 VT16～VT10 正极分别引入极性相反的脉冲信号。

③ 微处理器 MCS8049 的输出端㉔、㉟～㊳脚将按设定的操作程序，分别输出信号，经反相器 D3 反相后加至上述发光二极管负极，从而点亮相关的发光二极管。

2）数码管显示电路。该机数码管显示电路由荧光数码管 VD15、晶体管 VT2、VT3及电阻 R4、R5、R25、R26、R27、R28、R30、R31、R32 等元器件组成。工作过程如下：

① 微处理器 MCS8049 输出的键扫描脉冲，经反相器 D4 反相后，由 R4 加到 VT2 的基极进行放大后，由荧光数码管的⑬脚进入，使荧光数码管的⑭脚、⑬脚得到极性相反的信号。

② 微处理器的⑬～⑲脚将按预先选择程序的工作时间输出显示信号。

③ 该显示信号经反相器 D2、D4 反相后送往荧光数码管，与 VT2、VT3 送来的信号配合，点亮荧光数码管的相应显示段，以显示洗衣机执行对应程序所剩余时间。

（5）检测电路

该机检测电路由水位检测电路、不平衡检测电路、漂洗检测电路、门盖检测电路等组成。各检测电路工作原理如下。

1）水位检测电路。水位检测电路的工作过程如下：

① 程序设定完成后，按下启动/暂停键 S10 时，进水阀门打开进水。

② 当洗衣桶水位达到标准后，水位开关 SA1 导通，晶体管 VT11 的发射极接地，

VT11 开始工作。

③ 微处理器 MCS8049 的㉗脚输出的键扫描脉冲信号，经 R21 加至 VT11 的基极进行倒相、放大后，进入微处理器 MCS8049 的①脚进行处理。

④ 微处理器 MCS8049 的㉓脚输出低电平，经控制电路输出控制信号，使进水阀门关闭，停止进水。

2）不平衡检测电路。不平衡检测电路工作过程如下：

① 脱水开始时，若脱水桶出现严重不平衡，则会导致脱水桶在旋转时碰触到安全开关接触杆，使不平衡检测开关 SA2 导通。使 VT12 发射极接地，并开始工作。

② 微处理器 MCS8049 的㉗脚输出键扫描脉冲信号，经 R21 加到 VT12 的基极，经倒相放大后，经①脚重又进入微处理器 MCS8049 内部。

③ 洗衣机停止脱水，并打开进水阀门重新注水，当达到要求水位后，执行正、反转漂洗，以进行不平衡修正，随后又会进行脱水。

④ 若洗衣机经上述工作自行修正平衡后，仍不行，则停止执行脱水程序，且蜂鸣器发出报警声，提示用户人为进行干预。

3）漂洗检测电路。漂洗检测电路工作过程如下：

① 当按下漂洗开关"SA3"时，VT13 的发射极接地，VT13 开始工作。

② 微处理器 MCS8049 的㉗脚输出键扫描脉冲信号，经反相器 D1 的⑨、⑧脚反相后，经 R22，经 VT13 的基极放大，并再次反相后，经①脚重又进入微处理器 MCS8049 内部。

③ 进水、排水阀门均被打开，边进水，边漂洗，边溢流，延长了漂洗的时间，使衣物相对"洗、漂"程序漂洗得更干净。

> 【提示】 SA3 控制的"漂洗"程序，与前面提到的由 S3 控制的"洗、漂"程序不同。洗、漂是指对衣物先洗涤后漂洗；而"漂洗"是指衣物已基本洗干净，只是用大量清水将衣物中残留洗涤剂的脏水逐步清除干净。

4）门盖检测电路。门盖检测电路工作过程如下：

① 当洗衣机门盖被打开时，门盖开关 SA4 断开。

② 晶体管 VT14 因发射极断开而截止，由于微处理器 MCS8049 的㊴脚检测不到键扫描脉冲输入信号，因此微处理器发出指令，洗衣机停止执行程序。

③ 当关闭洗衣机门盖时，门盖开关 SA4 闭合，微处理器检测到键扫描脉冲输入信号，并发出恢复原程序的指令，洗衣机继续按设定程序工作。

> 【提示】 门盖检测电路主要用于在洗涤时（SA4 断开）使洗衣机脱水桶停转，在脱水时（SA4 断开）排水阀关闭，使脱水桶停转。以保证操作者的安全。

(6) 功率输出电路

该机功率输出电路能实现对电动机的正、反转控制；脱水、进水、排水控制；软化剂投入控制等。各路功率输出电路的具体工作原理如下。

1）电动机正、反转功率输出电路。电动机正、反转功率输出电路工作过程如下：

① 微处理器 MCS8049 的㉑脚为电动机正转控制输出端，当该引脚为低电平时，经反相器 D1 的⑤、⑥脚倒相成高电平，经晶体管 VT 饱和导通，经双向晶闸管 VS1 控制极获得触发电平导通，使电动机正转。

② 微处理器 MCS8049 的㉒脚为电动机反转控制输出端，当该引脚为低电平时，经反相器 D1 的③、④脚倒相成高电平，经晶体管 VT7 饱和导通，经双向晶闸管 VS2 控制极获得触发电平而导通，使电动机反转。

2）脱水、进水、排水控制功率输出电路。脱水、进水、排水控制功率输出电路工作过程如下：

① 当进入脱水程序时，微处理器 MCS8049 的㉒脚间歇输出低电平，让 VS2 间歇导通，从而使电动机间歇反转，经减速离合器带动脱水桶沿顺时针方向间歇旋转脱水（此过程中脱水桶会试探是否碰触安全开关接触杆，而进行不平衡修正程序）。

② 微处理器 MCS8049 的㉓脚输出低电平时，经反相器 D1 的①脚、②脚倒相成高电平，经晶体管 VT8 饱和导通，经双向晶闸管 VS3 控制极获得触发电平而导通，使进水电磁阀得电打开，洗衣机开始进水。

③ 微处理器 MCS8049 的㉘脚输出低电平时，经反相器 D1 的⑪脚、⑩脚倒相成高电平，经晶体管 VT 饱和导通，经双向晶闸管 VS4 控制极获得触发电平而导通，排水电磁阀得电打开，洗衣机开始排水。

3）软化剂投入控制功率输出电路。软化剂投入控制功率输出电路工作过程如下：

① 微处理器 MCS8049 的29脚输出低电平时，经反相器 D1 的⑬、⑫脚倒相成高电平。

② 该高电平经晶体管 VT10 饱和导通，经双向晶闸管 VS5 控制极获得触发电平而导通。

③ 软化剂投入控制开关的电磁线圈得电，使织物软化剂自动投入洗涤桶内。

（7）报警电路

报警电路的工作过程如下：

1）当洗衣机工作过程中出现故障时，微处理器 MCS8049 的⑫脚输出幅度 0.5V、频率为 2kHz 的连续脉冲信号。

2）该连续脉冲信号经反相器 D4 的⑤、⑥脚倒相放大后推动蜂鸣器发声，提示用户进行处理。

2. 全自动滚筒洗衣机单元电路详解

典型全自动滚筒洗衣机主要由电源电路、微处理器控制电路、键值输入电路、显示电路、检测电路、负载驱动电路、保护电路等组成。

下面以海尔 XQG50－BS708A/808A 型洗衣机为例，对全自动滚筒洗衣机典型单元电路进行介绍。

（1）开关稳压电源电路

该机开关稳压电源电路主要由 TR 储能变压器、IC1（PC841）光耦合器及 IC7

（TNY264P）精密稳压源组成。

　　该机型采用的是节能环保电源，设置有指示灯 LED1、LED2，分别指示 +5V、+12V电压是否正常。该电路原理如图 1-132 所示。具体工作过程如下：

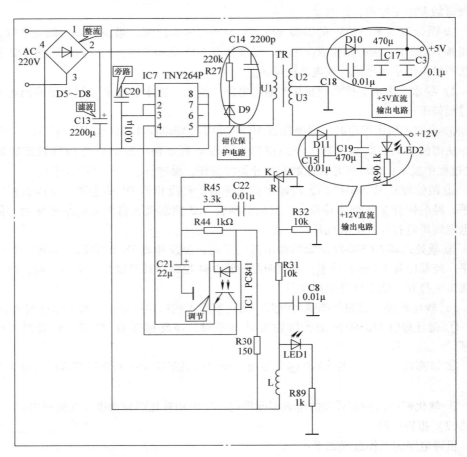

图 1-132　开关稳压电源电路原理

　　1）AC220V 市电经 D5 ~ D8 整流，C13 滤波形成 300V 左右的直流电压。

　　2）TNY264P 为高效单片开关电源专用芯片，内含振荡器、5.8V 稳压器、检测与逻辑电路、开关控制器与输出级、上电/掉电功能电路及过电压、过电流、过热保护电路等。采用开、关控制器代替传统的 PWM 脉宽调制器，对输出电压进行调节。其内部电路结构框图如图 1-133 所示。

　　3）IC1 发光增强，即可通过光耦合器调节占空比，从而使输出电压稳定。

　　4）C20 为旁路电容。IC7 内部的功率 MOSFET 关断时，IC7 内的稳压源对 C20 充电到 5.8V；在 IC7 内功率 MOSFET 导通时，将 C20 上存储的电能向芯片供电。

　　5）该开关稳压电源电路的钳位保护电路由 R27、C14 和 D9 组成，可将漏极关断时

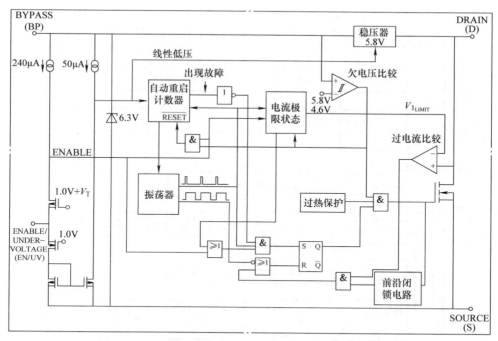

图 1-133　TNY264P 开关电源专用芯片内部电路结构框图

在 TR 一次侧产生的尖峰电压限定在安全值内。

6）+5V 直流输出电路由 D10、C17、C3 等元器件组成。

7）+12V 直流输出电路由 D11、C15、C19 等元器件组成。

（2）微处理器控制电路

该机 CPU 采用 8 位单片机 ATMEGA16C 微处理器，其内部的只读存储器 ROM 中固化了预定程序。工作时电脑对各功能键进行扫描。根据键盘状态输出相应的控制信号。CRX1 与芯片内部相关电路组成时钟振荡电路，其振荡频率为 8MHz。

单片机 ATMEGA16C 内部电路结构框图如图 1-134 所示。由于其先进的指令集及单时钟周期指令执行时间，ATMEGA16C 的数据吞吐率高达 1MIPS/MHz，从而可以缓减系统在功耗和处理速度之间的矛盾。

该微处理器的复位电路如图 1-135 所示，是由 IC5、R47、C25、C35、C31 组成，低电平复位有效。复位原理是，洗衣机每次上电瞬间，由于电容 C25 两端的电压不能突变，复位电路在单片机的④脚产生一个低电平，使单片机程序复位；电容器充电结束后，④脚翻转呈现高电平，电路便进入正常工作状态。

（3）程序选择及键值扫描输入电路

该机采用机械旋转式程序开关，其结构是塑料凸轮与四个弹性铜片及铜片外接电阻组成的分压电路，每个弹性铜片外接两只分压电阻，通过不同的组合，使开关处于不同位置时，单片机 IC6 的㉚脚的电压值产生差异，单片机便根据此输入电压值判断并选择执行对应的程序。该机型程序选择及键值扫描输入电路如图 1-136 和 1-137 所示。

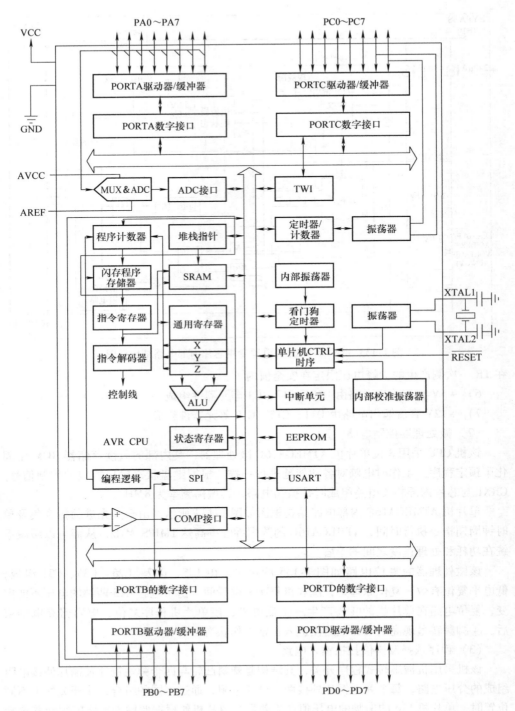

图 1-134　单片机 ATMEGA16C 内部电路结构框图

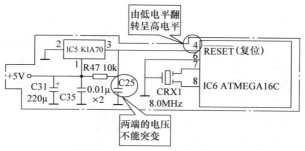

图 1-135 复位电路工作原理

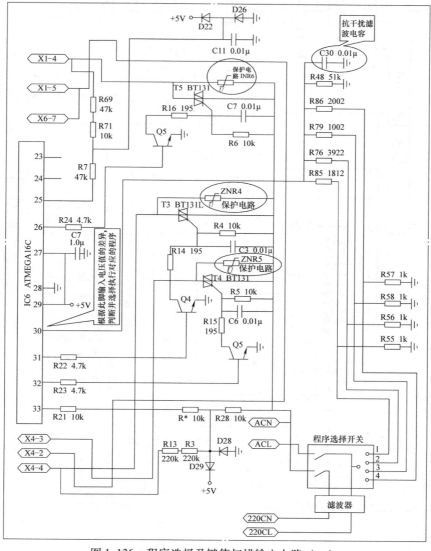

图 1-136 程序选择及键值扫描输入电路(一)

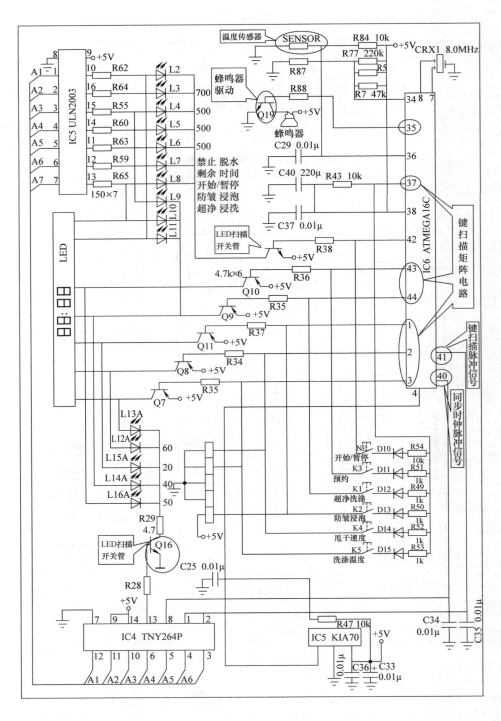

图 1-137　程序选择及键值扫描输入电路（二）

C30 为抗干扰滤波电容，用于抗电磁干扰。IC6 的①～③脚、㉒～㊹脚及㊲脚为键扫描矩阵电路。

IC6 的㊵脚输出同步时钟脉冲信号；㊶脚输出键扫描脉冲信号，它提供一个幅度为 5Vpp，周期 20ms 左右的扫描脉冲信号。

IC6 的①～③脚、㉒～㊹脚为键控脉冲信号输入端，根据键控脉冲的极性和键控脉冲的输入脚，单片机便可调用存放在 ROM 中相应程序进行相对应的程序控制，并根据对应的程序点亮对应的 LED 指示灯。

K1～K6 分别为超净漂洗、防皱浸泡、预约、甩干速度、洗涤温度及启动键。

（4）数码显示电路

数码显示电路主要用于显示预置时间、剩余时间及错误代码等信息。显示电路主要由四位数码管（DISPLAY）和 15 只 LED 构成，显示的数据由单片机的 I/O 口送出。

数码显示电路的工作过程如下：

1）LED 工作在移位寄存器方式，单片机的㊷脚和 IC4 的⑬脚外接的 Q12 及 Q16 是 LED 的扫描开关管。

2）单片机的㊵脚输出的同步脉冲送到移位寄存器 IC4（HC164）的⑧脚输入端后，由 IC3（ULN2003）驱动相应的 LED 发光。

3）实际上 LED 显示与键值扫描均可通过单片机的串行口①～③脚、㊵～㊹脚来实现，它可有效地节约单片机硬件资源。

4）四位数码显示由单片机程序控制的动态扫描显示。将四个显示缓冲单元的内容依次取出，并转换成显示字符，每位显示 1ms 左右。四位依次显示一遍后转入键分析操作，若无按键动作，将继续执行显示程序。

（5）检测电路

1）温度检测电路。温度检测电路由单片机的㊱脚内部电路、外接电阻 R84 及温度传感器（SENSOR）等组成。其工作过程如下：

① 当按下 "K5" 洗涤温控键时，单片机的⑯脚输出高电平，Q15 得电导通，继电器 RY3 吸合，加热器得电工作（加热后的水温最高可达到 60℃），如图 1-138 所示。

② 温度传感器将水温信息反馈给单片机，单片机则发出相应的控制指令控制加热器的通断，从而实现对水温的控制。

2）水位检测电路。洗衣机的水位检测即是通过水位传感器来控制完成的。该机型水位传感器为气压式水位开关。开关中有两组触头，动作分别对应于两个水位值。其中，P14 与 P31 为低水位开关，P34 与 P31 为高水位开关，如图 1-139 所示。

3）门盖检测电路。洗衣机门盖检测电路是由门开关来完成的。这种门开关与常规的机械式开关有所不同，它是一个电动延迟门锁，由 PIC 的特性来决定开关的通断。

当按下启动开关后，CPU 首先调用只读存储器（ROM）中的预置程序，若在规定的时间内 PTC 的 L、C 点未接通，单片机即发出报警信号。

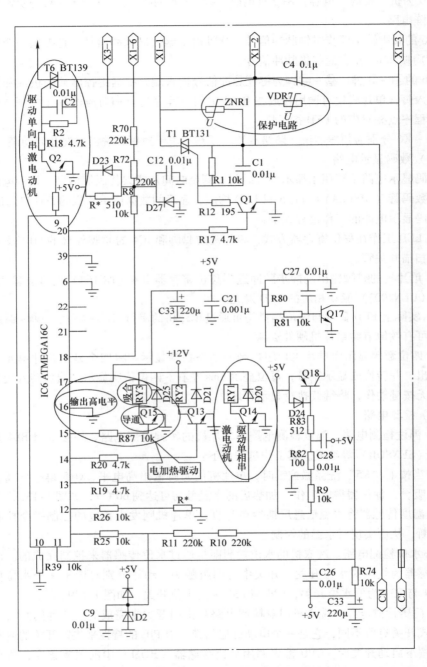

图 1-138　温度检测、驱动及保护电路

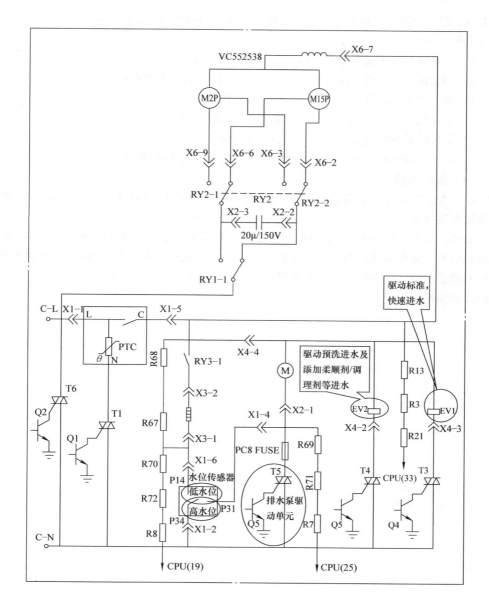

图 1-139 水位检测及驱动电路

除上述检测电路以外，该机另外还设置有过零检测、电源电压检查、洗涤物负载量检测及电动机过热检测等。这些检测信号将分别送入 CPU 的⑪、⑫、⑲、㉕、㉟脚。单片机将收到的信息作出相应的处理后，即会发出相应的指令。

（6）负载驱动电路

该机型洗衣机进水驱动电路由单片机的㉛、㉜脚及外部的 Q4、Q5、T3、T4 及电磁阀 EV1、EV2 等组成。这些负载驱动电路一般多采用双向晶闸管作为执行元件。各负载驱动电路功能如下：

1）电磁阀 EV1 主要用来完成标准，快速进水驱动。

2）EV2 则用于完成预洗进水及添加柔顺剂/调理剂等进水驱动。

3）单片机㉖脚及其外围 Q6、T5 是排水泵驱动单元。

4）单片机的⑯脚及其外围 Q15、RY3 为电加热驱动。

5）单片机的㉟脚及其外围 Q19 为蜂鸣器驱动。

6）单片机的⑨脚及其外接 Q2、T6 通过 RY1 驱动单相串激电动机。

（7）保护电路

该机型洗衣机保护电路是由 VDR7（TVR1468）、ZNR1（TVR074J1）、ZNR4～ZNR6 等压敏电阻构成。

另外，在单片机 ROM 中也固化了用于保护的子程序，配以相应的硬件保护电路。可对该机操作过程实施较为完善的保护。例如，洗衣机每次开机后，若在 8min 内水位未达到预置水位，洗衣机则会报警并停机。在排水过程中，若 4min 内水未排完，洗衣机同样会保护停机。

第二章　电冰箱/空调器/洗衣机维修技巧

第一节　通用维修思路

一、电冰箱/空调器/洗衣机检修的通用维修思路

（一）电器检修的维修思路

要排除电器的故障就要了解电器的工作原理，熟悉电器的结构、电路，知道电器的某部件出现故障会引起什么后果，产生什么现象。根据故障现象，联系机器的工作原理，通过逻辑推理分析，初步判断故障大致产生在哪一部分，以便逐步缩小检查目标，集中力量检查怀疑的部分。下面具体说明电器检修的一般程序。

1. 判断故障的大致部位

（1）了解故障

在着手检修发生故障的电器前除应询问、了解该电器损坏前后的情况外，尤其要了解故障发生瞬间的现象。例如，是否发生过冒烟、异常响声、摔跌等情况，还要查询有无他人拆卸检修过而造成的"人为故障"。另外，还要向用户了解电器使用的年限、过去的维修情况，作为进一步要注意和加以思考的线索。

（2）试用待修电器

对于发生故障的电器要通过试听、试看、试用等方式，加深对电器故障的了解，并结合过去的经验为进一步判断故障提供思路。

检修顺序为接通电源，拨动各相应的开关、接插件，调节有关旋钮，同时仔细听声观图，分析、判断可能引起故障的部位。

（3）分析原因

根据前面的观察和以前学的知识与积累的经验综合运用，再设法找到故障机的电路原理图及印制电路板布线图。若实在找不到该电器的相关数据，也可以借鉴类似机型的电路图，灵活运用以往的维修经验并根据故障机的特点加以综合分析，查明故障的原因。

（4）归纳故障的大致部位或范围

根据故障的表现形式，推断造成故障的各种可能原因，并将故障可能发生部位逐渐缩小到一定的范围。其中尤其要善于运用"优选法"原理，分析整个电路包含几个单元电路，进而分析故障可能出在哪一个或哪几个单元电路。总之，对各单元电路在整个电路系统中所担负的特有功能了解得越透彻，就越能减少检修中的盲目性，从而极大地提高检修的工作效率。

2. 故障的查找与排除

（1）故障的查找

对照电路原理图和印制电路板布线图，在分析电器工作原理并在维修思路中找到可疑的故障点后，即应在印制电路板上找到其相应的位置，运用仪器仪表进行在线或不在线测试，将所测资料与正常资料进行比较，进而分析并逐渐缩小故障范围，最后找出故障点。

（2）故障的排除

找到故障点后，应根据失效元器件或其他异常情况的特点采取合理的维修措施。例如，对于脱焊或虚焊，可重新焊好；对于组件失效，则应更换合格的同型号同规格元器件；对于短路性故障，则应找出短路原因后对症排除。

（3）还原调试

更换元器件后往往还要或多或少地对电器进行全面或局部调试。因为即使新换的元器件型号相同，也会因工作条件或某些参数不完全相同而导致电器特性差异，有些元器件本身则必须进行调整。如果大致符合原参数，即可通电试机，若电器工作全面恢复正常，则说明故障已排除；反之应重新调试，直至该故障机完全恢复正常为止。

（二）电器检修的基本原则

1. 先调查后熟悉

当用户送来一台故障机，首先要询问使用情况、故障的发生及故障现象。例如，故障是逐渐变化还是突然发生；故障现象是有规律的还是无规律的；是正常接收过程中出现的故障还是在操作、控制、移动、连接过程中出现的故障。根据用户提供的情况和线索，再认真地对电路进行分析研究，从而弄通其电路原理和元器件的作用。

2. 先想后做

"先想后做"主要包括以下几个方面：

1）先想好怎样做、从何处入手，再实际动手。也可以说是先分析判断，再进行维修。

2）对于所观察到的现象，尽可能地先查阅相关的资料，看有无相应的技术要求、使用特点等，根据查问到的资料，结合下面要谈到的内容，再着手维修。

3）在分析判断的过程中，要结合自己已掌握的知识、经验来进行判断，对于自己不太了解的，一定要先向有经验的人咨询，寻求帮助。

3. 先机外后机内

对于故障机，应先检查机外部件，特别是机外的一些开关、旋钮位置是否得当，外部的引线、插座有无断路、短路现象等。当确认机外部件正常时，再打开机器进行检查。

4. 先软件后硬件

着手检修故障机时，应先分清故障是软件原因引起的，还是由硬件毛病造成的。须先判断是否为软件故障确定软件无问题后，如果故障仍存在，则再从硬件方面着手检查。

5. 先静态后动态

所谓静态检查，就是在机器未通电之前进行的检查。当确认静态检查无误时，再通电进行动态检查。如果在检查过程中，发现冒烟、闪烁等异常情况，应立即关机，并重新进行静态检查，从而避免不必要的损坏。

6. 先清洁后检修

检查机器内部时，应着重看看机内是否清洁，如果发现机内各组件、引线、走线之间有尘土、污垢等异物，应先加以清除，再进行检修。实践表明，许多故障都是由于脏污引起的，一经清洁故障往往会自动消失。

7. 先电源后机器

电源是机器的心脏，如果电源不正常，就不可能保证其他部分的正常工作，也就无从检查别的故障。根据经验，电源部分的故障率在整机中占的比例最高，许多故障往往就是由电源引起的，所以先检修电源常能起到事半功倍的效果。

8. 先通病后特殊

根据机器的共同特点，先排除带有普遍性和规律性的常见故障，然后再去检查特殊的电路，以便逐步缩小故障范围。

9. 先外围后内部

在检查集成电路时，应先检查其外围电路，在确认外围电路正常时，再考虑更换集成电路。如果确定是集成电路内部问题，也应先考虑能否通过外围电路进行修复。从维修实践可知，集成电路外围电路的故障率远高于其内部电路。

10. 先检查故障后进行调试

对于"电路、调试"故障并存的机器，应先排除电路故障，然后再进行调试。因为调试必须是在电路正常的前提下才能进行。当然有些故障是由于调试不当造成的，这时只需直接调试即可恢复正常。

11. 先主后次

在维修过程中要分清主次，即"抓主要故障"。在检查故障现象时，有时可能会看到一台故障机有两种或两种以上的故障现象（如，启动过程中无显示，但机器在启动，同时启动完成后，有死机的现象等）。此时，应该先判断并维修主要的故障现象，当主要故障修复后，再维修次要故障，有时可能次要故障现象已不需要维修了（因为有可能在处理主要故障现象的同时就把次要故障同时修复了）。

二、电冰箱/空调器/洗衣机的通用维修方法

（一）拔插检查法

拔插法是通过将插件板或芯片"拔出"和"插入"来检查故障的一种常用的有效的检查方法。即，每拔出一块插件板，就开机检查机器的状态，当拔出某块插件板后故障消失，则说明故障在该板上，此法也适用于大规模集成电路芯片。

采用拔插法，可以有效地确定出故障部位。最适合板式电路维修的通常有以下两种做法：

1）关机后逐一插入。先将扩展槽内的插件板全部拔掉，如果开机正常，说明被拔掉的部件中有一块是有故障的。然后，再一一插上，每插入一块开机进行检查，直到查出有故障的部件。

2）关机后逐一拔出。将扩展槽内的插件板一个一个地拔出来，每拔一块开机检查是否正常，直到找出故障。

（二）篦梳式检查法

"篦梳式检查法"即像篦子梳头式的检查方法，对电路的所有元器件及其焊点等，一个不漏地进行在线"篦梳式"检查，并从中发现异常元器件。该方法对一些疑难故障的检查（如开机即烧坏元器件故障，或在线已检查过一遍但未查出异常元器件，或故障大致范围已确定但就是找不到具体变质元器件等），往往起到意想不到的效果。

（三）波形检测法

用波形检测法能准确、快速地判断故障部位。利用示波器跟踪观察信号通路各测试点，并根据波形失真的情况进行分析，可直观地看出问题。

1）示波器法的特点在于直观，通过示波器可直接显示信号波形，也可以测量信号的瞬时值。

2）不能用示波器去测量高压或大幅度脉冲部位。

3）当示波器接入电路时，注意它的输入阻抗的旁路作用。通常要采用高阻抗、小输入电容的探头。

4）示波器的外壳和接地端要良好接地。

（四）参照检查法

1. 参照检查法的特点说明

参照检查法运用移植、比较、借鉴、引申、参照、对比等手段，查出具体的故障部位。理论上讲，参照检查法可以查出各种各样的故障原因。这种检查方法能够直接查出故障部位，但关键是要有一个标准的参照物。

2. 参照检查法的注意事项

1）避免盲目采用参照法，应在其他检查法做出初步判断后，对某一个比较具体的部位再运用参照法。

2）参照检查过程的操作要正确，若在正常的机器上采集的资料不准确，则会造成误判。进行装配参照时，应小心拆卸工作正常的机械装置。

（五）拆次补主法

1. 特点说明

维修电子设备时，如果缺少某个元器件，有时可以采用"拆次补主"的方法使电子设备恢复正常。拆次补主法是一种应急维修方法，其操作原理是，将次要地位的元器件拆下来，用以代换主要电路上损坏的元器件。该方法适用于某些二极管、晶体管、固定电容器、电解电容器损坏的应急维修。

2. 应用常识

电子设备主要部位的电路属于关键性的电路，当某个元器件损坏后，有时使整机无法工作。而一些次要部位的电路属于辅助性功能的电路，当其某元器件损坏后，可能使某功能受到影响，但整机还可以继续工作。因此，主要部位元器件不可缺少，而次要部位某些元器件在一定条件下并非必要。维修时，可以拆掉次要部位的元器件去置换主要部位并已损坏的元器件，用这种方法维修电子设备虽然会影响局部性能，但可以使整机恢复工作。

采用拆次补主法不影响设备的主要性能，且不会缩短设备寿命。要注意的是，由于一些次要电路在某一部分的作用不大，但在另一部分的作用却很大（如，抗干扰电路在一些干扰小的地方可以不要，但在另一些干扰大的地方则不可缺少），因此应根据设备的实际情况进行应急维修。

（六）触摸检查法

所谓触摸法，就是用手去触摸相关组件，从中发现所触摸的组件是否过热或应该热的却不热，这是一种间接判断故障的方法。如手触及集成电路外壳或散热片时应该感觉到较热，但手触及时异常发烫或冷冰冰的，那就说明该部分已出现问题。集成电路发烫主要原因是内部电路短路或外围元器件有短路现象。

（七）电流检测法

电流法是通过检测晶体管、集成电路的工作电流，各局部的电流和电源的负载电流来判断电器故障的一种检修方法。

1. 电流检测法的特点说明

1）遇到电器烧熔丝或局部电路有短路时，采用电流法检测效果明显。

2）电流是串联测量，而电压是并联测量，实际操作时往往先采用电压法测量，在必要时才进行电流法检测。

2. 电流检测法的应用常识

电流法检测电路时，可以迅速找出晶体管发热、电源变压器等元器件发热的原因，也是检测各管子和集成电路工作状态的常用手段。电流法检测时，常需要断开电路。把万用表串入电路，这一步实现起来较麻烦。

（八）电压检测法

电压法是通过测量电路或电路中元器件的工作电压，并与正常值进行比较，来判断故障电路或故障组件的一种检测方法。一般来说，电压相差明显或电压波动较大的部位，就是故障所在部位。在实际测量中，通常有静态测量和动态测量两种方式。静态测量是电器不输入信号的情况下测得的结果，动态测量是电器接入信号时所测得的电压值。

电压检测法一般是检测关键点的电压值。根据关键点的电压情况，来缩小故障范围，快速找出故障组件。

1. 电压检测法的特点说明

1）通常检测交流电压和直流电压可直接用万用表测量，但要注意万用表的量程和挡位的选择。

2）电压测量是并联测量，要养成单手操作习惯，测量过程中必须精力集中，以免万用表笔将两个焊点短路。

3）在电器内有多于 1 根地线时，要注意找对地线后再测量。

2. 电压检测法的应用常识

电压法检测是一种最基本、最常用的检测方法，通常测得电压的结果都是反映电器工作状态是否正常的重要依据。一般来讲，电压法可大致分为两种：一种为直流电压检测，另一种为交流电压检测。

（九）电阻检测法

电阻检测法就是借助用万用表的欧姆挡断电测量电路中的可疑点、可疑组件及集成电路各引脚的对地电阻，然后将所测资料与正常值作比较，可分析判断组件是否损坏、变质，是否存在开路、短路、击穿等情况。这种方法对于检修开路、短路性故障并确定故障组件最为有效。这是因为一个正常工作的电路在未通电时，有的电路呈开路，有的电路呈通路，有的为一个确定的电阻。而当电路的工作不正常时，电路的通与断、阻值的大与小，用电阻检测法均可检测。采用电阻法检测故障时，要求在平时的维修工作中收集、整理和积累较多的资料。否则，即使测得了电阻值，也不能判断正确与否，就会影响维修的速度。特别是机器不能够通电检修时，不用电阻法会使维修工作陷入困境。

1. 电阻检测法的应用常识

为确保检测的可靠性，在进行电阻测量前应对各在路滤波电容进行放电，防止大电容储电烧坏万用表。电阻检测法一般采用"正向电阻测试"和"反向电阻测试"两种方式相结合来进行测量。习惯上，"正向电阻测试"是指黑表笔接地，用红表笔接触被测点；"反向电阻测试"是指红表笔接地，用黑表笔接触被测点。

另外，在实际测量中，也常用"在线"电阻测量法和"不在线"电阻测量法。所谓在线电阻测量法就是直接在印制电路板上测量组件两端或对地的阻值，由于被测组件接在电路中，所以所测数值会受到其他并联支路的影响，在分析测量结果时应予以考虑；不在线电阻测量法是将被测组件的一端或将整个组件从印制电路板上焊下后测其阻值，虽然较麻烦，但测量结果却更准确、可靠。为减少测量误差，测量时万用表应选用合适的挡位，对于一些关键部位的阻值要采用正、反相表笔结合测量，以提高判断故障的准确性。

总之，使用在线电阻测量法时，应根据电路选择适当的测量方法，要随机应变，必要时还得采用脱焊电阻测量法。只有两种方法配合使用，相辅相成，才能发挥电阻检查法的优点，获得正确的结果。

2. 电阻检测法的特点说明

1）电阻法对检修开路或短路性故障十分有效。检测中，往往先采用在线测方式，在发现问题后，可将元器件拆下后再检测。

2）在线测试一定要在断电情况下进行，反之测得结果不准确，还会损伤、损坏万用表。

3）在检测一些低电压（如 5V、3V）供电的集成电路时，不要用万用表的 $R \times 10k$ 挡，以免损坏集成电路。

4）电阻法在线测试元器件质量好坏时，万用表的红、黑表笔要互换测试，尽量避免外电路对测量结果的影响。

（十）短路检查法

短路法就是将电路的某一级的输入端对地短路，使这一级和这一级以前的部分失去作用。当短路到某一级时（一般是从前级向后级依次进行的），故障现象消失，则表明故障就发生在这一级。短路主要是对信号而言，为了不破坏直流工作状况，短路时需要用一只较大容量的电容，将一端接地，用另一端碰触。对于低频电路，则需用电解电容。从上述介绍中可看到，短路法实质上是一种特殊的分割法。这种方法主要适用于检修故障电器中产生的噪声、交流声或其他干扰信号等，对于判断电路是否有阻断性故障十分有效。

（十一）断路检查法

断路法又称断路分割法，它通过割断某一电路或焊开某一组件、接线来压缩故障范围，是缩小故障检查范围的一种常用方法。如某一电器整机电流过大，可逐渐断开可疑部分电路，断开哪一级电流恢复正常，故障就出在哪一级。此法常用来检修电流过大、烧熔丝熔断的故障。

断路检查法的特点说明：

1）断路法严格说来不是一种独立的检测方法，而是要与其他的检测方法配合使用，才能提高维修效率，节省工时。

2）断路法在操作中要小心谨慎，特别是分割电路时，要防止损坏元器件、集成电路和印制电路板。

（十二）分段处理法

分段处理法，就是通过拔掉部分接插件或断开某一电路来缩小故障范围，以便迅速查找到故障元器件的一种方法，此种方法适用于击穿性、短路性及通地性故障的检修。

（十三）流程图检查法

1. 流程图检查法的应用常识

流程图检查法是根据故障检修流程图，一步一步地将故障范围缩小，最后找出故障部位。

2. 流程图检查法的应用技能

应用该方法时，必须先根据机器的电路原理框图划分出电路大块，再画出检测流程图。根据流程图进行检修。

（十四）逻辑推断法

逻辑推断法就是利用异常显示、异常动作、异常声响等特殊现象来推断故障产生的部位的一种经验检测方法，比较适合实践操作经验丰富的维修人员。

利用异常显示快速推断故障部位。现在的电器操作面板上通常有各种指示灯、显示器，它是实现人机对话的主要装置。这些指示灯的亮灭、显示器的显示与否，都反映了机器中某些元器件的实际工作状态。异常显示是指这些指示灯、显示器不能按要求点亮或熄灭，失去了正确显示的作用。这些异常显示有的直接影响着机器的整体运行；有的虽不影响机器的整体运行，但在某些部件上违反了动作的基本要求，从而造成有关元器件的损伤。因此，一旦出现异常显示，就可以以此为线索来推断故障的部位和故障部件。

（十五）盲焊法

盲焊法实际上是一种不准确的焊接方法。在检修电器过程中，会发现有些故障现象与虚焊很相似，但一时找不到虚焊的元器件，这时，可以对怀疑的焊点逐一焊一遍。

盲焊法一般不提倡使用，只是在上门维修电器时，为了不使用户因维修时间太长而产生厌烦情绪时，可以使用此法。

（十六）面板操作压缩法

面板操作压缩法是利用机器面板上的各种开关、按键旋钮、接口插头的装置，进行各种不同的操控、转换，迅速地压缩各种故障范围，从而判断故障大概部位的一种检查方法。

（十七）敲击法

机器运行时好时坏可能是由于虚焊或接触不良或金属氧化电阻增大等原因造成的，对于这种情况可以用敲击法进行检查。具体做法是，利用绝缘体，在加电或不加电的情况下，对有可能出问题的部位进行敲打和按压，然后根据情况进一步检查故障点的位置，并排除。要注意的是，高压部位一般不用敲击法。

敲击法是检查虚焊、脱焊等接触不良造成故障最有效的方法之一。

当通过目测检查后，怀疑某处电路有虚焊、脱焊等接触不良的现象时，就可以采用敲击法来进一步检查，具体方法可倒握螺钉旋具，用螺钉旋具柄敲击印制电路板边沿，振动板上各元器件，常能快速找到故障部位。

此外用指尖轻压被怀疑的元器件或引线，也可以有助于找到虚焊或脱焊部位；按压电路板的一些部位，常能快速找到故障所在，如电路板上印制电路断裂的地方。不过采用这种手法，力度一定要适度，要凭借指尖的敏感与细心的观察。

（十八）人体干扰法

所谓"人体干扰法"，即以人体作为干扰源，来检测仪器和电子线路及排除故障。这种方法不需要额外使用其他仪器和设备，只需要用自己的手触碰或触摸电路，然后根据电路的反映状况来进行判断。业余条件下，人体干扰法是一种简单方便又迅速有效的方法。

（十九）升/降温检查法

升温法是用电烙铁或电热吹风给某个有怀疑的组件加热，使故障现象及早出现，从而确定损坏组件。降温法是用蘸酒精的棉球给某个有怀疑的组件降温，使故障现象发生变化或消失，从而确定故障组件。这两种方法主要用于由于电路中组件热稳定性变差而引发的软故障的检修。

1. 升/降温检查法的特点说明

当发现某元器件升温异常时，可用电吹风的冷风挡或用酒精棉球对该元器件进行降温处理，使其表面迅速冷却。待冷却后再开机，如发现刚才的故障明显减轻或消失，则可初步判断该元器件已热失效或有问题，应予以更换。当发现元器件热稳定性差时，用冷却法无效的情况下，就可用烙铁或电吹风对被怀疑的元器件进行适当的加热处理，然后再开机观察，如发现刚才不明显的故障加重了，则可对该元器件进行重点检查，甚至将其更换之。

2. 升/降温检查法的应用技能

1）机内元器件一般都有几百个，要做到每个元器件都采用"降温法"来处理既不现实又不安全，因此在采用"降温法"之前，应先确定一下故障范围和可能损坏的元器件，然后再实施"降温法"。

2）若发生的故障与温度密切相关，如天气热时出现故障或故障频繁，而天气凉快时故障明显减少，则可考虑用升降温法判断故障部位。

3）采用升温或降温时要注意温度变化不要超过组件所允许的范围，不能升温过高或降温过低，反之会损坏元器件。

（二十）升/降压检查法

升压和降压法是指用升高和降低整机或部分电路的工作电压使故障及早出现的一种检查方法。

升压和降压检查法一般适用于以下两种情况：

1）故障十分隐蔽，几小时甚至几天以上才出现一次或出现，完全无规律仅偶尔发生。

2）故障出现与市电压的高低有关，在市电正常时则无故障出现。

在进行检查时，升压和降压幅度一般应限制在整机相关元器件的最大额定值范围内，若还不能使故障出现，可在短时间内略超额定值范围试试。要注意的是，有些元器件在超压状态下极易损坏，因此不能让整机或元器件在超极限条件下长久工作。

（二十一）替代检查法

替代检查法是用规格相同、性能良好的元器件或电路，代替故障电器上某个被怀疑而又不便测量的元器件或电路，从而判断故障原因的一种检测方法。

替代法俗称万能检查法，适用于任何一种电路类故障或机械类故障的检查。该方法在确定故障原因时准确性为百分之百，但操作时比较麻烦，有时很困难，对印制电路板有一定的损伤。因此，使用替代法要根据电器故障具体情况，以及检修者现有的备件和替代的难易程度而定。要注意的是，在替代元器件或电路的过程中，连接要正确可靠，不要损坏周围其他组件，从而正确地判断故障，提高检修速度，并避免人为造成故障。

运用替代检查法的过程中应注意以下几点：

1）所代换的组件要与原来的规格、性能相同，不能用低性能的替代高性能的，也不能用小功率电阻替代大功率电阻，更不能用大电流熔丝或铜丝替代小电流的熔丝，以防止故障扩大。

2）替代检查法一般是在其他检测方法运用后，对某个元器件有重大怀疑时才采用。注意不能大面积地采用此方法，否则会进一步扩大故障的范围。

3）当所要替代的元器件在机器底部且操作不方便时，也应慎重使用替代检查法。

若必须采用时，应做一些拆卸工作，将所要替代的元器件充分暴露在外，有足够大的操作空间，便于替代处理。

4）在进行替代时，主要操作是对元器件的拆卸和装配，拆卸、装配元器件时要小心，操作不仔细会造成新的故障，影响下一步的检查。

（二十二）听诊检查法

1. 特点说明

听诊是维修人员根据机器各部分发出的声音判断正常与否的一种诊断方法。一般来讲，听诊检查法主要有两种方式，一种是直接听诊，另一种是间接听诊。

2. 应用常识

（1）直接听诊法

直接听诊法是维修人员将耳朵直接贴附于被检查机器的体壁上进行听诊，这是专用听诊器出现之前所采用的听诊方法，目前也只有在某些特殊和紧急情况下才会采用。

（2）间接听诊法

间接听诊法是用听诊器进行听诊的一种检查方法。此法方便易行，可以在各种情况下应用，听诊效果好，因为听诊器对声音有一定的放大作用，且能阻断环境中的噪声。

（二十三）温度检测法

温度检测法简称测温法。测温法是利用仪表测试电器或元器件的工作温度来判断电器或元器件是否正常的一种测试方法。常用的测试仪表为半导体温度计，在没有温度计的情况下，也可以用手探试，根据温度的变化情况判断电器的相关部件是否存在故障。

（二十四）应急拆除法

1. 特点说明

应急拆除法是指将某一元器件暂时拆除不用的一种检修方法。在电器中有些元器件是起减少干扰、实现电路调整等辅助功能的，如滤波电容器、保护二极管等。这些元器件被击穿损坏后，它们不但失去辅助功能，而且还会影响电路的正常工作，甚至导致整机不能正常工作，而如果将这些元器件应急拆除，暂留空位，电器可能马上就可恢复工作。因此，在一些起辅助功能作用的元器件损坏后，一时找不到替代元器件的情况下，可采用应急拆除法，对机器做应急修理。

2. 应用常识

对于采用应急拆除法修理的电器，机内缺少什么元器件，会出现一些什么不良反应，一定要跟用户讲清楚，待找到此元器件后再换上。

（二十五）直观检查法

直观检查法是凭借维修人员的视觉、听觉、嗅觉、触觉等感觉，来查找故障范围和有故障的组件。直观法是最基本的检查故障的方法之一，实施过程应坚持先简单后复杂、先外面后里面的原则。实际操作时，首先面临的是如果打开机壳的问题，其次是对拆开的电器内的各式各样的电子元器件的形状、名称、代表字母、电路符号和功能都能一一对上号，即能准确地识别电子元器件。

1. 直观法的特点

直观法主要有以下几个特点：

1）直观法是一种非常简便的检修方法，它不需要任何仪表、仪器，对检修电器的一般性故障及损坏型故障很有效果。

2）直观法检测的综合性较强，它是同检修人员的经验、理论知识和专业技能等紧密结合起来的，要运用自如，需要大量地实践，才能熟练地掌握。

2. 直观法的种类

一般来说，直观检查法可分为两种：一种为冷检，另一种为热检。

（1）冷检

冷检就是设备不通电检查，打开机壳，观察印制电路板及机内各种装置，看熔丝是否熔断；元器件有无相碰、断线；电阻有无烧焦、变色；电解电容器有无漏液、裂胀及变形；印制电路板上的铜箔和焊点是否良好，有无已被他人修理、焊接的痕迹等。在机内观察时，可用手拨动一些元器件、零部件，以便直观法充分检查。

（2）热检

热检是通电检查，在打开设备电源开关后，检查电器内部有无打火、冒烟现象；电器内部有无异常声音；电器内部有无烧焦味。另外，用手摸一些管子、集成电路等是否烫手，如有异常发热现象，应立即关机。

（二十六）自诊检查法

随着微型计算机在电气设备中的应用，现在一些家用电器都具有很强的自诊断能力。通过监控系统各部分的工作，及时判断故障，并给出报警信息或做出相应的动作，从而避免事故发生。

要注意，采用自诊断法进行检查时，要求机器能正常开机，且维修人员必须知道怎样进入诊断模式。另外，要求维修者手头有相关机器的详细维修资料。

1. 自诊检查法的应用常识

现代电器具有的自诊检测功能：一方面能自动检测机器的工作状态，并将检测到的故障以代码形式自动显示在操作面板上的显示窗内，以告知故障原因及相关部位；另一方面，在机器内部，对需要检测的元部件以一定的检测程序事先存储在微型计算机内，当需要检测某一部件的工作状态时，把检测指令输入微型计算机内，微型计算机就会启动有关程序，发出相应指令，通过伺服机构，使指定的部件进行工作，以此来判断该部件是否完好，工作是否正常。

2. 自诊检查法的应用技能

故障的自诊显示和元器件功能的检测都使用代码，前者为故障代码，后者为检测代码。故障代码直接告知故障的成因和有关部位，检修人员只要了解故障代码的含义，就可以直接找到故障部位和有关部件；检测代码则通过操作按钮来输入，直接驱动某个零部件动作或某一电路工作，以此来判定某一零部件是否损坏，某一电路是否工作，某一信号是否正常，从而迅速找到故障部位和有关部件。这两种功能对迅速判定故障的部位和有关故障的部位十分有用。但必须指出，检修人员在检修时必须了解并掌握被检修机器的故障代码和检测代码的确切含义，并按照代码的要求正确地输入或查找，只有这样才能做到正确判断、快速检修。

第二节　电冰箱/空调器/洗衣机维修准备

一、专用工具和仪表的使用

（一）传动轮拉具
传动轮拉具（见图2-1）是维修洗衣机时的常用工具，用来拆卸传动轮。

（二）断丝取出器
洗衣机长期工作在潮湿的环境中，维修时常遇到螺钉锈蚀和断螺钉现象。此时可采用如图2-2所示的断丝取出器取出。断丝取出器给维修工作带来了诸多方便。断丝取出器的螺纹方向和一般的螺钉螺纹方向是反向的，当逆时针拧动的时候，断丝取出器是不断往内孔里面拧紧，达到一定紧度时螺钉跟着转动，因为是反方向转动，螺钉自然就会转出来了。

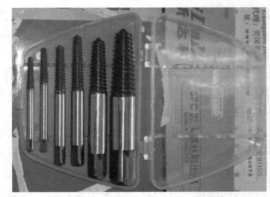

图2-1　传动轮拉具　　　　　　　　　　　　　图2-2　断丝取出器

使用方法：首先选一个比被拧断螺钉更细的断丝取出器，再找一个和断丝取出器最细端一样大小的钻头，然后在断螺钉中间钻个足够深的孔。然后用断丝取出器逆时针旋入被拧断的螺钉中，直到旋出被拧断螺钉。

（三）割管器
割管器又称为割管刀，是一种专门切割管子的工具，由支架、切轮、调整旋钮组成，如图2-3所示。割管器适用在狭小的空间进行操作，用于割铜、铝及不锈钢管。在上门维修空调器制冷系统时经常用到。割管器体积小巧、坚固轻便、螺旋式进刀、切口整齐，适合于大直径的钢管和不锈钢管使用。

割管器的使用方法：将管子放在滚轮和刀片（割轮）之间，刀口对准需要切割的位置，管子的侧壁贴紧两个滚轮的中间位置，割轮的切口与管子垂直夹紧，缓慢旋转调整转柄使割管刀轻微夹住铜管，然后一边围着铜管旋转割管刀，一边均匀柔和地旋转调整转柄，边转边进刀，旋转几圈后管子即被割断。

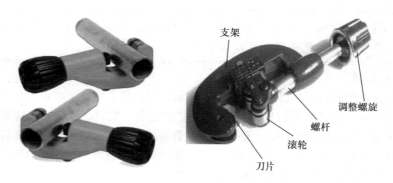

图2-3　割管器

【提示】　在切割管子时应注意旋转刀钮时用力不可过猛（进刀时进刀量不要过深），以免用刀过深而将被切铜管挤压变形而影响扩管口的质量。

（四）弯管器

弯管器是弯曲制冷系统紫铜管的专用工具，用它弯曲的管子表面光滑、均匀、不会皱缩或压扁。弯管器有两种，如图2-4所示。

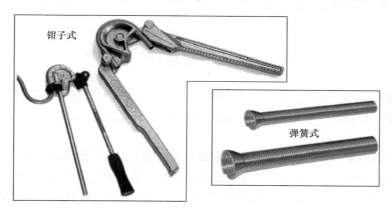

图2-4　弯管器

钳子式弯管器的操作方法：将退过火的纯铜管（部分铜管需要）放入带导槽的固定轮与固定杆之间，然后用活动杆的导槽导住铜管，用固定杆紧固住铜管，手握活动杆柄顺时针方向平稳转动。这样，纯铜管便在导槽内弯曲成特定的形状。

弹簧式弯管器外形像一根弹簧，用来弯曲铜管，一般有6～8种规格。不同的管径要采用不同的弯管规格模子，且管子的弯曲半径不小于管径的1/5，弯管时应先将需弯曲的管子退火，再将手动弯管器套在需要弯曲的铜管上，用力要缓慢平稳，弹簧可以保持铜管在一定的范围内不会被弯扁，当管子弯曲到所需角度后，将弯管退出弯管模具。

> 　【提示】　对管子弯曲前应先将管子进行退火，使其变软后更容易加工；操作时用力要均匀，避免出现死弯或裂痕。

（五）胀管器

胀管器又称扩管器、扩口器，如图 2-5 所示，主要用来将管子扩张为各种不同规格的形状（如喇叭口和圆柱形口），可用来精确扩大铜管、铝管、钛管、不锈钢管等可以拉伸的管子的管口，扩大管口的接触面积。胀管器按施力方式可分为手动胀管器和液压胀管器两种；按形式可分为三槽直筒胀管器、单珠翻边胀管器、三珠翻边胀管器、轴承式胀管器、深孔调节胀管器和控制翻边胀管器等。

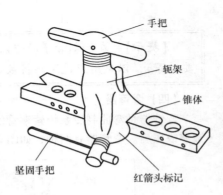

手把
轭架
锥体
坚固手把
红箭头标记

图 2-5　胀管器

胀管器的使用方法：扩管时首先将被扩管的扩口端退火（部分管子需要）并用锉刀锉修平整，然后把管子放置于相应管径的夹具中，拧紧夹具上的紧固螺母，将铜管牢牢夹死。

扩喇叭口时管口必须高于胀管器的表面，其高度大约与孔倒角的斜边相同，然后将扩管锥头旋固在螺杆上，连同弓形架一起固定在夹具的两侧。扩管锥头顶住管口后再均匀缓慢地旋紧螺杆，锥头也随之顶进管口内。此时应注意旋进螺杆时不要过分用力，以免顶裂铜管。一般每旋进 3/4 圈后再倒旋 1/4 圈，这样反复进行直至扩制成形。最后扩成的喇叭口要圆正、光滑、没有裂纹。

扩杯形口时，夹具仍必须牢牢地夹紧铜管；否则扩口时铜管容易后移而变位，造成杯形口的深度不够。管口露出夹具表面的高度应略大于涨头的深度。扩管器配套的系列涨头对于不同的管径的涨口深度及间隙都已制作成形。一般小于 10mm 管径的伸入长度为 6～10mm，间隙为 0.06～0.1mm。扩管时只需将与涨头固定在螺杆上，然后固定好弓形架，缓慢地旋进螺杆。操作方法与扩喇叭口相同。

（六）扩管冲头

扩管冲头包括冲头体与连接柄，冲头体由成形段和导引段组成，成形段的横截面为锥体，该锥体的大端头与大弧形体连接，小端头与小弧形体连接；导引段是成形段端头沿轴线向外线性缩小的异型体，其横截面与成形段的横截面相似，如图2-6所示。

图2-6 扩管冲头

（七）真空泵

真空泵是一种抽真空的专用工具，是用来抽去制冷系统内的空气和水分的。在安装或维修空调器时，充注制冷剂之前，都必须对制冷系统进行抽真空处理，否则会对制冷系统将会产生危害。当这些水分以水蒸气形式存在，在膨胀阀的通道上结冰时，不仅会妨碍制冷剂的流动，降低制冷效果，甚至还会导致制冷系统不工作，使冷凝器压力急剧升高，造成系统管道爆裂。

真空泵的使用方法：真空泵的吸气口通过工艺管与压力表的三通修理阀相连接，压力表的三通修理阀再与另一个工艺管相连接，而工艺管带顶针的一端与空调器室外机三通阀相连接（见图2-7）。当对管路系统进行抽真空时，应首先打开修理阀的阀门，然后接通真空泵的电源，排气口将管路系统抽出的气体排出；当管路系统的真空度达到要求时，按照操作规程，应先关闭修理阀的阀门，再旋开与真空泵相连工艺管的螺母，使气体进入真空泵，然后切断真空泵的电源，以防止真空泵中的机油被倒吸出。

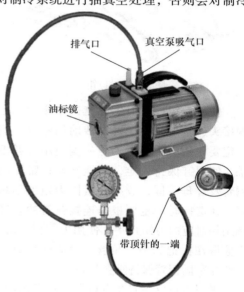

图2-7 真空泵的连接

【提示】 使用真空泵前，应观察侧面的油标镜，油面应在油标中线的位置；另外，真空泵在使用中最重要的一点就是定期更换真空泵使用油，使用的过程要注意观察油量的变化，油量不足要及时添加新的真空泵使用油，使用一段时间后一定要将原来的油倒出来换成新的真空泵使用油，这样真空泵任何时间都像新的一样，抽气率不会衰弱，可有效延长真空泵使用寿命。

（八）封口钳

封口钳主要用于制冷系统维修后封闭工艺口时使用，如图2-8所示。

操作时，首先应根据管壁的厚度调整钳柄尾部的螺栓（钳口的间隙小于铜管壁厚的两倍），再将铜管夹于钳口的中间，合掌用力紧握封口钳的两个手柄，以实现封闭的目的。

检测是否封闭的方法：排出铜管到压力表内的氟利昂，然后关闭表阀，此时压力表的压力应不变化，反之则重新调整钳口。

（九）力矩扳手

力矩扳手用于紧固螺母（如分体式空调器的室内、室外机组是通过配管连接，配管与室内、室外机组之间的连接螺母就需用相应的力矩扳手来紧固），如图2-9所示。

图2-8　封口钳

图2-9　力矩扳手外形

使用力矩扳手时需注意以下事项：在两接头连接处，对于可以转动的螺母一侧一定要使用力矩扳手，另一侧使用普通扳手，使螺钉保持固定，不能转动；紧固的铜管及螺母不同，故所需紧固力矩也不相同，在选择时一定要根据连接铜管的直径选用相对应的力矩扳手；使用力矩扳手时，手应握在握把的中央位置，紧固螺母时扳手要与紧固铜管保持垂直状态。

采用力矩扳手安装空调器连接管道时，应将连接管的锥口对准相应阀门接头的锥面，用力拧紧连接螺母，然后用力矩扳手拧紧，如图2-10所示。

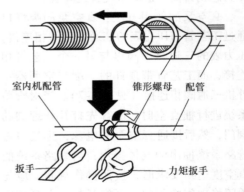

图2-10　采用力矩扳手安装空调器连接管道

【提示】　用力矩扳手连接空调器连接管道常见拧紧力矩见表2-1。

表2-1　用力矩扳手连接空调器连接管道常见拧紧力矩

六角螺母/mm	拧紧力矩/(N·m)
φ6	15～20
φ9.52	31～35
φ12	50～55
φ16	60～65

（十）气焊设备

在空调器的维修过程中，经常用到气焊设备。气焊采用的可燃气体一般是乙炔，助燃气体是氧气。气焊也称硬钎焊或风焊，通常由焊枪（焊炬）、氧气瓶和乙炔气瓶（燃气瓶）、压力表、连接管等组成。

1. 焊炬（见图2-11）

焊炬又称焊枪，是利用氧气和中低压乙炔作为热源，焊接或预热黑色金属或有色金属工件的工具，是气焊操作的主要工具。焊炬的作用是将可燃气体和氧气按一定比例均匀地混合，以一定的速度从焊嘴喷出，形成一定能率、一定成分、适合焊接要求和稳定燃烧的火焰。

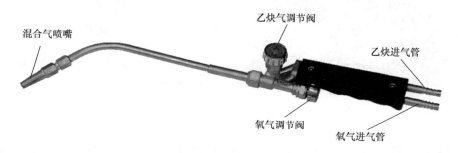

图2-11　焊炬

使用焊枪前，将红色氧气胶管套在焊枪的氧气进气口上，用铁丝扎紧，并打开氧气阀通入氧气清洗焊嘴内的灰尘；然后检查其射吸能力［检查时先开启氧气瓶阀（即乙炔阀）和氧气阀，用手指按在液化气泵气管上，若手指感到有足够的吸力，则说明射吸能力正常；若没有吸力，甚至氧气从液化气进气管口处倒流出来，则说明没有射吸能力，必须检修后才能使用］，当射吸能力合格后，再将绿色的液化石油气管套在焊枪的液化气进气口上，只需套紧即可。点火时，先将氧气阀调到很小的氧气流量，再缓慢地打开液化气阀，然后点燃，再调节氧气和液化气的流量，直到火焰调为合适的中性焰即可进行气焊操作。

【提示】　使用前应先检查焊炬的射吸性能，禁止使用射吸功能不正常的焊炬，另外还应检查焊嘴和各气阀处有无泄漏现象；焊炬接气源后，应检查各气体调压阀及焊嘴是否产生漏气；熄灭火焰时，先关闭氧气阀，后关闭液化石油气阀；焊接时一旦发生回火，应立即关掉焊枪的液化气阀，再关掉氧气阀。

2. 减压器

减压器是装在氧气瓶和乙炔瓶口上的一种表阀，设有高压表和低压表，其作用是使钢瓶内的高压气体输出后变为工作用的低压气体，同时能够使输出的气体压力保持所需要的固定工作压力，不致突然上升或突然下降，以适应气焊时的需要。减压器按用途不同可分为氧气减压器和乙炔减压器等，如图2-12所示。

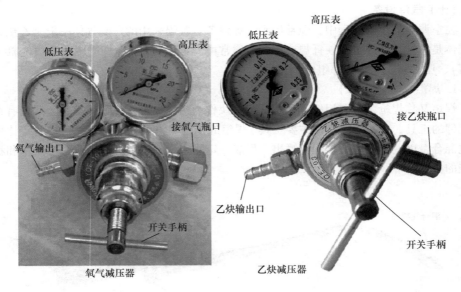

图 2-12　减压器

减压器的使用：①接用减压器前，必须先行开启瓶阀吹除瓶阀接口内污物，开启瓶阀时，出口处不得对准操作者或他人，以免高压气体冲出伤人；②接入减压器时，应将减压器调压螺钉旋松才能开启氧气瓶，开启瓶阀应缓慢，以免损坏高压表；③减压器使用中不得沾染油脂；④氧气瓶放气或开启减压器时动作必须缓慢，如果阀门开启速度过快，减压器工作部分的气体因受绝热压缩而温度大大提高，这样有可能使有机材料制成的零件（如橡胶填料、橡胶薄膜纤维质衬垫）着火烧坏，并可使减压器完全烧坏。

3. 氧气瓶与乙炔气瓶

氧气瓶可贮存氧气压力为 15MPa；乙炔气瓶贮存乙炔气，满额时压力达1.5MPa，如图 2-13 所示。

氧气瓶的使用：①氧气瓶安装减压阀前，先将瓶阀微开 1～2s，并检验氧气质量，合乎要求方可使用；②氧气瓶应戴好安全防护帽，竖直安放在固定的支架上，要采取防止日光曝晒的措施；③氧气瓶里的氧气，不能全部用完（压力应留至

图 2-13　氧气瓶与乙炔气瓶

0.1MPa)，必须留有剩余压力，严防乙炔倒灌引起爆炸；④尚有剩余压力的氧气瓶，应将阀门拧紧，注上"空瓶"标记；⑤检查瓶阀时，只准用肥皂水检验；氧气瓶不准改用充装其他气体使用；⑥在开启瓶阀和减压器时，人要站在侧面，开启的速度要缓慢，防止有机材料零件温度过高或气流过快产生静电火花，而造成燃烧。

乙炔气瓶的使用：①使用前，应对钢印标记、颜色标记及安全状况进行检查，凡是不符合规定的乙炔瓶不准使用；②乙炔瓶使用时，必须竖立，并应采取措施防止倾倒，严禁卧放使用；③乙炔瓶严禁敲击、碰撞，严禁在瓶体上引弧，严禁将乙炔瓶放置在电绝缘体上使用；④移动作业时，应采用专用小车搬运，如需乙炔瓶和氧气瓶放在同一小车上搬运，必须用非燃材料隔板隔开，使用中的乙炔瓶内气体不得用尽，剩余压力应符合安全要求；⑤当环境温度小于0℃时压力应不低于0.05MPa，当环境温度为25～40℃时应不低于0.3MPa；⑥乙炔瓶使用过程中，发现泄漏要及时处理，严禁在泄漏的情况下使用。

4. 焊料

焊料有焊丝与焊条系列。铜磷焊条、低银焊条，俗称银焊条，常用于铜管与铜鉴定的焊接；铜银焊条、铜锌焊条，俗称铜焊条，颜色为黄铜色，常用于铜管与钢管、钢管与钢管及铜管与铜管的焊接，漫流、填缝和湿润性比银焊条差，所以需要助焊剂。它们的作用是，被气焊火焰熔化后，渗入并填满焊件连接处，从而达到牢固连接的目的。图2-14所示为标准钎焊料。

a) 银焊条　　　　　　　　　　　　　　　b) 铜焊条

图2-14　标准钎焊料实物图

5. 助焊剂

助焊剂也称焊粉，它的作用是在钎焊过程中防止被焊物金属及焊料氧化，以有效地去除氧化物杂质，使焊料能够流动并减少已熔化的焊料表面张力，去除焊渣。目前，常用的焊剂有焊粉和硼砂助焊剂（见图2-15）。操作时，根据焊接量的大小，取少量焊剂，用酒精将其调成稀糊状，然后涂于待焊处即可。

（十一）检漏仪

检漏仪是空调器制冷系统或各部件检漏的专用工具，它包括卤素检漏灯和电子卤素检漏仪两种。

1. 卤素检漏灯

卤素检漏灯有的以酒精为燃料、有的以丙烷为燃料，其灵敏度较低。

卤素检漏灯是空调器与电冰箱修理中最常用的检漏工具。它采用变性酒精、乙炔、丙烷或石油气作为燃料。检漏的原理是，当混有 5% ~ 10% 的氟利昂气体与炽热的铜接触时，氟利昂分解为氟、氯元素并和铜发生化学反应，成为卤素铜的化合物，使火焰的颜色发生变化，从而检查出氟利昂的泄漏。火焰的颜色与泄漏量关系见表2-2。

图2-15 焊粉实物图

表2-2 火焰的颜色与泄漏量关系

年泄漏量/g	泄漏速率/(mm³/s)	火焰颜色
48	0.31	无变化（淡蓝色）
288	1.85	微绿色
384	2.47	浅绿色
504	3.23	深绿色
1368	8.78	紫绿色
2016	13.91	紫色

卤素检漏灯有国产和进口两种，结构略有不同，但检漏原理都相同。国产卤素检漏灯的构造如图2-16所示，主要由喷嘴、扩压管、灯芯筒、酒精杯、调节阀、火焰圈、吸气软管及其他辅助件组成。进口卤素检漏灯的结构如图2-17所示，它包括检漏装置和压力气罐两个主要部分。其中，检漏装置由阀、燃烧器和吸气孔等组成。阀是用来控制燃烧器的气体流量的，燃烧器实际上是气体和空气的混合室，压力气罐里灌装液体燃料。

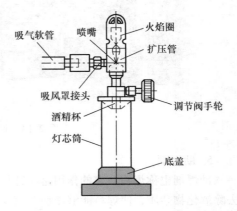

图2-16 国产卤素检漏灯的构造

国产卤素检漏灯的使用方法如下：

1）将座盘旋开，加入清洁的含99%的酒精后把底盖旋紧，检查有否渗漏，再把灯竖直放在平地上。

2）将调节阀手轮向右旋，关闭阀芯，在酒精杯内加满酒精并用火点燃，以加热灯体和喷嘴，热量由灯体传给灯芯筒，使灯芯筒内酒精温度提高，使其压力升高。

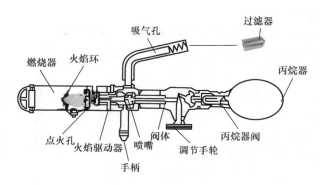

图 2-17　进口卤素检漏灯的构造

3）待酒精杯内酒精快燃尽时，将调节阀手轮向左旋，将阀芯开启约一圈左右，使火焰焰圈喷出气体，即可点燃，点火后有轮廓清晰的正常火焰。

4）在扩压管接头接好吸气管（塑料管），管口朝向检漏部位，观察火焰的颜色来判断是否有渗漏现象。若有泄漏的氟利昂蒸气被吸入，经燃烧后火焰就会发出绿色或蓝色亮光。

检漏灯在使用过程中遇到火焰熄灭，应检查灯芯筒内是否有酒精。如果有酒精而火焰熄灭，一般是喷嘴小孔堵塞，应将调节阀手轮向右旋转关闭阀芯，拆下扩压管，从座盘底部取出通针除去喷嘴小孔中的污物或拆下喷嘴清除污物后再重新点火，即可正常使用。

进口卤素检漏灯的使用方法如下：

1）往检漏灯本体及检漏灯上加工业无水酒精（丙烷灯则加丙烷）。

2）将划着的火柴插进检漏灯点火机孔里，接着朝逆时针方向慢慢拧转调节把手，让丙烷气从丙烷槽中溢出，通火即燃。对用酒精的检漏灯，用火柴点着灯盘上的酒精，待酒精快要烧完时，拧开调节把，让检漏灯本体中的酒精喷出，遇到被烧热的铜环即可点燃。

3）将燃烧的火焰调到尽可能小，火焰越小对制冷剂漏气的反应越灵敏，火焰的火焰头伸出铜环约 5mm 为好。

4）把吸入管的末端靠近被检的各个泄漏气体的部位。检查压缩机油封是否泄漏时，可借助加长的铜管，伸入到离合器前板孔中检测。

5）根据火焰的颜色，判断故障见表 2-3。

表 2-3　卤素灯检漏仪故障判断表

燃烧的工质	火焰颜色	故障判断
酒精	变成浅绿色	有少量泄漏
	变成深绿色	有大量泄漏
丙烷	变成浅蓝色	有较多泄漏
	变成紫色	有大量泄漏

2. 电子卤素检漏仪

电子卤素检漏仪是一种电子检漏仪器（见图 2-18），它的灵敏度远高于卤素检漏灯，它可以检出制冷剂年泄漏量在 4g 以下的情况。当有微量的制冷剂泄漏时，卤素灯往往不易检查出来，应该使用电子检漏仪检漏。

卤素检漏仪的使用方法如下：

1）在检漏前对仪器工作点进行调整。开通电源后可以听到"嘟嘟"周期较长的响声，指示灯闪亮的节拍与响声同步。

2）将传感器的探头向被检部分慢慢移动，一旦探头接近漏源，传感器接触到氟利昂时，报警喇叭的"嘟嘟"声频率就加快形成连贯，指示灯从闪动到长亮。越是接近漏源，声音就越短促。

图 2-18　电子检漏仪实物图

【提示】　使用电子卤素检漏仪时应注意以下事项：

① 由于电子式卤素检漏仪灵敏度高，所以不能在有卤素或其他烟雾污染的环境中使用；在严重污染的区域，应复位卤素检漏仪以消除环境气体浓度的影响。

② 有风的区域，即使大的泄漏也难发现。这种情况下，最好遮挡住潜在泄漏区域。

③ 注意探头接触到湿气/或溶剂时也可能报警，因此检查泄漏时避免接触到它们。

④ 在平时不使用时要保持传感器的清洁，避免灰尘、油污，不要撞击传感器头部，更不要随意拆卸。

（十二）压力表

压力表主要是用来显示管路系统中冲入制冷剂的多少或用来测量真空度，是维修空调器必备的工具，它有高压表、低压表（复合式压力表）和真空表几种。当空调器停止工作时，可以来测量空调器的均衡压力；空调器正常运转时可以用来检测空调器的运行压力。通过测量压力的大小来判断制冷剂的多少从而做出正确的判断。压力表按其测量精确度，压力表表盘上由里向外共有两圈数值刻度值（见图 2-19），指出两种压力数值。一种英制表示（以 psi 表示），一种是国际单

图 2-19　压力表外形

位制表示（以 $1kg/cm^2$ 表示），它们之间的关系为 $1kg/cm^2 = 9.8 \times 10^4 Pa = 0.098MPa \approx 14psi$。

　　压力表的使用方法：空调器有高低压两个测试压力的工艺口，这两个工艺口和压力表高低压表口相对接，连接方法如图2-20所示。压力表蓝色表管（低压表/真空表）接在空调器的大管工艺口上（低压管），压力表红色表管（高压表）接在空调器的小管工艺口上（高压管），接好后待空调器压缩启动，观看压力表的压力变化，低压压力在 $5 \sim 6kg$（$70 \sim 85psi$）、高压压力在 $16 \sim 20kg$（$225 \sim 285psi$）是正常的。若压力过低则说明制冷剂缺少，压力过高则说明制冷剂充得过多。

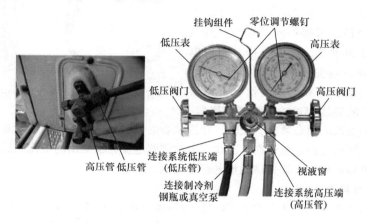

图2-20　压力表连接图

　　【提示】　在维修空调器中选用压力表时应根据被测压力范围选择合适的量程，如测量制冷系统的高压排气压力应选用量程为 $0 \sim 2.4MPa$ 的高压表；测量制冷剂系统的低压回气压力时一般选用量程为 $-0.1 \sim 1.0MPa$ 的低压表（复合式压力表）；在对测量制冷系统的真空度时，则应选用量程为 $-0.1 \sim 0MPa$ 的真空压力表。

（十三）钳形电流表

　　钳形电流表与普通电流表不同，它可以在不切断电气设备电源和电路的情况下用来测量电气设备的工作电流。而且在上门维修中，钳形电流表携带方便，无需断开电源和线路即可直接测量运行的工作电流，以便及时了解设备的工作状况，它最适合于不允许断开电路或不允许停电的导体元器件及电路中电流的测量。

　　钳形电流表在检修洗衣机中经常用到，如测量洗衣机的电磁阀等控制电路；在洗衣机工作状态下，用来测量控制电路中的电流值，从而判断元器件的好坏；特别是在检测洗衣机上正常运行的电动机时，使用钳形电流表检测其性能比普通电流表就显得方便多了。钳形电流表在检修空调器中用于压缩机及电气线路运行电流大小的测量，通过测量运行电流的大小来判断制冷系统是否存在故障。

钳形电流表主要分指针式和数字式两种形式，如图 2-21 所示。其中，数字式钳形电流表在日常使用中比较常见。该表测量结果读数直观、方便，而且测量功能扩展到能测量电阻、二极管、电压、功率、频率等参数。

钳形电流表由电流互感器和电流表两部分组合而成。在测量时，可以通过旋动转换开关的挡位，选择不同的量程。其具体使用方法及原理是，当用手按紧钳形电流表的扳手时，电流互感器的铁心张开，可以在不用切断电路和电源的情况下将被测电流所通过的导线穿过铁心张开的钳口

图 2-21　指针式和数字式钳形电流表

然后放松扳手使铁心闭合紧密。此时，穿过铁心的被测量电路就成为电流互感器的一次线圈，电路中所通过的电流便在二次线圈中检测到电流，检测出的电流经过数字式或指针式电流表再显示出来，就是该测量电路的电流。

（十四）万用表

万用表即"万用表电表"的简称，是电器维修中必不可少的检测仪表。用于测量电器元器件的电流、电压、电阻，比较好的万用表还可以测量二极管的放大倍数、频率、电容值、逻辑电位等。

万用表的基本原理是利用一只灵敏的磁电式直流电流表（微安表）作表头，由于在表头上并联和串联了一些电阻进行分流或降压，因而表头不能通过大电流。而当微电流通过表头时，就会有电流指示，从而测出电路中的电流、电压及电阻等大小。

万用表分指针式万用表和数字万用表两种。在洗衣机维修使用中，一般在大电流高电压的模拟电路中测量时，指针式万用表比较适用。而在其主电脑板上的低压小电流数字电路测量时，因数字万用表比指针式万用表精度等级要高，所以比较适合数字万用表来检测。万用表的形式很多，但基本结构是类似的。图 2-22 所示为 MF47 型指针式和 DT9205 A 型数字万用表。

（十五）绝缘电阻表

绝缘电阻表俗称摇表，是专门用于绝缘电阻测量的指示仪表，其标尺刻度直接用兆欧（MΩ）作单位。在电器维修中，绝缘电阻表常用来测量绝缘电阻及电动机、压缩机、电磁铁、电源变压器、各种开关、电源线等各种电气元器件的绝缘电阻值。判断其绝缘程度是否满足设备需要，避免因受热或受潮使其绝缘电阻降低，从而造成电气设备漏电或短路事故的发生。绝缘电阻表主要有数字式和指针式两大类，如图 2-23 所示。

（十六）电子温度计

电子温度计是空调器安装维修中常用的测温仪表，主要用于测试室内、室外机及进、出风口的温度，如图 2-24 所示。它有一根感温探头连接线。

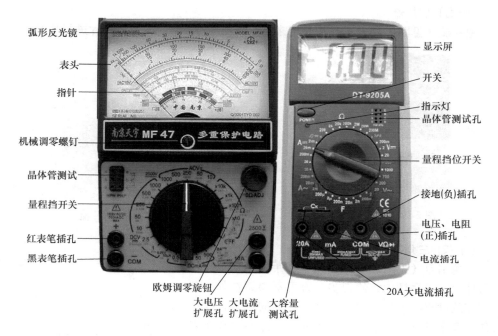

图 2-22 MF47 型指针式和 DT9205A 型数字万用表

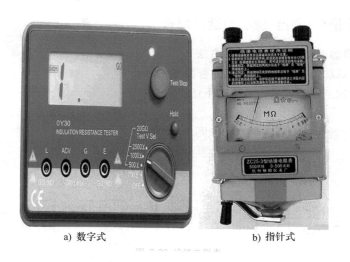

a) 数字式　　　　　　　b) 指针式

图 2-23 数字式和指针式绝缘电阻表

电子温度计使用方法：将电子温度计感温探头放置于空调器室内机的出风口处即可检测空调器的进、出口的温度；将探头放在窗外，显示器放在室内，可用来观察室外温度，就不用再开窗、开门了；在夏天、冬天室内开空调器时又能及时根据室外温度的变化，来适当调节空调器的温度。

（十七）翅片梳

翅片梳（见图2-25）的作用是用来对空调器的冷凝器、蒸发器翅片进行整形。

图2-24　电子温度计

图2-25　翅片梳

（十八）三角刮刀

三角刮刀（见图2-26）由刀体和手柄组成，通过将刀体固定于手柄内，使刀尖、刀刃不裸露在外，解决了存放过程中刀尖、刀刃划伤人员的问题，且连接方便、安全可靠。它主要用于刮削和清除各种金属表面的毛刺。

二、电冰箱/空调器/洗衣机器件焊接

（一）空调器连接管的正确扩口方法

连接管扩口加工得好坏是管路是否漏气的一个重要原因，因此加工连接管扩口时应按下述步骤进行。

图2-26　三角刮刀

1. 割管

1）用割管器切掉损坏的扩口，如图2-27所示。

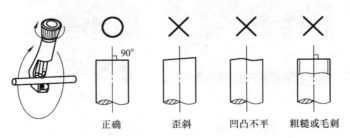

正确　　　歪斜　　　凹凸不平　　粗糙或毛刺

图2-27　割管机切扩口

2）仔细清除连接管被截断的管口处的毛刺。清除毛刺时，为避免毛刺掉入连接管，应将被截断的管口朝下，如图2-28所示。

2. 扩管

将连接管螺母套入连接管，然后用扩口工具对连接管进行扩口，如图2-29所示。检查加工好的扩口是否周边光滑、内侧是否光滑无刮痕、厚度均匀、倾斜，若有缺陷则需重新进行扩口加工。

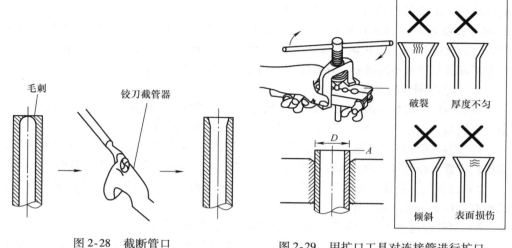

图 2-28 截断管口

图 2-29 用扩口工具对连接管进行扩口

（二）空调器截短毛细管的方法

在维修中可用刃口快的布剪刀，在需要截断的位置剪住毛细管，轻轻转动划出一圈刀痕（不要划透），然后用双手拿住划痕的两端，来回扳动，毛细管即可断开。这样断开的毛细管管口是呈圆形，也无毛刺，即可使用。注意在截短过程中不能把毛细管夹扁，否则会使内截面积减少。此外，一般不用钳子的刃口铰断或用铁剪刀剪断，这样截出的管口不呈圆形。

（三）空调器制冷系统管路的焊接方法

1. 制冷系统管路接头的焊接方法

一般制冷系统管路接头均采用银焊焊接，因为银焊加温温度较低（约800℃），而制冷系统的铜管熔点是1033℃，焊接时铜管不被熔化。银焊与铜的润湿性较好，流动性强，易填充管接头的间隙，防泄漏性能好。所用焊接工具为乙炔焊接设备，焊料用料303或料304，焊接用剂102。在焊接前必须将铜管接头表面的氧化膜、油脂、灰尘、脏物等清除干净。清除方法可用100号砂纸磨光并擦干净，在磨光时要防止砂粒进入管内。焊接时，先用火焰的外焰来回均匀地加热整个焊接管路的管接头，加热温度约以800℃为宜，然后加入焊料和焊剂，从一端逐渐向前加热，焊料会自动迅速流入缝隙。为避免渗漏并增加强度，套接管子套入的深度和间隙尺寸见表2-4。

表2-4 管路接头深度和间隙尺寸

管径/mm	10 >	10 ~ 20	>20
深度/mm	0 ~ 10	10 ~ 15	>15
间隙/mm	0.06 ~ 0.10	0.06 ~ 0.20	0.06 ~ 0.26

2. 制冷系统管路的焊接方法

空调器制冷系统管路的焊接方法主要有，氧乙炔焊、交流氩弧焊、自动锡钎焊和闪光对焊（或摩擦焊）等。在焊修空调器制冷系统时，应根据管路部位压力的高低和管材性质选择正常的焊接方法。一般来说，铝管与铝管焊接均采用交流氩弧焊，用L_2、L_3牌号直径为$1 \sim 1.6mm$的纯铝焊丝，焊剂选用"粉401"牌号（其成分为氯化钾50%、氯化锂14%、氯化钠28%和氧化钠8%）。此外，在铜铝接头处采用闪光对焊，由于铝和铜是两种不同材料，存在电腐蚀问题，焊接十分困难。

3. 铜管与铜管的焊接方法

铜管与铜管焊接一般采用银焊条（其含银量为25%、15%或5%）或铜磷系列焊条，它们均具有良好的流动性，并不需要焊剂。具体焊接步骤如下：

1）焊接铜管加工处理。扩管、去毛刺，旧铜管还必须用砂纸去除氧化层和污物。焊接铜管管径相差较大时，为保证焊缝间隙不宜过大，需将管径大的管道夹小。

2）充氮气。铜管内充入氮气后进行焊接，可使铜管内壁光亮、清洁、无氧化层，从而有效控制系统的清洁度。

3）打开焊枪点火，调节氧气和乙炔的混合比，选择中性火焰。

4）先用火焰加热插入管，稍热后把火焰移向外套管，再稍微加热整个管子。当管子接头均匀加热到焊接温度时（显微红色），加入焊料（银焊条或磷铜焊条）。焊料熔化要靠管子的温度，要用火焰的外焰维持管子接头的温度，而不能采用预先将焊料熔化后滴入焊接接头处再加热焊接接头的方法，否则会影响接头的强度和致密性。

5）将火焰移开，关闭焊枪。检查焊缝质量，如果发现焊缝仍有缝隙或有砂眼，则重新加热补焊。

4. 铜管与钢管的焊接方法

铜管与钢管的焊接一般采用5%、45%、35%或25%的银焊条，要求有良好的流动性，而且要有焊剂（所用焊剂应是柔性混合物或粉末状）的帮助。其焊接顺序如下：

1）对焊接的铜管和钢管进行加工处理（如胀管、去毛刺），如果是旧管，则必须去除氧化层、油漆及油污等。

2）打开焊枪调节氧气和乙炔的混合比，选择增碳低温焰。

3）在加热前，先将焊剂均匀地涂在待焊接部位。

4）加热插入管和套管，将火焰嘴连续来回移动（不可将火焰直接碰到焊剂），如图2-30所示。加热钢管时，温度要比加热铜管时略高一些。

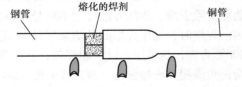

图2-30　火焰移动部位示意图

5）当管子加热完毕，焊剂熔化成液体时，立即将预热过的焊条放到焊点上。当焊料一开始熔化，就用火焰来回移动，直到焊料流入两管间的缝隙内。

6）火焰移开，关闭焊枪。检查焊缝质量，如果发现焊缝仍有缝隙或有砂眼，则重新加热补焊。

5. 铜铝管接头的焊接方法

在空调器泄漏故障中，有相当一部分是铜铝接头处的泄漏。铜铝接头焊接工艺比较难掌握，焊接时应仔细操作，具体的焊接顺序如下：

1）先将泄漏的铜铝接头焊开，把泄漏的那段管子用割刀割掉，然后将铜管内壁清理干净，同时将铜管外表面的氧化膜、灰尘或油脂清除掉。

2）把铜管的管壁内外清理干净，再在铜管（铜管外径等于铝管内径）外壁均匀涂上已调制好的糊状铝焊粉，插入铝管内 10mm。

3）打开焊枪，调节氧气和乙炔的混合比，选择中性焰。

4）用火焰对准与铝管相邻的那部分铜管进行加热（加热要均匀，速度要快），当加热至铝管开始熔接于铜管上时，再将铜管稍作转动，使之均匀熔在一起，然后将焊枪迅速拿开。

5）关闭焊枪。

6）冷却后，用水清洗干净，再用氮气吹去管内污物，把铜管的另一端接入制冷系统，最后对整个制冷系统进行检漏试验。

（四）电冰箱的蒸发器和冷凝器的焊接

根据材质对蒸发器和冷凝器进行焊补，不锈钢蒸发器和冷凝器可用银焊补漏；而铝蒸发器和冷凝器不易沾锡，可采用摩擦焊法。焊接时，用细砂纸或小刀将漏洞周围打磨，涂上助焊剂（松香粉50%、石英粉20%、耐火硅粉30%，以80目筛过筛后混合而成），用150W 电烙铁焊上一些焊锡，在漏洞处不停摩擦；同时，不断地用焊锡向焊接处加锡，焊牢，最后搪一次锡即可。也可用胶粘法，将漏洞周围油污擦净，用环氧树脂金属胶或用 CH-31 型胶粘剂配制（按1:1 的比例），或者直接用铝条盖上漏洞，用胶粘好。

如果漏洞过大，便要更换新的蒸发器或冷凝器，可用相同长度的自行缠绕或者直接购买新的更换。

（五）电冰箱管道的焊接

1. 电冰箱管道焊接时的气焊火焰

1）氧气-乙炔气气焊火焊，可分为碳化焰、中性焰、氧化焰三种。

① 碳化焰。氧气与乙炔气的体积之比小于1 时，为碳化焰，略缺氧，易冒黑烟，温度为2500℃左右，可用于铜管与钢管的焊接。

② 中性焰。氧气与乙炔气的体积之比为1:1.2 时，为中性焰。火焰分三层，焰心为尖锥形，色白明亮，内焰为蓝白色，外焰由里向外逐渐由淡绿色变为橙黄色。中性焰的温度为3100℃，可用于铜管与铜管、钢管与钢管的焊接。制冷电器的铜管焊接采用中性焰最适宜。

③ 氧化焰。氧气与乙炔气的体积之比大于1.2 时，为氧化焰。火焰有两层，焰心短而尖，呈青白色；外焰也较短，稍带紫色。火焰温度高达3500℃左右。氧化焰由于氧气的含量较多，氧化性很强，易造成焊件熔化，钎焊时会产生气孔、夹渣，不适用于

铜管与铜管、钢管与钢管的钎焊。

2）氧气－液化石油气火焰，可分为碳化焰和氧化焰两种：

① 碳化焰。氧气与液化石油气体积之比为1∶1.3。火焰分三层，焰心呈白色，内焰为淡白色，外焰为橙黄色。液化石油气的含量较多，火焰较长。碳化焰的温度在2500℃左右，适用于钎焊铜管与钢管。

② 氧化焰。氧气－液化石油气体积之比为1.4∶1.6。火焰分为两层，焰心呈尖形为青白色。外焰为淡白色。氧化焰的温度在2900℃左右，适用于钎焊铜管与铜管、钢管与钢管。

2. 电冰箱管道焊接如下

1）吹胀式蒸发器管壁薄，容易引起焊漏，在施焊时，应按图2-31所示在连接处预先插一个不锈钢开口衬套。

2）毛细管焊修时，在毛细管的外径加一段铜管衬套，并将两端与毛细管接触处修平，用银焊焊修，如图2-32所示。

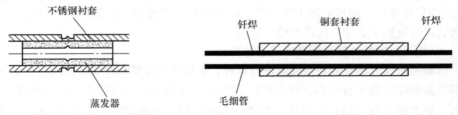

图 2-31　吹胀式蒸发器加衬套焊接　　　　图 2-32　毛细管加套焊接

3）将干燥过滤器与毛细管焊接好，毛细管应先用尺子量好10～15mm，弯一个15°～20°的角度，以便准确焊接，如图2-33所示。

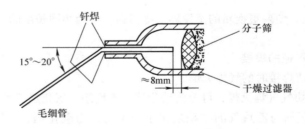

图 2-33　毛细管与干燥过滤器钎焊法

3. 电冰箱管道焊接时的注意事项

1）焊接前，用细砂纸清除管道焊接处的油脂、污垢等脏物。

2）根据焊件材料选用合适的焊条和助焊剂。助焊剂对焊接质量有很大的影响，一般选用的助焊剂的温度低于焊条温度50℃为准。

3）最好采用套管焊接法焊接，保证焊接强度和质量，在焊接后需要检验，可用5倍以上的放大镜检查焊缝处有无裂纹、气孔；将氮气通入制冷系统，观察焊接表面是否有气泡冒出，或者在制冷系统的高压侧通入 0.8~1.0MPa，低压侧通入 0.8MPa 的氮气，5h 后，如表压下降，应重新焊接；制冷系统充入制冷剂后，用卤素仪上的制冷剂收集探头控制每个接头，如仪器发出报警声，则应重新焊修。

（六）电冰箱铜铝接头泄漏的焊接

很多电冰箱的制冷管道同时采用铜管和铝管，铜铝接头容易出现泄漏故障。铜铝接头焊接工艺比较难掌握，焊接时应仔细操作，具体的焊接顺序如下：

1）先将泄漏的铜铝接头焊开，把泄漏的那段管子用割刀割掉，然后将铜管内壁清理干净，同时将铜管外表面的氧化膜、灰尘或油脂清除掉。

2）把铜管的管壁内外清理干净，再在铜管（铜管外径等于铝管内径）外壁均匀涂上已调制好的糊状铝焊粉，插入铝管内 10mm。

3）打开焊枪，调节氧气和乙炔的混合比，选择中性焰。

4）用火焰对准与铝管相邻的那部分铜管进行加热（加热要均匀，速度要快），当加热至铝管开始熔接于铜管上时，再将铜管稍作转动，使之均匀熔在一起，然后将焊枪迅速拿开。

5）关闭焊枪，待冷却后，用水清洗干净，再用氮气吹去管内污物，把铜管的另一端接入制冷系统，最后对整个制冷系统进行检漏试验。

三、电冰箱/空调器/洗衣机的拆装

（一）电冰箱的拆装

1. 冷藏室门组件的拆装

（1）门操作基板

先开启冷藏室门（右），卸下控制板垫片盖底面的小螺钉（见图 2-34）。再用木片等放置在冷藏室门（右）的控制板垫片盖上部，轻轻地敲击木片顶部（见图 2-35），使控制板垫片盖略向下移动（请注意避免划伤或脏污）。从卡头（见图 2-38 所示的右 11 处、左 11 处）上卸下控制板垫片盖（见图 2-36）。卸下基板固定小螺钉，卸下连接器。最后从控制板垫片盖内面的卡头上取下操作基板。取下操作基板后，也就能够取下控制板按钮，如图 2-37 所示。

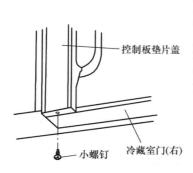

图 2-34 卸下控制板垫片盖底面的小螺钉

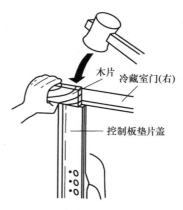

图 2-35 敲击木片

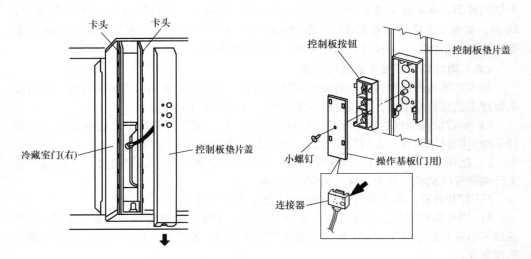

图2-36　卸下控制板垫片盖　　　　图2-37　卸下连接器、操作基板（门用）、控制板按钮

【提示】　门操作基板安装时需注意以下几点：

1）操作基板（门用）安装、拆卸时，注意避免基板划伤。

2）切实插入操作基板（门用）的连接器。

3）注意避免卡住软线。

4）控制板垫片盖嵌入位于门PG上部的控制板垫片盖上部卡头时，应从上而下按照顺序一边按压卡头一边安装到门上（见图2-38），并且用底面的小螺钉加以固定。

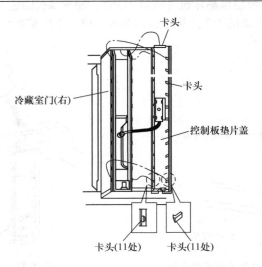

图2-38　控制板垫片盖嵌入位置及卡头位置

（2）冷藏室门

首先，卸下铰链盖的安装小螺钉，撬出并卸下铰链盖的▲记号部（卡头 C 处）；再将铰链盖向外侧移动，卸下卡头 C 部；最后，撕下纸带，卸下连接器，卸下铰链的安装小螺钉，即可取下门 PC，如图 2-39 所示。

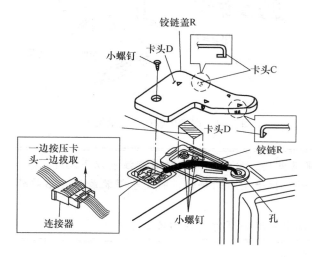

图 2-39　取下门 PC（卸下铰链盖、连接器）

【提示】　冷藏室门安装时需注意以下几点：

1）切实插入连接器。

2）铰链盖安装时，应将连接器、软线收放到原来的位置上，再用纸带固定软线，避免小螺钉划伤。

3）铰链盖安装时，必须先插入卡头 C，然后切实安装卡头 D。

（3）果蔬室门、冷冻室门

首先，打开果蔬室门或冷冻室门，取出果蔬室容器（水果盒、果蔬盒）或冷冻室容器（FCT 盒、FCB 盒）；再卸下支承架前面的导轨固定小螺钉（见图 2-40），略向上抬起门的前面并外拉，从导轨内侧的卡头卸下并取出门；最后，卸下小螺钉从门上取下门胶垫和支承架 R、L（见图 2-41）。

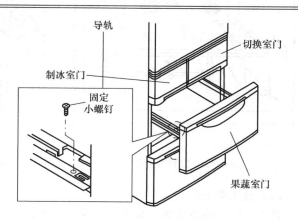

图 2-40　卸下导轨固定小螺钉

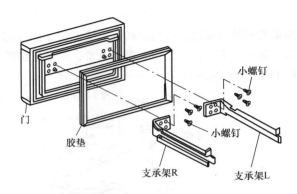

图 2-41　取下门胶垫和支承架 R、L

【提示】　果蔬室门、冷冻室门安装时需注意以下几点：

1）门安装时，拉出左右的导轨，将支承架装载到左右导轨上，并挂入卡头（左右各 2 处）。

2）按原样切实固定小螺钉（左右各 2 个）。

2. 冷藏室内部的拆装

首先，拆卸贮水器、置物架、冰鲜室盒。由下面顶起蛋格小盒靠里处的中央部，拆卸突起部（见图 2-42），朝外拉出；再取下卡头，卸下泵盖（见图 2-43）；由下面略微顶起冰鲜室隔板，贮水器隔板右侧正面部，取下卡头（▼记号部），略朝外拉出；最后，卸下小螺钉由下面顶起注水角的止动器（见图 2-44），外拉并取下贮水器隔板。

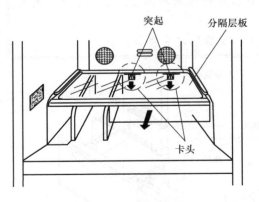

图 2-42　拆卸突起部

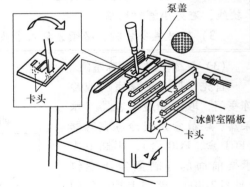

图 2-43　取下卡头，卸下泵盖

（1）注水泵电动机

首先，取下分隔层板，泵盖，冰鲜室隔板，贮水器隔板（见图 2-45），卸下注水角；再上拉底部片 PC，取下连接器（见图 2-46）；最后，由下面顶起注水泵电动机

（见图2-47）。

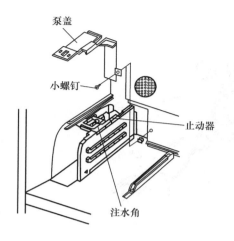

图 2-44　止动器位置

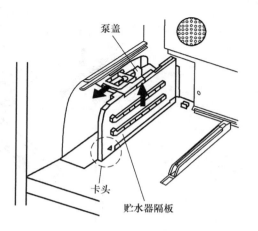

图 2-45　贮水器隔板位置

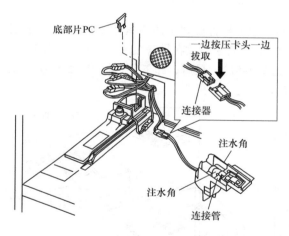

图 2-46　取下连接器

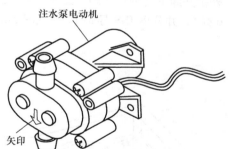

图 2-47　顶起注水泵电动机

【提示】　注水泵电动机安装时需注意以下几点：

1）切实安装连接管。

2）切勿弄错注水泵的方向（主体部分的→标记表示水的流动方向）。

3）必须确保连接器、软线连接无松动。

（2）风扇（PC）、风扇（除臭）、传感器PCC（冷藏室传感器）

首先，取下注水角、底部片PC（见图2-48）、连接器，取下电冰箱内灯盖PCT；再取下导管板PCT的小螺钉，外拉并卸下ESC盖PCB卸下小螺钉；将手指放在导管板PC的上中央导管部，外拉出卸下（外拉并卸下▲部的卡头）；最后，卸下导管板PC的卡头，并分离 INS 导管 PC，取下导管。

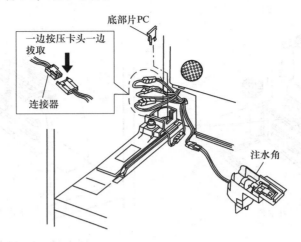

图 2-48　取下注水角、底部片 PC

　　取下电冰箱内灯盖 PCT（见图 2-49），取下导管板 PCT 的小螺钉（见图 2-50）；外拉并卸下 ESC 盖 PCB，卸下小螺钉（4 个）；再将手指放在导管板 PC 的上中央导管部，外拉并卸下（外拉并卸下▲部的卡头，见图 2-51）；最后，卸下导管板 PC 的卡头（共6 处），并分离 INS 导管 PC（见图 2-52）。

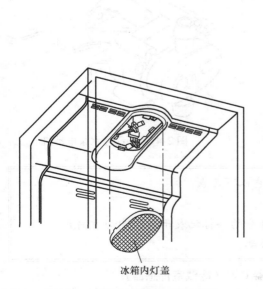

图 2-49　取下电冰箱内灯盖 PCT

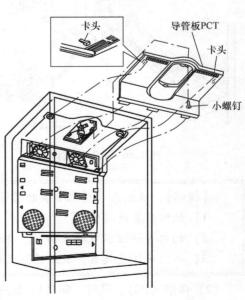

图 2-50　取下导管板 PCT 的小螺钉

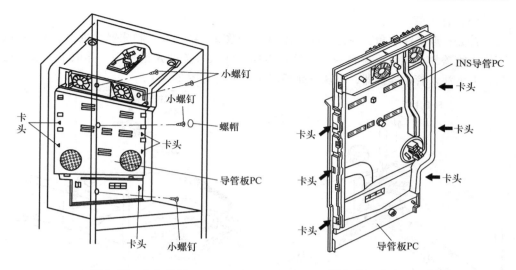

图 2-51　卡头位置　　　　　　　　　图 2-52　分离 INS 导管 PC

　　取下导管后，从软线挂钩上卸下软线，一边拉开卡头一边沿着箭头方向取出盒风扇（PC）。从软线挂钩上卸下软线，一边拉开卡头一边沿着箭头方向取出盒风扇（除臭）。从收放部的卡头上卸下传感器 PCC（冷藏室传感器），从软线挂钩上卸下软线（见图 2-53）。

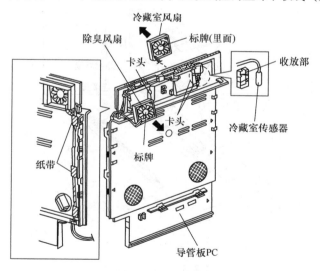

图 2-53　取出冷藏室风扇、除臭风扇、冷藏室传感器

　　【提示】　风扇（PC）、风扇（除臭）安装时需注意以下几点：
　　1）注意安装方向，用固定卡头（4 处）按原样固定，使软线引出部向下。
　　2）注意防止 PC 导管板的胶带剥落。
　　3）软线埋入软线沟内，用软线挂钩、纸带按原样加以固定。

（3）注入管

首先，取下注水角，并卸下底部片 PC（见图 2-54）；取下制冰器（见图 2-55）；取下注入管盖的小螺钉；再将一字形螺钉刀插入注入管盖的▲记号中，并取下卡头；最后，取下注入管的连接器，略从下面顶起注入管（见图 2-56）。

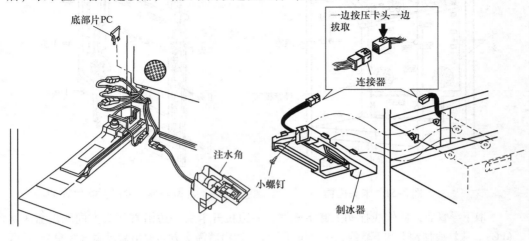

图 2-54　注水角、底部片 PC　　　　　　　　　　图 2-55　取下制冰器

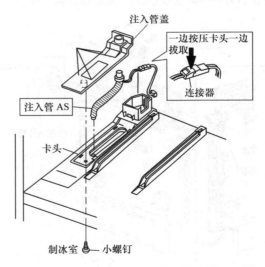

图 2-56　取下注入管

【提示】　注入管安装时需注意以下几点：

1）必须先将连接器穿过冷藏室侧的孔之后，再插入注入管。

2）将注入管安装在原位置，并确认前端伸出至制冰室内。

3）安装注入管盖时，注意避免卡住软线。

（4）操作基板

首先，将一字形螺钉旋具插入控制板垫片的▲标记部的内箱和控制板垫片的缝隙之间，并略向上抬起取下（见图2-57）；再取下温度旋钮、小螺钉；最后，从卡头取下操作基板，并把控制板垫片取下，取下连接器（见图2-58）。

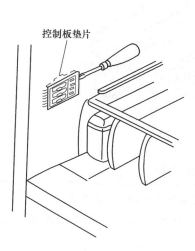

图 2-57 拆下控制板垫片

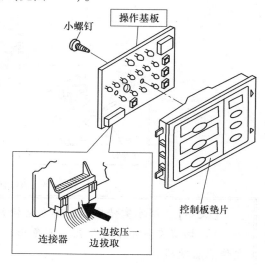

图 2-58 取下操作基板

3. 制冰室内部的拆装

首先，取下制冰室门，一边按制冰板的止动器，取下贮水盒；再取下制冰机的小螺钉；略外拉制冰器，最后取下连接器，取出制冰器（见图2-59）。

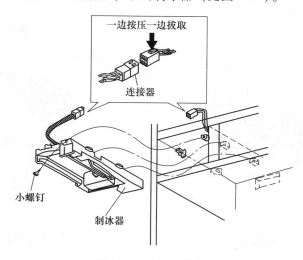

图 2-59 取出制冰器

（1）制冰室传感器、贮水盒检知器

首先，取下制冰机；关于制冰室传感器，挂在固定用引脚；再从软线挂钩上卸下软线，卸下开关固定小螺钉；最后取出贮水盒检知器（见图2-60）。

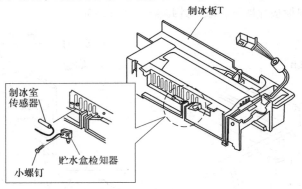

图2-60　取出贮水盒检知器

【提示】　制冰室传感器、贮水盒检知器安装时需注意以下几点：

1）切实安装制冰传感器，避免出现悬空，并使用制冰机侧面的固定卡头固定传感器软线。

2）切实插入连接器，直至出现"喀嚓"声止，并按原样收放到收放部。

（2）制冰机

首先，取下制冰机；拉开制冰板T侧面的制冰机As固定卡头，一边旋转制冰机As，一边从底面的固定卡头卸下，再取出制冰机As（见图2-61）；最后，取下小螺钉、取下冰检测杆片（见图2-62）。

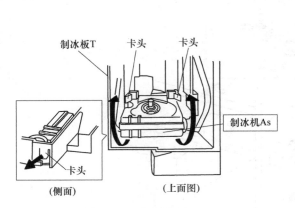

图2-61　取出制冰机As

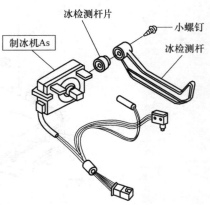

图2-62　取下冰检测杆片

4. 微冻室与转换室、果蔬室内部的拆装

首先，取下电冰箱门、微冻转换室门；全开果蔬室门，取出果蔬室容器（水果盒、蔬菜盒）；卸下支承架前面的导轨固定小螺钉；略向上顶起门的前面并外拉，从导轨内侧的卡头卸下并取出门；接着，卸下转换室内左侧面盖 SC 侧 As 的固定小螺钉，卸下并取出卡头；卸下连接器，卸下螺帽，卸下隔板 As IS 的固定小螺钉；从果蔬室侧卸下隔板 As IS 的固定小螺钉（见图 2-63）；慢慢地朝外取出隔板 As IS，以免碰到软线（强制取出，将会造成软线断线）；卸下隔板 As IS 左右的固定小螺钉；再从果蔬室侧卸下隔板 As IS 下面的固定小螺钉，向上按压，取出隔板 As IS（见图 2-64）。

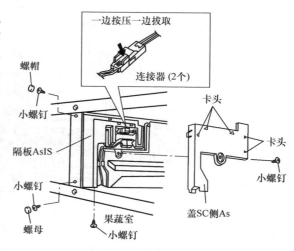

图 2-63　卸下隔板 As IS 的固定小螺钉

首先，取下小螺钉、连接器盖 VC、连接器；再取下蒸发器盖 As 的小螺钉；最后，顶起并卸下线圈盖 As 下侧的卡头，卸下上部的卡头，外拉上部并取出蒸发器盖 As（见图 2-65）。

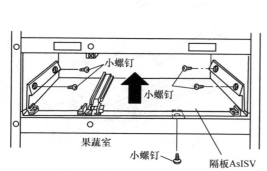

图 2-64　取出隔板 As IS

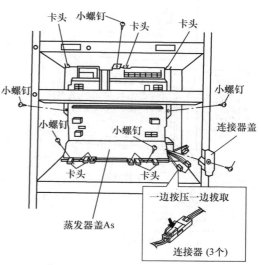

图 2-65　取下蒸发器盖 As

（1）冷冻室除霜传感器、温度熔丝

首先，取下蒸发器盖，切断溜油管的管带（结束带），取出除霜传感器；再切断连接器收放袋（塑料）的结束带，卸下连接器（1 个）；切断软线固定用的蒸发器 U 形管部管带（结束带），取出温度熔丝；最后，切断温度熔丝的软线（2 根），卸下温度熔丝（见图 2-66）。

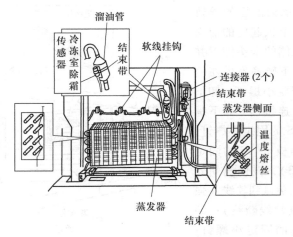

图 2-66 卸下冷冻室除霜传感器、温度熔丝

（2）除霜加热器

首先，取下蒸发器盖，再切断连接器收放袋的管带（结束带），取出软线；再从软线挂钩上卸下除霜加热器的软线；略顶起除霜加热器左右的卡头，一边外拉并取出除霜加热器（见图 2-67）；最后，从橡胶螺母上卸下加热器盖的卡头（见图 2-68）。

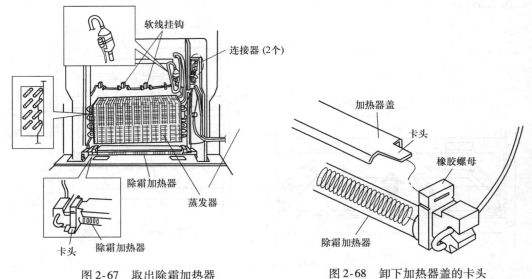

图 2-67 取出除霜加热器　　　　　图 2-68 卸下加热器盖的卡头

【提示】 除霜加热器安装时需注意以下几点：

1）将加热器盖切实插入橡胶螺母，将除霜加热器设定到规定位置上，并用卡头加以固定。

2）用软线挂钩按原样固定加热器引线，连接器装入收放袋，按原样收放。

（3）微冻结、转换室传感器、冷冻室风扇电动机

首先，取下蒸发器盖；卸下蒸发器盖 B 的卡头（6 处），分离蒸发器盖 F 和 INS 蒸发器盖 As；撕下软线固定用纸带，从软线挂钩上（9 处）卸下软线，从卡头上取下转换室传感器（见图 2-69）。再撕下软线固定用纸带，从 INS 蒸发器盖 As 上卸下风扇电动机的软线；用割刀切断密封带，分离蒸发器盖 B 和 INS 蒸发器盖 As；撕下软线固定用纸带，从蒸发器盖 B 的软线挂钩上（2 处）卸下软线；最后，一边沿着箭头方向按下冷冻室风扇电动机，一边慢慢地外拉（标牌侧）并取出上侧（见图 2-70）。

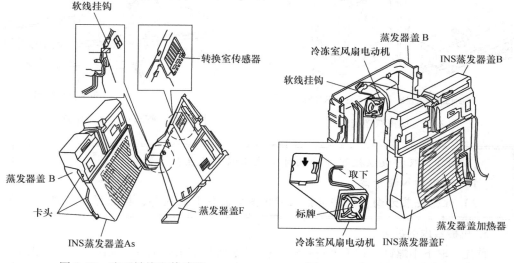

图 2-69　取下转换室传感器　　　　　　图 2-70　取下冷冻室风扇电动机

【提示】　微冻结、转换室传感器、冷冻室风扇电动机安装时需注意以下几点：

1）注意安装方向，将冷冻室风扇电动机按入内侧，按原样安装，使软线引出部向下，并使标牌侧朝着外面（不可撕下带子）。

2）转换室传感器用卡头固定到规定位置上，软线挂在软线沟和软线挂钩上，用纸带按原样加以固定。

3）INS 蒸发器盖 As 按原样安装到蒸发器盖 B 上，并用密封带加以密封。

4）冷冻室风扇电动机的软线挂在软线沟和软线挂钩上，用纸带按原样加以固定。

5）蒸发器盖 F 和蒸发器盖 B 用卡头（共 6 处）加以固定，并用密封带加以密封。

（4）双挡板温控组件

首先，取下蒸发器盖，卸下蒸发器盖 B 的卡头（共 6 处），分离蒸发器盖 F 和 INS 蒸发器盖 As；卸下双挡板的软线，分离蒸发器盖 B 和 INS 蒸发器盖 As；再用割刀切断

INS 蒸发器盖 F 和 INS 蒸发器盖 B 连接部的密封带；最后撕下纸带（共 2 处），从软线沟内卸下软线。从 INS 蒸发器盖分离 INS 蒸发器盖 B，取出双挡板（见图 2-71）。撕下连接器部的密封带和纸带（见图 2-72），卸下连接器（1 个）。

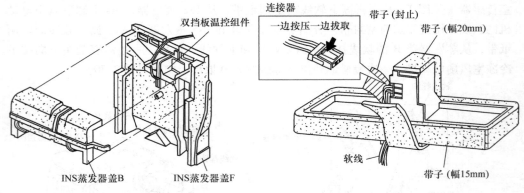

图 2-71　取出双挡板组件　　　　　　图 2-72　密封带、纸带位置

【提示】　双挡板温控组件安装时需注意以下几点：
1）切实插入连接器。
2）注意安装方向，双挡板插入 INS 蒸发器盖 F 的内部，按原样加以固定。

5. 机械室内的拆装

首先，取下小螺钉（共 7 个）；再从左右的引脚拔下压缩机盖（见图 2-73）；最后，一边用手指夹住右侧卡头（共 2 处）一边拆卸。

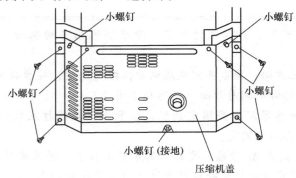

图 2-73　拔下压缩机盖

（1）插座、过载继电器

首先，取下压缩机盖；从风扇活塞环压紧器的卡头取下软线；再将一字形螺钉旋具插入继电器盖上部的方孔，略向下撬起一字形螺钉旋具的把手部分，同时抬起继电器盖，并外拉取下（见图 2-74）；最后，按箭头方向笔直拔出插座，并从继电器盖的收放部朝外拉出过载继电器（见图 2-75）。

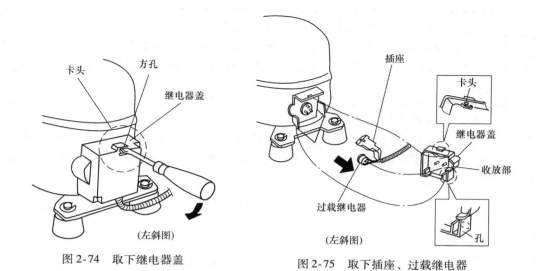

图 2-74 取下继电器盖

图 2-75 取下插座、过载继电器

【提示】 插座、过载继电器安装时需注意以下几点：

1）安装插座时，应笔直插入，注意不要撬起压缩机的引脚。

2）安装过载继电器时，将过载继电器的端子侧嵌入继电器盖的收放部内侧。

3）安装过载继电器盖时，需将盖安装部下面的卡头（共 2 处）插入过载继电器的孔（共 2 处）中，并拉起上面的卡头，切实安装。

（2）机械室风扇电动机

首先，取下压缩机盖，从软线挂钩上卸下盒风扇（压紧器）的软线，从收放部取出连接器；再一边按压风扇活塞环压紧器 B 的右侧面（约 5cm 内侧），一边外拉风扇活塞环压紧器，卸下卡头（共 2 处）；最后，一边向上按压盒风扇（压紧器），一边外拉下部，从风扇活塞环压紧器下部的卡头取出风扇电动机（见图 2-76）。

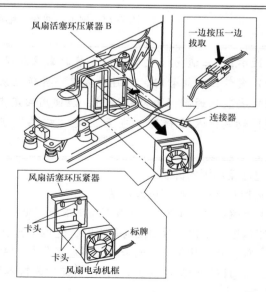

图 2-76 风扇活塞环压紧器

【提示】　机械室风扇电动机安装时需注意以下几点：

1）安装时应注意方向，使标牌面向正面，并按原样安装。

2）切实插入连接器，收放到连接器收放部，并切实整理软线类，避免出现松动。

（3）三通阀（电动机）

首先，取下压缩机盖，用左旋螺钉旋具略由下顶起固定夹具的卡头，取下小螺钉（1个）；再略向外移动转换阀 As，并向上拔取三通阀（电动机）；最后，取下连接器（见图2-77）。

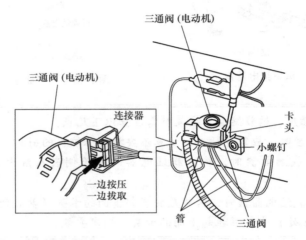

图 2-77　取下三通阀（电动机）

【提示】　三通阀（电动机）安装时需注意以下几点：

1）安装三通阀管时，应避免破裂、折断现象的发生。

2）安装三通阀（电动机）时，应使用固定夹持器的卡头按原样安装。

3）切实插入连接器，直至出现"喀嚓"声，并按原样收放到连接器收放部。

6. 电冰箱周围的拆装

（1）控制基板、噪声过滤器基板

取下小螺钉（共4个），并取下盖座基板（见图2-78）；取下小螺钉（共7个），并取下盖座基板。注意，拆卸控制基板时，先取下连接器（共11个），然后一边用手指按压左、右、上（共6处）的卡头，一边抓住控制基板的上部取出。拆卸噪声过滤器基板时，一边按压卡头（共3处），一边抓住连接器缓慢外拉，取下连接器（共2个）（见图2-79）。

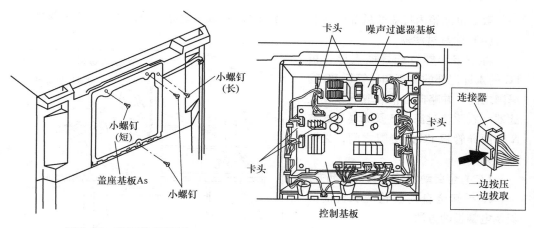

图 2-78　取下盖座基板　　　　　图 2-79　拆卸噪声过滤器基板

【提示】　控制基板、噪声过滤器基板安装时需注意以下几点：

1）安装时应予以注意，以免基板破裂。

2）切实插入连接器，并按原样整理软线类，避免出现松动现象。

（2）容器开关 As（冷藏室、冷冻室）

将一字形螺钉旋具插入中心横轨和容器开关 As 的▲标记部的缝隙，略抬起拆卸容器开关。取下连接器（见图 2-80）。

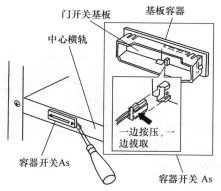

图 2-80　拆卸容器开关

【提示】　容器开关 As 安装时需注意以下几点：

1）切实插入连接器。

2）将容器开关 As 安装于中心横轨时，注意避免让引线卡在中心横轨和容器开关 As 之间。

（3）电冰箱内灯

取下电冰箱内灯盖的后部取下卡头（共 4 处）；取下电冰箱内灯盖；取下连接器。

（4）除臭过滤器

将一字形螺钉旋具插入导管板 PC 的▲标记部的内箱和导管板 PC 的缝隙之间，并略向上抬起取下除臭过滤器（在除臭过滤器 S 及除臭过滤器 N 背面导管板 PC 的缝隙之间，见图 2-81）。

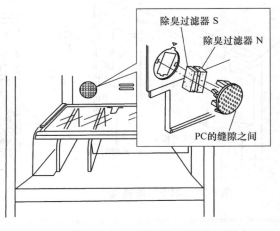

（二）全自动波轮洗衣机拆卸方法

1. 拆卸全自动波轮洗衣机前面板及电脑板的方法

拆卸位置如图 2-82 所示，拆卸步骤如下：

1）用尖锐的工具拆除两个螺母，再用十字螺钉旋具拆除前面板固定螺钉。

图 2-81　取下除臭过滤器

2）把前面板推到左面然后拿出。

3）用尖嘴钳小心把电脑板上的接插件拔掉。

4）用十字螺钉旋具卸掉前面板上的 4 颗螺钉。

5）卸掉电脑板组件。

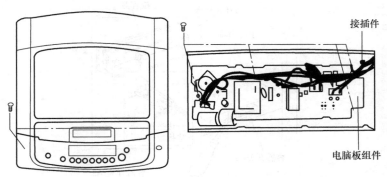

图 2-82　拆卸前面板及电脑板组件的位置

2. 拆卸全自动波轮洗衣机后面板、电源线、进水阀及 BP 传感器的方法

拆卸方法及步骤如下：

1）用十字螺钉旋具卸掉后面的两颗面板固定螺钉即可拆除后面板，如图 2-83 所示。

2）用十字螺钉旋具卸掉滤波器的一颗固定螺钉，把两个接插件拔掉后拆除电源线，如图 2-84 所示。

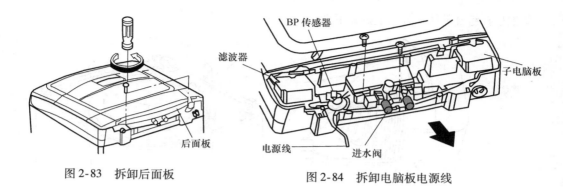

图 2-83　拆卸后面板　　　　　　图 2-84　拆卸电脑板电源线

3）用十字螺钉旋具拆除水阀固定螺钉然后拔掉进水阀上的接插件即可拿出进水阀，如图 2-85 所示。

4）从 BP 传感器上按箭头方向拔掉接插件和压力管，即可拿出 BP 传感器，如图 2-86 所示。

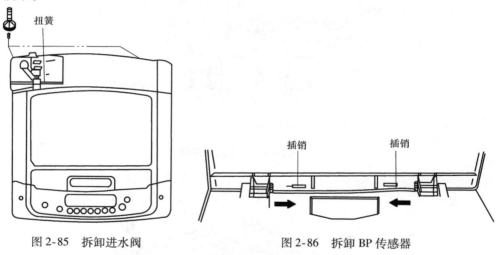

图 2-85　拆卸进水阀　　　　　　图 2-86　拆卸 BP 传感器

3. 拆卸熔丝的方法

拆卸熔丝如图 2-87 所示，从顶盖上取下后面板后，取下熔丝盒，打开熔丝盒，即可取出熔丝。

4. 拆卸全自动波轮洗衣机桶组件的方法

拆卸全自动波轮洗衣机桶组件的具体方法是，首先用十字螺钉旋具拧开桶盖上的 8 个螺钉，取下桶盖（见图 2-88）；再用一字螺钉旋具取下内桶帽组件，拧开法兰盘固定大螺母与法兰盘弹簧垫片；然后按箭头方向向上提出内桶即可（见图 2-89）。

5. 拆卸全自动波轮洗衣机吊杆组合的方法

全自动波轮洗衣机吊杆组合一般为 4 根，且颜色和长短各不相同。拆卸洗衣机顶盖后，如图 2-90 所示，把吊杆从洗衣机外桶上分离拿出。拆卸时，不能把吊杆分体拆散，要把吊杆组合整体从外桶上拆卸下来。

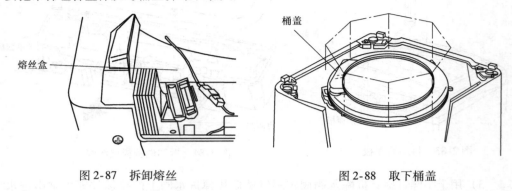

图 2-87　拆卸熔丝　　　　　　　　　　　图 2-88　取下桶盖

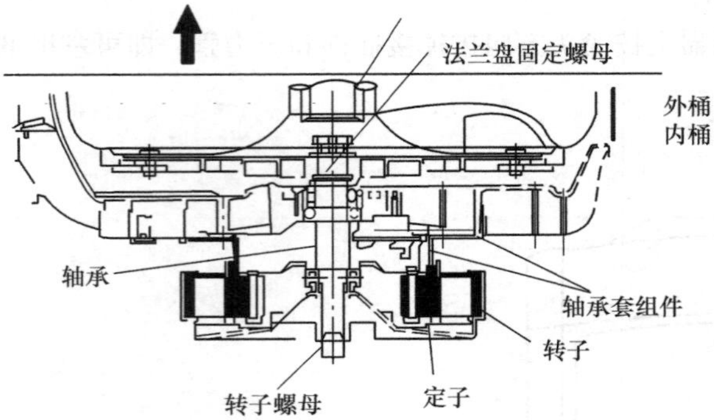

图 2-89　向上提取内桶

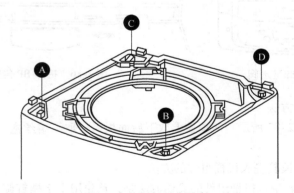

图 2-90　拆卸吊杆组件

6. 拆卸全自动波轮洗衣机电动机转子的方法

拆卸全自动波轮洗衣机电动机转子如图 2-91 所示。

1）用扳手按箭头方向拆除转子螺母。

2）拆除转子，按箭头方向即可拿出转子。

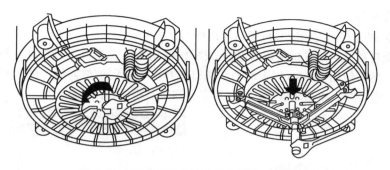

图 2-91 拆卸全自动波轮洗衣机电动机转子

7. 拆卸全自动波轮洗衣机洗涤电动机定子的方法

拆卸电动机定子之前，先拔掉霍尔传感器和定子插件，再拆松定子 6 颗固定螺钉。拆卸全自动波轮洗衣机电动机定子如图 2-92 所示。

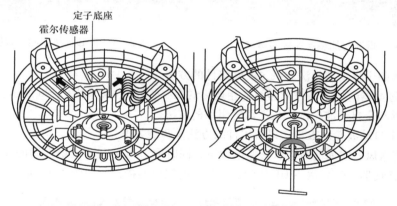

图 2-92 拆卸全自动波轮洗衣机电动机定子

在拆卸定子最后一颗固定螺钉时，用手把紧定子，以防止拆除螺栓后定子掉下来损坏。另外，在拔掉霍尔传感器和各插件时，一定要记下拆卸前的状态，以备安装时恢复原样，否则会产生噪声。

8. 拆卸全自动洗衣机波轮的方法

拆卸全自动洗衣机波轮如图 2-93 所示，用一字螺钉旋具取下波轮帽，松开波轮固定螺钉，用

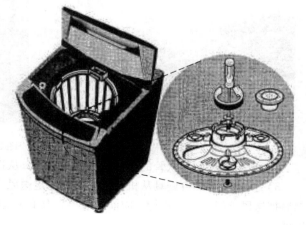

图 2-93 拆卸全自动洗衣机波轮

手向上方拔即可拔出波轮。

（9）拆卸全自动波轮洗衣机加热器组件的方法

拆卸全自动波轮洗衣机加热器组件如图 2-94 所示。首先取下与加热器组件相连接的螺纹管，然后使用 100mm 以上的十字螺钉旋具取下固定加热器组件的 3 处螺钉（见图 2-95），即可拆下加热器组件。请注意在拆卸时不要使螺钉掉落。

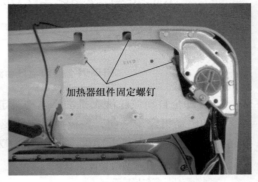

图 2-94　拆卸与加热器连接的螺纹管　　　　图 2-95　拆卸加热器固定螺钉

10. 拆卸全自动波轮洗衣机过滤器组件的方法

拆卸过滤器时取下与过滤器组件相连接的螺纹软管即可，如图 2-96 所示。

11. 拆卸全自动波轮洗衣机送风管组件的方法

拆卸全自动波轮洗衣机送风管组件的方法及步骤如下：

1）把送风管右面的线束从鞍座上取下，同时取下风扇电动机组件和湿度传感器组件的线束连接器，然后取下 OF 软管、结露泵的线束连接器，如图 2-97 所示。

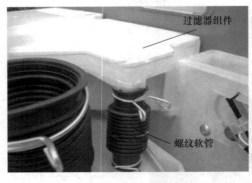

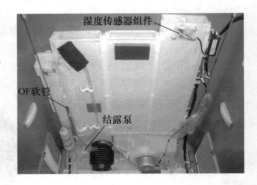

图 2-96　拆卸过滤器组件　　　　　图 2-97　拆卸送风管组件前取下各线束

2）取下循环泵部软管的固定夹，拔出软管，从送风管口取出，如图 2-98 所示。

3）使用十字螺钉旋具从机体背面取下固定送风管部组件的 7 处螺钉（见图 2-99）。然后把送风管组件向上移行，向前方推出，取下 2 处螺钉。按上述步骤即可拆卸送风管组件。

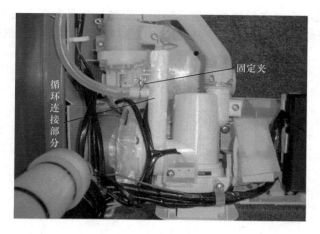

图 2-98 拆卸软管

12. 拆卸全自动波轮洗衣机风扇电动机的方法

拆卸全自动波轮洗衣机电动机的方法及步骤如下：

1）使用十字螺钉旋具拆下右侧下方的维修用侧门。为防止与风扇外壳相碰撞，应先拆下直流电源发生器外壳，如图 2-100 所示。

2）使用短十字螺钉旋具（因空间狭窄，拆卸时，请使用75mm 以下的短十字螺钉旋具）取下支撑送风器组件的连接器固定螺钉和锁定线束用的螺钉，如图 2-101 所示。

图 2-99 拆卸送风管的固定螺钉

图 2-100 拆下直流电源发生器外壳

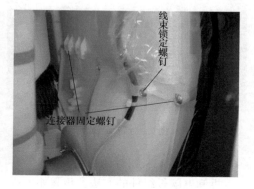

图 2-101 拆卸连接器固定螺钉

3）把洗衣机小心地向后躺倒，然后使用一字螺钉旋具取下 7 处固定螺钉（见图 2-102，红色框形标注的是风扇电动机的外壳固定螺钉），即可拆下风扇外壳。

图 2-102　拆卸风扇电动机固定螺钉

4）如图 2-103 所示，使用内六角螺钉旋具顺时针方向松开固定风扇的螺母，取出 2 个垫圈（记住位置，安装时不能搞错），取下风扇。然后使用十字螺钉旋具取下固定风扇电动机的 3 处螺钉和固定线束的 2 处锁扣。按以上的步骤即可拆卸下风扇电动机。

（三）全自动滚筒洗衣机拆卸方法

1. 拆卸上盖板的方法

拆卸上盖板如图 2-104 所示，用十字螺钉旋具将上盖板后面的两个螺钉卸下，先向后再向上拉盖板即可拆下上盖板。

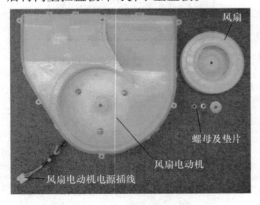

图 2-103　分解风扇电动机

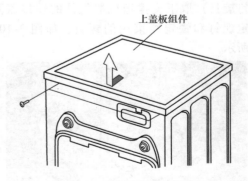

图 2-104　拆卸上盖板

2. 拆卸电脑板组件的方法

拆卸电脑板组件的方法及步骤如下：

1）如图 2-105 所示，拔下电脑板连接线，然后拉出洗涤剂盒，用十字螺钉旋具拆下两个螺钉，再按下顶部的挂钩即可拉下控制面板。

2）用十字螺钉旋具卸下 7 个固定螺钉，将电脑板从控制面板上取下即可，如图 2-106 所示。

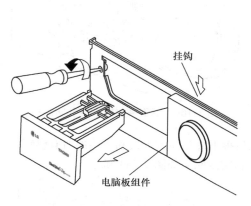

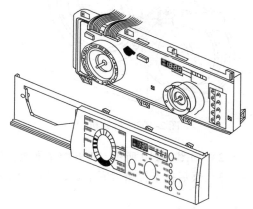

图 2-105　拆下控制板　　　　　　　　图 2-106　从控制面板上拆卸下电脑板

3. 拆卸洗涤剂分配盒组件的方法

拆卸洗涤剂分配盒组件如图 2-107 所示。首先拆下顶盖组件，沿着箭头方向拉出洗涤剂分配盒，然后拆下 2 个螺钉，再拆下管夹和与进水阀相连的水管，最后在桶上拆下通风管和进水盒，即可完成洗涤剂分配盒组件的拆卸。

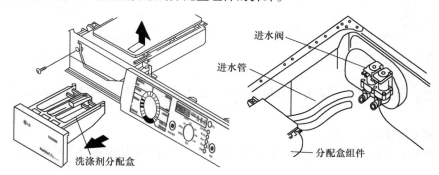

图 2-107　拆卸洗涤剂分配盒组件

4. 拆卸机门的方法

拆卸机门如图 2-108 所示，拆卸时把机门完全打开，使用十字螺钉旋具从门铰链上拆下两个固定螺钉，用手抓住外箱体里面的门支架即可卸下机门。

5. 机门密封圈组件的拆卸方法

拆卸机门密封圈组件的方法及步骤如下：

1）如图 2-109 所示，首先拆下外箱体密封圈卡簧，从外箱体盖上拆下 2 螺钉，然后打开防踢板盖并拆下里面的 1 个螺钉，拆下防踢板。

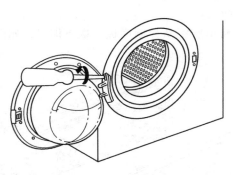

图 2-108　拆卸机门

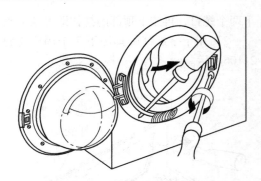

图 2-109　拆下密封圈卡簧及防踢板

2）如图 2-110 所示，拆开控制面板，然后拆下外箱体的上边和下边的所有螺钉。

3）最后拆下桶密封圈卡簧，即可用手拔出密封圈，如图 2-111 所示。

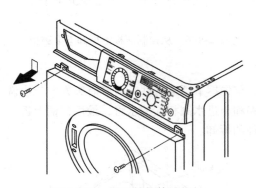

图 2-110　拆下外箱体盖螺钉

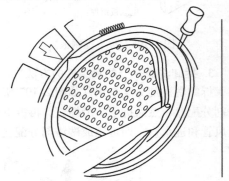

图 2-111　拆下密封圈

注意，图中的箭头表示为密封圈上方位置，重装密封圈时必须使密封圈的排水洞在下方。

6. 拆卸减振器的方法

拆卸减振器的方法很简单，如图 2-112 所示，拔出减振销即可拆下减振器。

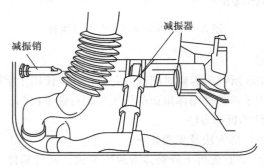

图 2-112　拆卸减振器

7. 拆卸泵的方法

拆卸泵如图 2-113 所示，首先拆下泵出口管及泵波纹管，然后拔下管塞和连接线，再松开 1 个螺钉，即可拆下泵。

8. 拆卸门锁的方法

拆卸门锁如图 2-114 所示，首先拆下外箱体盖卡簧并松开密封圈，然后拆下固定门锁的 2 个螺钉，最后拔掉线束接插件，即可拆下门锁。

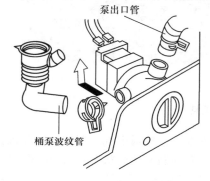

图 2-113　拆卸泵

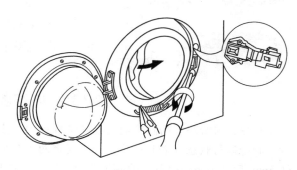

图 2-114　拆卸门锁

9. 拆卸霍尔传感器的方法

拆卸霍尔传感器如图 2-115 所示，用一字螺钉旋具拆开霍尔感应器的卡子，然后缓慢拉上霍尔传感器即可拆出霍尔传感器。

注意，在拆卸霍尔传感器时务必小心翼翼，不能强行拆开；否则会损坏定子的卡子，从而需要更换定子总成。

（四）空调器的拆装和移机

1. 移机必备工具

移机必备工具有，一字、十字螺钉

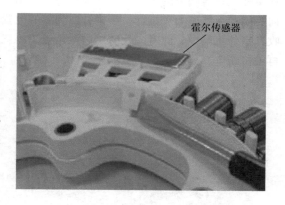

图 2-115　拆卸霍尔传感器

旋具各 1 把、钳子、8in、10in 活扳手各 1 把（用于拆迁室内机、室外机连接管）、内六角扳手（4~10mm）1 套（用于关闭室外机上低压液体阀门和低压气体阀门）、安全绳 1 套（用于三层以上楼房的室外机拆卸）、6m 长尼龙绳 1 根（用于高层楼房室外机拆卸）、涨管扩口器、电锤、割刀、活动插座、加氟管、胶布、膨胀螺钉、密封胶泥、钳形电流表、压力表、扎带等，如图 2-116 所示。

2. 搬迁准备与拆机方法

首先，搬迁的时间最好选择在空调器使用频率较低的季节，此时环境温度适宜，空气湿度较小，对拆卸制冷管路比较有利。

（1）制冷剂回收

图 2-116　移机必备工具

　　首先，将管路上的制冷剂回收到室外机中，步骤如下：接通电源，用遥控器开机，设定制冷运行状态（若是一拖二，则需将两台全部设置为制冷运行状态），待压缩机运转 5min 后，用扳手打开三通阀工艺口的螺母，再打开三通阀、二通阀上的螺母，然后在室外机三通阀上的工艺口处接上压力表，用内六角扳手将二通截止阀阀芯按顺时针方向关闭；观察压力表指针，当指针回到零的位置时，说明管路系统中的制冷剂已完全回收到室外机当中，此时应及时用内六角扳手将三通截止阀阀芯按顺时针方向关闭，然后再关机断电，如图 2-117 所示。

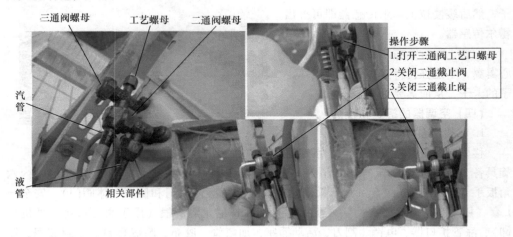

图 2-117　制冷剂回收操作相关部件及操作步骤示意图

　　一般控制制冷剂回收"时间"的方法有以下几种：一是表压法，在低压气体旁通阀连接一单联表，当表压为 0MPa 时，表明制冷剂已基本回收干净，此方法适合初学者使用；二是电流表法，即用钳形电流表测量电流，抽制冷剂时用钳型表测量空调器电源的输入相线电流，读取测量的电流指示值为该空调器额定工作电流近 1/2 时即表明制冷剂回收完毕；三是经验法，一般5m管路的回收时间为48s，管路长则适当延长，同时，用耳细听压缩机的声音，如声音变得沉闷，且压缩机的吸气管手感不冷，排气管也不热，室外机风扇电动机排出的风也不热时，即说明系统中的制冷剂已基本抽干净。

回收注意事项如下：

一是回收制冷剂时，关闭低压气体的动作要迅速，阀门不可停留在半开半闭的状态，否则会有空气进入到制冷系统。

二是应密切注意截止阀是否漏气。回收制冷剂时，若看到低压液体管结露，则说明截止阀阀门漏气。此时应停止回收制冷剂，按空调器低压液体管的外径，做一个密封堵。其方法是，一端做好纳子口，另一端按空调器要求配好纳子放入管内。纳子放入后，将上端锤扁用银焊焊好。此时再收制冷剂，待制冷剂回收干净，迅速停机，用手拧下漏气截止阀纳子，迅速拧好封堵即可。

（2）拆室内机

制冷剂回收到室外机后，用两个扳手把室内机连接锁母拧紧，然后用手旋出锁母，用螺钉旋具卸下控制线。单冷型空调器控制线中，有两根电源线，一根保护地线。接线端子板有A、B，1、2标记。冷暖两用型空调器控制线及电源都为5根线以上。若端子板没有标记，控制线又是后配的，最好用钳子在端子板端剪断控制信号线或用笔记下端子板线号，以免安装时，将信号线接错，造成室外机不运转，或室外机不受控的故障。

室内机挂板多是用水泥钉锤入墙中固定的，可用冲子撬开一侧，并在冲子底下垫上硬物，用锤子敲冲子使水泥钉松动即可卸下。

（3）拆室外机

室外机较重，而且操作不方便，故拆卸室外机时需两个人进行操作。先用尼龙绳一端系好室外机中部，另一端系在阳台牢固处；用螺钉旋具从室外机上卸下控制线，装好二次密封帽；再拆下或锯下室外机的固定螺钉。

室外机卸下后，将管子一端压平直，从另一端抽出管路。铜管从穿墙洞中抽出时不要折压硬拉。转弯处拉不出应用软物轻轻将铜管压直后再拆出。拆管时必须用塑料带封好管路两端喇叭口，以免杂物进入管内。拆下后，将铜管按原来弯度盘绕成直径1m左右的圈，以便运输。

3. 空调器的重新安装

（1）移机装机

拆机安装时，其安装位置、打过墙孔、固定室内室外机组和新安装的空调器步骤顺序相同。不同的是在连接管路前要先把旧管捋平直，刨开弯折处的保温套，查看管子是否有变瘪现象。若瘪得不严重，可用胀管器撑起；弯瘪严重的，必须用割刀切去弯瘪处，再用银焊重新焊接好，否则会出现二次截流故障。确定管路良好后，再检查喇叭口是否有裂纹，有裂纹必须重做喇叭口，制作喇叭口应注意的是，夹具必须牢牢夹住铜管，否则胀口时铜管容易后移，造成喇叭口高度不够、偏斜或倒角等缺陷，容易出现漏气现象。

> **【提示】**　过墙孔应从内向外打，打成内高外低，反之，可会出现室内机滴水现象。

检查控制线是否存在短路或断路现象，确定管路、控制线和出水管正常后，把它合并在一起进行绑扎。二层以上楼房须提前绑扎管路，一层及平房可安装完成后再绑扎管路。绑扎时，应从室外出管的 10cm 处开始，在出墙喇叭口端绑扎一个塑料袋，以免脏物进入制冷系统，使制冷系统堵塞。

管路装好后，先连接低压气体管（粗），再连接低压液体管（细），并按标记连接好控制线。再用洗涤灵进行检漏。检漏时应认真、细心、观察有无气泡冒起。验明系统确实无泄漏后，旋紧阀门保护帽，即可开机试运行。

（2）移机验机

整个拆迁工作只要操作无误，开机后制冷良好，一般无需抽真空，也不用增加制冷剂的。但对于使用中有微漏的空调器或在移机过程中截门漏气的空调器，制冷剂会有所减少。在移机过程中因操作不当或加长管路等原因，必须进行抽真空或补充制冷液。

1）抽真空。对于移机操作不当，管路系统进水，或移机后存放了很长一段时间，则需要行抽真空后再加制冷剂。其操作方法如下：

①　取下室外机截止阀上的螺母盖，对准配管中心，用手拧紧锥形螺母，再用扳手拧紧。

②　取下液阀和气阀上的阀盖和注氟嘴螺母，用内六角扳手拧开液阀阀芯，用螺钉旋具顶开气阀上的气门芯，放出气体。

③　用真空泵按图 2-118 所示连接，从气门芯抽出系统内空气，抽空后拧紧阀盖。

2）补充制冷剂。判断是否要补加制冷剂通常有三种方法：一是电流法，用钳形电流表监

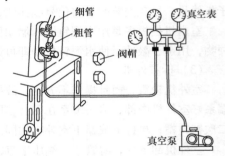

图 2-118　用真空泵抽真空

测室外机工作电流，若电流值基本符合铭牌标称的额定电流，说明制冷剂合适；若低于额定值太多，则制冷剂太少，需补加。二是表压法，制冷系统低压侧压力高低与制冷剂多少有关，在低压阀接上压力表，空调器开机制冷，开始时表压会下降，运行 10 ~ 20min 后，若表压稳定在 0.49MPa 左右为正常。三是观察法，观察室外机高压阀附近高压管和低压阀附近低压管的结露情况，若高压管结露，且较冷，温度比高压管高 3℃ 左右，说明制冷剂合适；若低压管不结露，有温感，则说明制冷剂不足，需补加；若低压管结露，或每次压缩机起动 1min 后，低压管结霜，过后又化为露，则说明制冷剂过多，需放掉一些。

值得指出的是，进行以上三种方法判断时，开启空调器制冷，室内机风扇一定要打开，否则蒸发器周围的冷空气没能及时扩散，使蒸发温度下降，蒸发压力下降，读出的表压偏小，电流也偏小，会造成误判。

补充制冷剂一般要在压缩机运转的情况下，采用低压侧气体加注法。其方法是，加

气前，先旋下室外机低压气体三通截止阀维修口上的工艺嘴帽，根据公、英制要求选择加气管；用加气管带顶针端，把加气阀门上的顶针顶开与制冷系统连接，另一端接三通单连表，连接 F22 制冷剂钢瓶，用系统中的制冷剂排出连接管路的空气。空气排除干净后，拧紧加气管螺母，打开 F22 瓶阀门，气瓶竖立，缓慢加入。

3）二次检漏。拆迁的空调器必须进行二次检漏。按遥控器停止键（OFF），空调器停机 5min 后，待压力平衡；将家用洗涤剂倒在一块海绵上，搓出泡沫；将带泡的洗涤剂涂在室内机两个接头上和室外机两个截门及连接处；看是否有小泡冒出，有气泡冒出表明管路有泄漏处，应及时排除。

第三章　电冰箱维修技能

第一节　电冰箱理论基础

一、电冰箱的组成

（一）电冰箱外部组成

电冰箱外部由箱体及附件等组成。箱体主要由外箱、内胆、箱门、绝热层等组成。附件是根据使用要求而设置的，如 LED 灯、制冰用的冰盒、存放物品的格架、贮存果菜的果菜盒、玻璃盖板及接化霜水用的接水盒等。图 3-1 所示为变温电冰箱的基本部位组成。

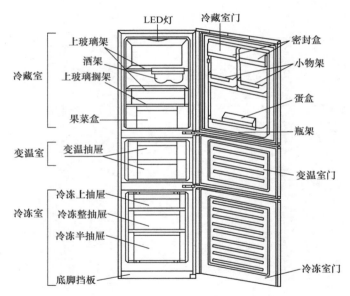

图 3-1　变温电冰箱的基本部位组成

1. 外箱

电冰箱外箱一般有两种结构形式：一种是拼装式，即由左右侧板、后板、斜板等拼装成一个完整的箱体。另一种是整体式，即将顶板与左右侧板按要求辊轧成一倒 "U" 字形，再与后板、斜板点焊成箱体；或将底板与左右侧板弯折成 "U" 字形，再与后板、斜板点焊成一体。

2. 内胆

电冰箱内胆（包括箱内胆和门内胆），一般是采用丙烯腈－丁二烯一苯乙烯（ABS）板或高强度改性聚苯乙烯（HIPS）板，经加热至60℃干燥后采用凸模真空成形或凹模真空成形。

3. 箱门

电冰箱的箱门一般由门面板、门内胆、门衬板和磁性门封条等组成。在电冰箱的门与门框架之间采用磁性门封作为密封装置。

4. 绝热层

在电冰箱箱体外壳和箱内胆之间、门壳与门内胆之间，都充满了隔热材料作为绝热层。目前，绝热材料一般采用硬质聚氨酯泡沫塑料，其热导率较低、绝热性能较好。

（二）电冰箱内部组成

电冰箱内部由制冷系统和电气系统两大部分组成。

1. 制冷系统

电冰箱的制冷系统是利用制冷剂的循环进行吸热与放热的热交换系统，将箱内的热量转移到箱外介质（空气）中去，从而达到制冷降温的目的，是电冰箱的重要部位。制冷系统主要由压缩机、冷凝器、蒸发器、干燥过滤器、毛细管（或膨胀阀）、电磁阀、和气液分离器等组成。图 3-2 所示为电冰箱制冷系统连接示意图。

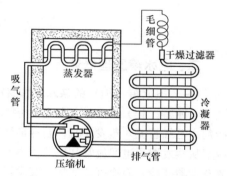

图 3-2　电冰箱制冷系统连接示意图

1）压缩机是用来补充能量的，它把蒸发器中的低温低压的氟利昂蒸气压缩为高温高压的过热蒸气，并送入冷凝器中。

2）冷凝器是用来把高温高压的蒸气冷凝成为高压常温的液体，并放出大量的热量。

3）蒸发器是制冷系统制取冷量的地方，是液态氟利昂蒸发汽化为气体并吸收大量汽化热的场所。

4）干燥过滤器用来吸收氟利昂中的水分，防止冰堵，并过滤制冷系统中的杂质，防止脏堵。

5）毛细管有两种用途：一是节流，控制制冷系统的氟利昂循环量；二是降压，保证冷凝器中的压力满足冷凝压力，蒸发器中的压力满足蒸发压力。

6）电磁阀是双温双控电冰箱中控制制冷剂的装置。

7）气液分离器是用来防止液体制冷剂吸入压缩机内而产生"液击"的装置，同时还具有消噪功能。

2. 电气系统

电冰箱的电气系统用于控制制冷系统的工作状态，主要由温度控制器、化霜定时器、双金属恒器、电磁阀、启动继电器、热保护继电器、温度熔丝、化霜加热器、温度补偿加热器等元器件组成。其控制部件通常采用电路控制，是电冰箱的大脑。电气系统的好坏直接影响电冰箱日常使用的可靠性和适应性。图 3-3 所示为电冰箱电气电路示意图。

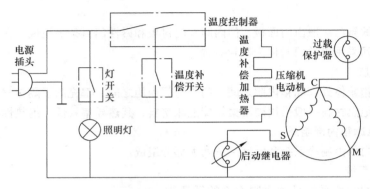

图 3-3　电冰箱电气电路示意图

二、电冰箱原理概述

（一）电冰箱（柜）的基本工作原理

电冰箱（柜）采用压缩机作为制冷动力，用压缩机将制冷剂进行循环压缩，当制冷剂由毛细管流入蒸发器时，制冷剂膨胀蒸发，由液态变成气态，产生物理吸热；当制冷剂从蒸发器通过回流管和压缩机再回到冷凝器时，由气态变成液态，产生物理散热。故蒸发器变冷，而冷凝器变热。蒸发器通过热交换，使电冰箱或冷藏柜内部空气变冷；冷凝器通过热交换，将热量散发到空中，从而达到制冷效果。电冰箱制冷系统的核心部件是压缩机，现在大部分电冰箱都采用全封闭式压缩机，以下结合其结构原理进行分析说明。

图 3-4 所示为全封闭式压缩机结构示意图。此类压缩机实际上是由压缩机本体和电动机本体两部分构成，两者合二为一密封在一个钢制机体内，主要由气缸、活塞、曲轴和连杆及进、排气阀组成。其作用是完成吸气、压缩、排气、膨胀四大功能，具体工作过程如下：

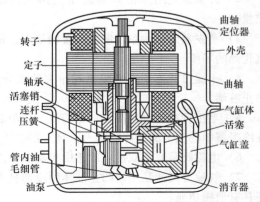

图 3-4　全封闭式压缩机结构示意图

1. 压缩过程

当气缸内充满低压蒸气时，活塞从下开始往上运动，气缸容积逐渐变小，气缸内的蒸气压缩，同时压力与温度也相应上升。吸气阀片因受高压压力压缩而关闭，而排气阀片因压力未超过排气腔压力，暂时保持关闭状态。这样蒸气的压缩过程继续进行，直到活塞上行至气缸内压力等于排气腔压力时，压缩过程才完成。

2. 排气过程

压缩过程完成后，由于曲轴和连杆的作用，活塞继续向上运动被压缩的蒸气压力就会高于排气腔压力。当蒸气压力高于排气阀本身的重力和弹簧拉力时，排气阀自动开启，气缸内的高温蒸气开始溢出进入排气腔内，完成排气。

3. 膨胀过程

活塞从上向下运动，气缸容积逐渐增大，残留的蒸气就会膨胀，其温度及压力相应下降，直到压力下降到等于吸气压力时，膨胀过程结束。此过程吸、排气阀均处于关闭状态。

4. 吸气过程

活塞在曲轴和连杆的作用下，继续向下移动，气缸内蒸气压力逐渐低于吸气腔的压力，此时吸气阀自动开启。吸气过程开始，直到活塞移动到下止点时吸气过程结束。

以上为压缩机的四个工作过程，为了说明方便，分四个过程进行说明。实际工作过程中，以上四个过程是连续进行的。压缩机通过以上四种过程往返动作，将蒸发器中吸热蒸发的低温制冷剂蒸气抽出，经压缩成高温高压气体，使制冷剂蒸气在系统内循环而实现制冷。

（二）普通电冰箱（柜）制冷系统的工作原理

制冷系统和绝热箱体组成了电冰箱（柜）。而制冷系统又是由一系列制冷部件和管路构成的。要达到制冷目的必须有制冷剂（或冷媒）能够在一定压力条件下（特定环境中）吸热蒸发成气体，并能被回收重新液化，再吸热蒸发，通常反复循环地进行变化，才能连续制冷。由于蒸发成气体的制冷剂不能自然回收、液化、再蒸发，必须借助制冷系统各个部件的作用（如制冷压缩机、蒸发器、冷凝器等）。

普通电冰箱的制冷系统如图 3-5 所示，采用压缩机作为制冷动力。系统工作时，气态制冷剂从压缩机低压管吸入，被压缩后形成高压蒸气从高压管排出，经冷凝器后将热量散发到空气中从高压管排出；再将高温高压气态制冷剂变为高温中压的液态制冷剂，经干燥过滤器送入毛细管；再经毛细管节流限压后送入蒸发器进行汽化扩散，蒸发器将湿蒸气变成干燥饱和蒸气，吸收箱内空气的热量后变成低温低压气态制冷剂，经低压管再次被压缩机吸回，通过这一循环过程，实现了制冷。

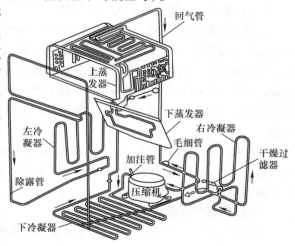

图 3-5　电冰箱制冷系统

【提示】　制冷剂在制冷管路中反复循环，需经过四个步骤不断由液体变成气体，再由气体变成液体，连续制冷。其四个步骤具体如下：

步骤一　压缩过程

在常温下制冷剂是易液化的物质。制冷剂在蒸发器内吸热蒸发成低温低压蒸气，为使制冷剂蒸气变成高温高压蒸气，便于在常温下液化，必须经过压缩机压缩。经过压缩后的高温高压蒸气再经管路输送到常温环境中进行液化。

步骤二　冷凝过程

经过压缩后的高温高压制冷蒸气在冷凝器内被空气（或冷却水）冷却放出热量而被冷凝成液体。前面已经提到，制冷剂产生制冷效果的前提是从液体变成气体，因此冷凝作用十分重要。

步骤三　膨胀过程

制冷剂被液化后先进行节流膨胀，使之减压并调节流量然后进入蒸发器。冷凝后的高压液体在膨胀阀的作用下，压力突然下降，液体急剧膨胀，而转化成低温低压的雾状进入蒸发器。根据冷藏温度的要求，可调节其流量从而控制蒸发温度在要求范围内稳定。因此，膨胀过程有两个作用：减压与调节制冷剂流量；保证蒸发温度。在家用电冰箱的制冷系统中，通常用毛细管代替膨胀阀，其作用都是相同的。

步骤四　蒸发过程

制冷剂在这里吸热蒸发，成为气体。经过膨胀后的雾状制冷剂，进入蒸发器后，吸收热量而汽化，使周围温度在要求的低温范围下降，从而达到制冷目的。

（三）定频电冰箱（柜）的工作原理

定频电冰箱（柜）是利用制冷剂在制冷循环中物态的周期性变化来实现制冷的。制冷剂在蒸发器里由低压液体汽化变为气体，吸收电冰箱内的热量，使箱内温度降低。变成气态的制冷剂被压缩机吸入，靠压缩机做功把它压缩成高温高压的气体，再排入冷凝器。在冷凝器中制冷剂不断向周围空间放热，逐步凝结成液体。这些高压液体必须流经毛细管，节流降压才能缓慢流入蒸发器，维持在蒸发器里继续不断地汽化，吸热降温。

就这样，电冰箱利用电能做功，借助制冷剂的物态变化（图3-6所示为制冷剂工作流向示意图），把箱内蒸发器周围的热量"搬送"到箱后冷凝器里放出，如此周而复始不断地循环，以达到制冷目的。

（四）变频电冰箱（柜）工作原理

变频电冰箱（柜）制冷系统主要由变频压缩机、冷凝器、过滤器、电磁阀、毛细管、蒸发器及控制器等构成。除变频器外，其他系统与定频电冰箱相似。管路系统中，在能够反映制冷剂状态的关键部位设置了温度传感器，用以检测其温度。电冰箱压缩机

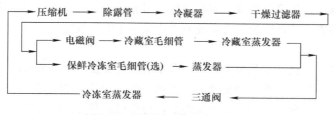

图 3-6　制冷剂工作流向示意图

采用改变频率间接改变压缩机的转速的方式，调节压缩机的制冷能力和压缩机的工作效率。

冷藏室和保鲜室的温度设定由环境传感器所测量的当前温度确定，温度显示区分别显示冷藏室、保鲜室温度。工作时保鲜室优先制冷，直到冷藏室达到关机点温度（或冷藏室连续工作3h不停机而关闭冷藏室，或压缩机连续工作5h不停机而关机）才取消保鲜室优先制冷。冷藏室空间传感器降到2℃或系统设定进入速冻状态、传感器出现故障时，系统都取消保鲜室优先制冷。

在速冻状态下，补偿加热丝一直处于加热状态（但是当冷藏室蒸发器传感器高于20℃时则停止加热）。当环境温度高于8℃时，冷藏室蒸发器传感器停机点固定在−23℃；当环境温度低于8℃（含8℃）时，冷藏蒸发器传感器停机点固定在−25℃。在速冻设定时间内，压缩机的开机仍由冷藏蒸发器传感器控制。退出速冻状态后，冷藏温度设置由退出速冻时的环境温度所对应的温度来决定，保鲜室温度设置保持不变。每次压缩机停机，并不退出速冻状态。当冷藏蒸发器传感器温度高于开机点，压缩机重新开始运转，待达到了速冻设定时间后，才自动退出速冻状态，进入正常温度控制状态。速冻状态下，不能进行冷藏温度的设置，保鲜室可以进行调节。

第二节　电冰箱的故障检修技能

一、电冰箱的常用检修方法

（一）电冰箱检测的基本原则

一位经验丰富的电冰箱维修人员，可以通过观察故障现象来判断出故障的部位和故障元器件。对于初学者来说要做到这一点是很不容易的，所以初学时要遵循"先外后内、先电后冷、先易后难"这一维修原则来检修电冰箱。

1. 先外后内

"先外后内"是指先检查电冰箱工作环境温度是否达到要求，电冰箱是否接入电源及电源电压是否正常。在确认电冰箱工作环境符合要求，使用方法正常，而且家庭用电正常的情况下，才能对电冰箱本身进行检查。

2. 先电后冷

"先电后冷"是指先检查压缩机是否运行正常，只有在电冰箱压缩机运行正常的情况下，才能对制冷系统进行检查。而在压缩机不能运行或运行不正常的情况下，要先对电路系统进行检查，这是因为制冷系统的工作受控于电气系统。

3. 先易后难

一个故障现象，往往涉及多个方面、多个器件与部位。对有怀疑的对象，应从最简单的入手查起，最后再检查较为复杂的。也就是说，要先检查易损件及易漏点的部位，后考虑故障率低、较为复杂和拆卸困难的器件与部位。此外，应先考虑单一性故障，后考虑综合性故障。

（二）电冰箱的一般维修程序

下面介绍电冰箱的一般维修程序。

1. 了解电冰箱的情况

了解电冰箱的情况主要包括两个方面：一是向用户询问电冰箱的运输、使用工况及是否维修过等情况；二是向用户了解电冰箱的故障现象，并根据具体的故障，询问用户电冰箱发生故障时及之前有无异常响声、气味等。

通过用户的自述或对用户的询问，判断出电冰箱出现的问题属于哪种类型，是启动类、制冷类或者其他类，并初步确定故障发生在制冷系统、电气系统还是保温系统。对于上门维修，要先根据对用户的询问，确定需要携带的器件和工具。

2. 通电试机，掌握电冰箱的基本情况

在了解电冰箱的故障现象及工作环境后，接下来要对电冰箱加电试机，并通过"望、听、摸、试"进一步证实故障属于哪类，可能发生在哪个系统。

1）望，是指用眼睛观察电冰箱各部分的情况，包括观察门灯是否亮、是否结霜及结霜多少；遇到制冷差的故障，通过观察压缩机工艺管口及附近的其他焊口处及地面有无油污状，大致判断电冰箱是否存在外漏故障。

2）听，是指用耳朵听电冰箱运行的声音，如电动机是否运转、压缩机工作时是否有噪声、蒸发器内是否有气流声、启动器与热保护继电器是否有异常响声等。对于噪声大的机型，则要听噪声发生在哪个部位，噪声属于电动机交流运转声、共振声、金属碰撞声，还是制冷剂流动声。若有"嗒嗒嗒"响声（压缩机内部金属的撞击声），则说明压缩机内部运动部件因松动而碰撞；若有"当当当"响声，则说明压缩机内吊簧断裂、脱钩；若听不到蒸发器内的气流声，说明制冷系统有堵塞或泄漏。

3）摸，是指用手触摸电冰箱各部分的温度。电冰箱正常运转时，制冷系统各个部件的温度不同，压缩机的温度最高，其次是冷凝器，蒸发器的温度最低。

① 室温在 +30℃ 以下时，若用手摸压缩机感到烫手，则属于压缩机温度过高，应停机检查原因。

② 过滤器表面正常温度应与环境温度差不多，手摸有微温的感觉。若出现显著低于环境温度或结霜的现象，说明其中滤网的大部分网孔已被阻塞，使制冷剂流动不畅，而产生节流降温。

③ 排气管的温度很高。正常的工作状态时，夏季烫手，冬季也较热，否则说明不

正常。

④ 摸蒸发器的表面。正常情况下，将蘸有水的手指放在蒸发器表面，会有冰冷、粘连的感觉。如果手感觉不到冷，则为不正常。

⑤ 一台正常的电冰箱在连续工作时，冷凝器的温度为 +55℃ 左右，其上部最热，中间稍热，下部接近室温。

⑥ 摸吸气管的表面温度。正常情况下其温度应与环境温度差不多，感觉在稍凉或稍热的范围内。若比环境温度高出 5℃ 以上，或温度过低有冰凉感，或吸气管表面结露甚至结冰，均为不正常（但夏季环境湿度较大时也属正常）。

4）试，是指有针对性触摸或调节温度控制器、化霜定时器等。对遇到门灯亮但不起动的故障，通过扭动温度控制器至"速冻"位置或启动速冻开关，初步说明温度控制器是否正常；遇到低温（冬季）不起运或起动困难的故障时，试着打开低温补偿开关来判断电冰箱电气系统是否有问题。

3. 分析故障可能发生的部位

经"望、听、摸、试"之后，就可进一步分析故障所在部位及故障程度。由于制冷系统彼此互相连通又互相影响，因此要综合起来分析，一般需要找出两个或两个以上的故障现象，由表及里判断其故障的实际部位，以减少维修的麻烦。

采用相应的维修方法对怀疑有问题的系统进行检查，检查的第一步是证实故障是否发生在怀疑有问题的系统，之后再对有问题的系统进行具体的检查，以查到导致故障的具体器件或部位。

4. 更换损坏的器件或修复导致故障的部位

如果维修的是电气系统，在更换或修复故障器件后，电冰箱的故障即被排除，电冰箱就可以正常工作。如果维修的是制冷系统，下一步依次进行抽真空、加注制冷剂、观察制冷效果，并在制冷效果达到要求后，对制冷系统进行封口处理。

（三）电冰箱故障的基本诊断方法

电冰箱故障的基本诊断方法有三种，即观察法、触摸法、调试法。

1. 观察法

顾名思义，"观察法"就是指根据故障类型有针对性地观察某个器件的工作情况或外部表现。出现的问题往往就是故障所在或与故障密切相关，找到这些问题，就能很快地判断出故障发生的系统或部位。观察法又分为目视观察法和听力观察法，应多次采用观察法，可在维修前和维修过程中分别进行使用。

1）未通电时，可依次观察电冰箱的外观及内胆有无明显的损坏；各零部件有无松动及脱落现象；制冷系统管道是否断裂，各焊口是否有油渍，电冰箱底盘是否有油污。

2）通电时，可依次观察照明灯是否开门亮、关门灭；电冰箱压缩机是否能正常起动和运行；蒸发器和低压回气管的结霜情况，正常时通电 5～10min 后蒸发器应结霜，通电 30～40min 后蒸发器应结满霜；低压回气管正常时应不结霜，如有不正常结霜时，则说明制冷剂量过多。

【提示】　如蒸发器只结半边霜，则说明制冷系统泄漏、系统缺少制冷剂、蒸发器内有积油、压缩机效率差等；如蒸发器只有入口处结霜，则说明制冷系统泄漏、系统内缺少制冷剂、系统发生冰堵或脏堵等；如蒸发器不结霜，则说明制冷系统泄漏、蒸发器损坏、串气管焊堵（制冷剂未充入系统内）、过滤器与毛细管焊堵（制冷剂无法循环）。

观察法在电冰箱维修中的应用如下：

① 不能启动。观察电冰箱冷藏室内的照明灯是否亮，若亮，则说明电冰箱处于正常的电源电压下工作，故障发生在压缩机电路；若照明灯不亮，则说明电冰箱没有引入正常的电源电压，应检查电源插座和电源引线有无问题。对于上门维修，还要观察电冰箱是否使用了电冰箱保护器。

② 制冷差。观察外露制冷管路的焊接口是否有油渍，若有，则说明该部位可能存在外漏。对于上面是冷藏室的机型，还要观察冷藏室上门框是否有锈蚀，若有，则检查防露管有无泄漏。

③ 不停机。先观察温度控制器置于哪个位置，如果处于"强冷"或"速冻"挡位，则说明温度控制器设置不对。如果温度控制器处于"中冷"挡位，再观察电冰箱冷藏室蒸发器的结霜情况。若蒸发器结霜或结冰，说明电冰箱制冷系统正常，故障发生在电气系统，应重点检查温度控制器；若蒸发器无霜或结霜不满，则说明电冰箱制冷能力差，应对制冷系统进行检查。

④ 运行异常。压缩机运行所产生的是均匀的电动机运转声，每运转 15～30min 停机一次，停机时间 15～40min 后又开始运转，周而复始。如果压缩机无正常的运转声，且每隔几秒压缩机部位发出"嗒嗒"声，则说明电气系统进入了过载保护状态，可以判断故障发生在电气系统；如果压缩机运行时间正常，但在运行中发出连续的金属碰撞声，则说明压缩机内部有问题。

⑤ 压缩机运转正常但不制冷。对于直冷式电冰箱，当出现压缩机运转正常但不制冷的故障时，应打开冷冻室门，听有无毛细管节流后的"嘶嘶"流动声。如果没有听到流动声，则说明制冷回路堵塞或内部无制冷剂，应对制冷系统进行检查。对于间冷式电冰箱，除了听制冷剂的流动声外，还应留意冷冻室风扇是否运转。若风扇不运转，则说明风扇及风扇开关有问题。

2. 触摸法

触摸法也是针对具体的故障现象，用手触摸部件，根据部件表面温度的高低及有无振荡感进行故障诊断。部件正常工作时，应有合适的工作温度，若温度过高、过低，将意味着有故障。

触摸法在电冰箱维修中的应用如下：

① 箱内照明灯亮但压缩机不起动。用手接触压缩机外壳，如果有温度，则说明压缩机电路被接通，但因故进入了保护状态；如果无温度且无振动感，则说明压缩机没有进入工作状态，故障发生在压缩机电路或压缩机本身。

② 制冷正常但噪声大。在压缩机运行的情况下，用手按压缩机冷凝器中部、毛细管或压缩机上端固定的接水盒附近，同时听噪声有无变化。如果噪声明显减小，则说明噪声是由此处共振引起的，原因可能是电冰箱摆放位置不平或压缩机附近的金属管路相互位置不对；如果噪声无变化，则说明压缩机本身有问题。

③ 制冷正常但不停机。在电冰箱内部的霜全部化完后，用手按压冷藏室后壁，根据按压硬塑料板的手感来判断：如果手感发软或有水流动声，则说明电冰箱内胆与蒸发器脱离。

3. 调试法

调试法是指通过调节电冰箱上各种器件来确定电气系统是否有问题，调节的器件一般有温度控制器、化霜定时器、门灯开关、温度补偿器及用户家庭使用的电冰箱保护器和稳压器。

调试法在电冰箱维修中的应用如下：

1）压缩机不起动。

① 将温度控制器调节到"强冷"或"速冻"位置，如果此时压缩机能运行，则说明温度控制器有问题；如果压缩机仍不能运行，则说明故障出在电气系统。

② 在环境温度低于 10℃ 的情况下，如果将温度控制器置于"速冻"或"强冷"挡，压缩机起动并运行正常，则说明电冰箱自身系统正常，故障是由于环境温度低于要求所致。对于设置有低温补偿电路的机型，可打开低温补偿电路。

③ 旋转化霜定时器强制化霜，看压缩机能否运转。如果压缩机起动运转，则说明化霜电路有问题；如果压缩机仍不能起动运转，则说明压缩机电路有问题。

④ 在环境温度低于 10℃，压缩机不起动或起动与停机时间间隔过长时，可将冷藏室设置的温度补偿开关置于"开"的位置，同时观察压缩机能否正常起动。如果能正常起动，则说明电冰箱自身系统正常，故障是因为环境温度过低所致；如果电冰箱不能起动，则说明低温补偿电路或压缩机电路有问题。

⑤ 去除电冰箱保护器，将电源插头直接插到家庭电源插座，观察电冰箱能否起动。如果能正常起动，则说明电冰箱保护器有问题；如果不起动且门灯不亮，则说明电源插座或电源线有问题；如果不起动但门灯亮，则说明电冰箱电气系统有问题。

2）能制冷但不停机。

① 当遇到能制冷但不停机故障时，可将温度控制器挡位调到最小位置，如果仍不能停机，则说明温度控制器有问题；如果能停机，则说明温度控制器有问题或箱体内胆脱离。

② 当遇到制冷差但不停机故障时，首先将化霜定时器调到强制化霜挡位，然后观察配电盒上电流表有无化霜电流。如果有 0.5A 的化霜电流，则说明化霜电路无问题，故障原因是由于制冷管路泄漏所致；如果无化霜电流，则检查化霜电路有无问题。

二、电冰箱检修时应注意的事项

（一）检测电冰箱时应注意的事项

在电冰箱维修的过程中，应避免闲杂人员进入，并牢记和遵循其中的操作规程和注意事项。这对确保人和电冰箱的安全及提高维修人员素质都是非常重要的。

1）电冰箱维修时应注意附近的烟火，尤其在使用燃气工具进行焊接后，必须先将燃气火焰熄灭后，方可进行其他检修作业。切勿在通风不良和密闭的房间内进行焊接。

2）排放冷媒时，务必使房间通风，才能进行其他作业。

3）切断压缩机回气和排气管时，应注意系统内的冷媒和内压。

4）无论检修哪个部位，当需要拆卸、分解部件时，必须先切断电源，避免意外发生。

5）应先将电源切断。若必须在通电状态下检查电路时，应小心触电，且勿触到带电部位。维修时发现电源线老化、破损，应予及时更换。

6）检测时应参照产品说明书或维修手册，查阅电路与制冷系统配件图表。

7）必须使用电冰箱专用的工具、仪表，遵守操作规程进行，当使用工具不当或工具磨损严重时，将造成接触不良或紧固不牢而发生事故。

8）维修时切断的导线在装配后若有连接处外露铜线的，必须及时用绝缘胶带或用空端子连接，确保接触良好，以防漏电。

9）维修时所更换的电器元器件必须同型号、同规格，不可随便更换其他型号或其他品牌的零部件，更不要将零件进行改造维修。

10）电冰箱修复后，必须用绝缘测试仪表对压缩机电动机绝缘电阻进行测量，其阻值通常大于 $1M\Omega$（若不合格时，应逐项检查）。

11）维修后必须检查接地是否良好，接地不良或不完整应及时处理，并定期对电冰箱的接地进行检查，确保接地完整。

12）电冰箱维修完成后，应对电冰箱进行必要的清洁，并告知用户应注意的事项。

（二）R600a 制冷剂电冰箱的制冷系统检测时应注意的事项

1）维修场地必须配备防火标志、消防器材、严禁吸烟、通风良好、场地内不得有沟槽及凹坑，且通风设备及场地内电器应使用防爆型。

2）当条件允许时，应配备泄漏探测仪/R600a 传感器。

3）检测时必须将 R600a 专用排风设备开起，由于 R600a 比空气重，排风口必须设在接近地面处。

4）R600a 贮罐需单独放置在 $-50 \sim -10℃$ 的环境中，通风良好，并贴警示标签。

5）R600a 电冰箱必须使用专用的防爆型真空泵和充注设备，确保抽真空与充注设备的精度，其真空度需低于 10Pa，充注量偏差需小于 1g。

6）R600a 维修工具中与制冷剂接触的维修工具应单独存放与使用。

（三）采用新型制冷剂的电冰箱检测时应注意的事项

伊莱克斯电冰箱采用的是 HC-600a 制冷剂，因此对电冰箱进行检测时，应注意以下几点：

1）要选择平坦、宽敞、通风良好的场地，且场地 10m 范围内不能有火源和易燃物。

2）维修中如果不换压缩机，加氮气清洗时，为防冲坏压坏压缩机的阀片，压力一定不能超过 0.4MPa，且在检漏过程中氮气的压力不得超过 0.8MPa。

3）通电试机，开机时应封闭压缩机的工艺口，停机时封闭过滤器上的工艺管。同时，为保证封口的严密性，工艺口必须十分圆滑、平整。

4）对 HC - 600a 的灌注量，应严格控制在额定量的 ±2g 以内。

5）维修时，发现有制冷剂外漏，应及时进行人工通风，且不能开起和关闭任何电源开头。

三、电冰箱的常见故障检修

（一）电冰箱冰堵故障检修技巧

电冰箱冰堵的故障表现为压缩机排气阻力增大，导致压缩机过热，运转电流增大，热保护器起控，压缩机停止运转，约半小时后冰堵部分冰块融化，压缩机温度降低，温控器及热保护器触点闭合，压缩机起动制冷。所以，冰堵和脏堵具有明显的区别，冰堵具有周期性，蒸发器可见到周期性结霜和化霜现象。看工艺管上的压力表表针指示负压，手摸高压管由热逐渐变凉。

引起冰堵的原因：冰堵是制冷系统进入水分所致。因制冷剂本身含有一定的水分，加之维修或加制冷剂过程中抽空工艺要求不严，使水分、空气进入系统内。在压缩机的高温高压作用下，制冷剂由液态变为气态，这样水分便随制冷剂循环进入又细又长的毛细管。当每千克制冷剂含水量超过 20mg 时，过滤器水分饱和，不能将水分滤掉，当毛细管出口处温度达到 0℃时，其水分从制冷剂中分解出来，结成冰，形成冰堵。

若发生轻微冰堵时，可用热毛巾热敷毛细管出口处或用酒精棉花球点燃烘烤，消除冰堵后，制冷剂开始流动，且有"嘶嘶"流动声。若冰堵经常发生，可采用排放制冷剂除水法、加温排水法、借助甲醇排水法、干燥过滤器排水法等方法进行检修，其具体检修方法如下：

1）排放制冷剂除水法。对于严重冰堵的设备，将其带机运行。在冰堵尚未出现之前，用锋利的剪刀将连接干燥过滤器端的毛细管划一道浅痕，然后将其折断，借压力迅速放出制冷剂。这时大量的水分可随制冷剂一齐排出机外，再通过抽真空、管壁加热等措施，即可迅速将机内水分排出机外。注意，在未放制冷剂之前，切勿使用氧气枪将管路烧开，否则会产生毁机伤人的事件。

2）加温排水法。割断工艺管，将制冷剂放出后，先加热压缩机，再依次加热冷凝器、干燥过滤器、蒸发器、吸气管，再加热压缩机，然后用 50～60℃的温度对制冷系统加热抽空 2～3h。过一段时间后，再在工艺管处抽真空。

3）借助甲醇排水法。割开工艺管，在该处加上表阀与干燥过滤器，暂时关闭阀门。开机至压缩机烫手，再从工艺管吸入约 5mL 甲醇后，继续打开阀门。开机，此时进入机内的是干燥空气，随后回气管与排气管呈动平衡状态，工艺管将不再进气。在不停机状态下，将回气管用气焊开，同时将压缩机回气口堵死。干燥空气便从工艺管流入，进入制冷管路中，而循环于管路中的甲醇及水分，从蒸发器回气管排出。用手反复堵放回气管口，就会出现管口及手掌上布满了甲醇及水的混合物。此时可不断加热干燥过滤器，以彻底将水分排出，继续操作直至抽空完成。还原回气管后，再抽真空、加制冷剂，此时水与甲醇将不复存在。

4）干燥过滤器排水法。压缩机加热后，将干燥过滤器接毛细管端，在毛细管与过滤网之间钻一个 1mm 的小孔，再加热干燥过滤器。这样，制冷管路中的水分将不断地在压缩机的压力下从小孔排出，工艺管处则不断地送入经过干燥过滤器干燥的新空气。然后关闭阀门，让压缩机自抽真空，同时加热各处管路，直至所钻的孔与大气压力相等，不再进出气为止。然后补上小孔，在机外再抽真空、充氟、封口。

5）放气排水法。先割断压缩机的工艺管，将含水分的制冷剂全部放出，并在工艺管口接修理阀，阀口接制冷剂钢瓶。重新灌注适量制冷剂，起动压缩机 15～20min，再停 15min 左右。旋下工艺管与修理阀的连接螺母，放气。水分便随制冷剂一起排出（可重复 2～3 次）。

（二）电冰箱脏堵故障检修技巧

电冰箱脏堵的故障表现为在电冰箱使用的过程中，常出现不制冷或制冷不良的现象。根据脏堵程度不同，可分成全堵或半堵两种情况。

引起脏堵的原因：脏堵是制冷系统清洗不彻底，有杂质（氧化皮、铜屑、焊渣），或电冰箱使用一段时间压缩机发生磨损，制冷系统内有污物时，这些污物极易在毛细管或过滤器内发生堵塞。

如发现冷冻室、冷藏室温度不容易降低（冷却性能差），蒸发器表面不结霜或结霜不满，冷凝管后部温度偏高，压缩机过热保护停机现象，用手摸干燥过滤器或毛细管入口处，感到温度和室温几乎相等，有时甚至低于室温，则可判定为有半堵存在的可能；如切开工艺管有大量制冷剂喷出或制冷剂不能进行循环，但压缩机吸气口不停地吸气，导致压缩机机壳内部、吸气管等处于一种真空状态，即可诊断为全堵故障。由于脏堵与冰堵差不多，可采用加热融冰的办法加以区别，当使用该方法听不到液体流动声即说明是脏堵。

1. 半堵的检修方法

随着电冰箱使用时间的增长，制冷系统内的少量脏物不断地粘附在干燥过滤器的过滤网上或毛细管进口附近的管壁内，形成了半堵。半堵后，由于毛细管的阻力增加，进一步对制冷剂进行节流，使系统内制冷剂循环量比正常时减少，流入蒸发器的制冷剂也相应减少。整个蒸发器出现结霜不满的现象，导致电冰箱制冷不良、压缩机的工作时间也相对加长。

半堵故障（主要是毛细管半堵）有时容易被忽视，这主要是故障现象不很明显的缘故，特别是毛细管微堵，若不仔细检查就不会被发现。因此，要判断这类故障只有对电冰箱的冷冻室和冷藏室的温度进行严格的测量，并仔细观察蒸发器表面的结霜情况。如果发现冷冻室、冷藏室温度不容易降低（冷却性能差），蒸发器表面不能全面结霜，冷凝温度偏高，压缩机发烫等现象（均与正常制冷状态相比），则可判定为有半堵存在的可能。

半堵检修时，首先将吸气管和毛细管分别从压缩机和干燥过滤器上焊下来。再由吸气管一端充入氮气，经蒸发器后从毛细管进口处排出，接着可用手指靠近毛细管管口附近，检查气体排出情况。如果有半堵现象，则排气量会变小，可用三角锉刀，将毛细管一小段一小段地切断，直到半堵排除，排气通畅为止。

> 【提示】　修理的毛细管如果切去过多，将影响电冰箱的制冷效果。因此，排堵结束后，最好重新接上一根与被切除的毛细管长度相等的新毛细管。

2. 全堵的检修方法

电冰箱如果因全部堵塞而造成不制冷，修理时切开压缩机上的加液管。一般有两种可能：一种是会有大量的制冷剂排出；另一种则可能是加液管内部处于真空状态。因为堵塞后，压缩机在继续运转过程当中，不断地吸气与排气，而制冷系统内由于管路堵塞，使制冷剂不能进行循环。但压缩机吸气口不停地吸气，导致压缩机机壳内部、吸气管等处于一种真空状态。检修时一旦将加液管切开，空气便会立即进入管内。凡见到此现象，即可诊断为全堵故障。

检查和排除全堵故障，应首先确定全堵的部位，即找出堵塞是在高压部分还是低压部分。其方法如下：

方法一　将氮气从压缩机的加液管内充入，正常时的压缩机，冷凝器从干燥过滤器处会有气体排出，没有气体排出，则说明这一部分有堵塞，依次将管道切开（或焊下），直到确定堵塞的部位为止，找到堵塞的部位，清除堵塞，按要求复原，电冰箱即可恢复正常工作。

方法二　检查低压部分时，首先将氮气从干燥过滤器处充入。正常时经毛细管，蒸发器由压缩机加液处排出气体（由于经过毛细管，气体被降压，故排出气体压力较小）。如果没有气体排出，则按顺序进行检查，分段查找堵塞部位，找到堵塞的部位，清除堵塞，按要求复原，电冰箱即可恢复正常工作。

方法三　如干燥过滤器分子筛质量太差，可用 $6kg/cm^2$ 的氮气连续冲几次，将红色碎粒吹出，再更换干燥过滤器，抽空加剂即可排除故障。

方法四　用气焊分别焊下毛细管、过滤器、冷凝器、蒸发器，更换毛细管和过滤器中的分子筛，清洗冷凝器和蒸发器，进行干燥、抽真空，再焊好，充灌制冷剂。

（三）电冰箱油堵故障检修技巧

电冰箱油堵的故障表现为电冰箱开机后不能制冷或制冷效果差，蒸发器不结霜，手摸冷凝器会有温热感，冷藏温度或冷冻温度下降慢，整机电流比额定电流略有增加。

引起油堵的原因：油堵是由于电冰箱在搬运过程中，过度倾斜，使压缩机内的冷冻油从吸气管中流进低压室。当开起压缩机制冷时，冷冻油就会被吸入气缸内，不但使压缩机的负荷短时间内急剧增加（气缸内的压缩比是按气体体积设定的，而液体不易被压缩），更重要的是当冷冻油进入冷凝器后，再通过干燥过滤器进入较细的毛细管，形成管道堵塞。

检修油堵故障时，首先应切开工艺管，放掉制冷剂，接好修理表阀，焊下干燥过滤器；然后经表阀充入氮气，充氮气时用大拇指堵住干燥过滤器所接的冷凝器管口。当充入 0.6MPa 左右的氮气时，干燥过滤器所接的毛细管一端将有气流流出，进入毛细管中的冷冻油随后能流出；再将堵在冷凝器管口的大拇指间断放开 3 ~ 5 次，每次放开 10s 左右，让气流冲洗冷凝器管道中的冷冻油，然后放开大拇指，关闭修理阀。经过上述处理后，管道油堵可基本排除。为了保证彻底清除堵塞，可重复上述充气过程。待油堵完全排除后，换入新的干燥过滤器，抽空后灌入制冷剂即可。

【提示】 为了确保彻底清除油堵，可采用重复充气的方法加以校验。需指出的是，并不是所有的毛细管堵塞故障都是可以排除的，对于不能排除的毛细管堵塞故障，只能更换新的毛细管。

（四）电冰箱制冷系统抽真空的方法

电冰箱抽真空，要达到规定的真空度，可按如下方法操作：

1）将各管道连接好，抽空 20min 关闭真空表阀和截止阀。将 2mL 18 号冷冻油从真空表阀和透明尼龙管的接头处加入。

2）为使 18 号冷冻油粘附及油流到最低处形成油柱，放置尼龙管时应将其向下弯。

3）真空泵运行时，慢慢开启截止阀，再开启真空表阀。18 号冷冻油便急速向泵的方向流动，全部粘在沿途的管壁上，又回到尼龙管最低处，再流向真空泵，如此循环。当气流减少，油柱变大时，停止抽空（80min 左右）。

【提示】 为避免冷冻机油进入真空泵，抽空 20min 后，再加 2mL 18 号冷冻机油并慢慢开启各开关。且这 2mL 机油在注入制冷剂时不必吸出，可随制冷剂加入到制冷系统中。

（五）电冰箱自身的压缩机抽真空的方法

制冷系统的干燥与抽真空是修理和检漏电冰箱一项不能忽视的重要工作，也是关系到维修质量好坏的一个重要环节。制冷系统中存在过量水分，不但在制冷过程中水随着气体的循环会在毛细管或蒸发器管路的连接处发生冰堵，而且水还会在系统中与制冷剂混合反应成酸性物质，腐蚀压缩机阀片等零部件，特别对铝蒸发器的腐蚀性更大。

制冷系统维修后，连接好压缩机、修理阀和真空泵，图 3-7 所示为系统抽真空连接示意图。

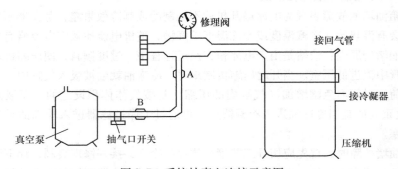

图 3-7　系统抽真空连接示意图

图中，修理阀和真空泵之间用透明硬质塑料加液管连接。且 A 端略高于 B 端。接通真空泵电源开关，打开修理阀，开启真空泵抽气口开关，开始抽真空 10min 左右，关闭修理阀和真空泵电源，旋下加液管 A 端，在修理阀的接口内部滴上几滴冷冻油，然后拧上加液管。开启真空泵电源，打开修理阀，可观察到冷冻油在加液管内形成一串油气泡由 A 端向 B 端运动，并相继破裂，形成油膜，由管内壁下滑至修理阀。油气泡形成的速度逐渐减慢，最后形成一个大油珠停留在加液管内某一位置不变。这时即可判断真空度已达到了规定的要求，关闭修理阀和真空泵的抽气口开关即可。

采用上述干燥抽真空的方法时，有两种处理办法：一种办法是采用加热抽空，即在抽空时间内用电吹风加热制冷系统的每一个部位，当真空度达到 -0.1MPa，水的沸点降到40℃以下，加热温度达到40℃左右即可，水分被蒸发后随气体抽出，抽空一段时间后关闭截止阀即可；另一种办法是在抽空达到 -0.1MPa 时，关闭截止阀，接上制冷剂，使压力达到 0.05MPa，注制冷剂时应将连接管内的空气排尽，然后起动电冰箱压缩机，使制冷系统循环，制冷剂与制冷系统内剩余气体充分混合，降低制冷剂中的水分含量，再停止压缩机进行抽真空。后一种办法需消耗一部分制冷剂，但对干燥制冷系统，保证维修质量能收到较好的效果。

以上抽空法为常用抽空法，对于上门维修，由于条件和时间的限制，可采用两侧抽空法。其具体方法是采用高、低压两侧双向抽空法，尤其是对于已经采用了三端过滤器的产品，对上门维修特别方便。采用两端过滤器的电冰箱，可在过滤器的入口端、冷凝器出口端，用冲子各冲一个 4mm 的圆孔，并焊上工艺管。抽空时采用双表双阀连接，进行双侧抽空，可以迅速地排空整个制冷循环系统内部的空气。待抽空完成后，先封焊高压端的工艺管，再进行加注制冷剂。

介绍一下注意事项。

（1）抽真空前的注意事项

1）重新将压缩机的回气管与蒸发器相连的管子用铜焊接通。

2）在靠近压缩机的地方切断排气管（或叫高压管，与冷凝器相接的管子），并在切断处焊接一个事先用 6mm 铜管制作的"T"形三通铜管。

3）在"T"形三通铜管的另一端套上一段装有玻璃管的橡胶管，用做抽真空时的排气管。

4）用一个容量不低于 200mL 的烧杯盛上电冰箱压缩机冷冻油，并将玻璃管放入此烧杯中（冷冻油必须始终浸没玻璃管的出口）。

5）准备一个力量较大的橡胶管夹子。

【提示】　压缩机工艺管上连接的修理阀及其上安装的真空压力表和充灌制冷剂的设备仍然没有卸下，且充灌制冷剂设备的阀门还是关闭的。

（2）抽真空时注意事项

做好了上面几项准备工作后（打开修理阀的阀门），接通电源，起动压缩机，即开始对制冷系统抽真空。此时，应该看到烧杯里的冷冻油内有大量的气泡溢出。用吹风机分别吹蒸发室、冷凝器和各外露管道的表面（以利于水蒸气排出制冷系统），这样抽真空的效果要好些。

1）当冷冻油内的气泡逐渐减少至无气泡溢出时，可以看到玻璃管内渐渐地有冷冻油回吸现象，这说明制冷系统中已基本呈真空状态。此时，要先用橡胶管夹子夹住橡胶管，然后切断电源。

2）打开充灌制冷剂设备的阀门，给制冷系统中加入一些制冷剂（40g左右），待其在制冷系统中循环一段时间后再起动压缩机，然后放开夹子又可看见烧杯里的冷冻油内有大量的气泡溢出（其中极大部分是制冷剂，极少量是混在其中的空气）。注意，在此过程中，要同时用吹风机分别吹蒸发室、冷凝器和各外露管道的表面。

3）当冷冻油内逐渐减少到无气泡溢出且有冷冻油回吸现象时，说明制冷系统中的真空已经达到规定要求，用专业封口钳将"T"型三通铜管上套橡胶管的一端铜管夹扁，去掉橡胶管，并立即用铜焊封住铜管的口子。值得注意的是，从夹扁铜管到用铜焊封住其口的过程中，不要让压缩机停机，否则就可能会有空气重新进入制冷系统。

上面的工序全部完成后切断电源，打开充灌制冷剂设备的阀门，给制冷系统充注适量的制冷剂并封口，电冰箱就能正常使用了。

（六）电冰箱制冷剂充注方法

目前，对电冰箱制冷系统加注制冷剂常用的方法有定量加注法、称量加注法、经验加注法和压力加注法。其中，定量加注法、称量加注法一般用于上门维修，经验加注法、压力加注法应用于固定维修场所。就实用来讲，各维修点因受条件限制，多采用经验加注法和压力加注法。

1. 定量加注法

定量加注法是采用定量加注器（又称制冷剂加注器），根据电冰箱铭牌标注的制冷剂量对电冰箱进行定量加注（见图3-8）。电冰箱加注制冷剂一般不采用定量加注法，虽然这种方法加注制冷剂速度快，但目前只能用于加注R12制冷剂，而且要在拔掉电冰箱电源的情况下进行。其实际步骤如下：

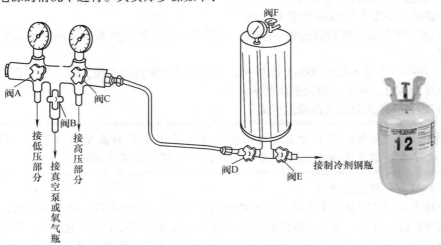

图3-8　制冷剂定量充注

步骤一 将加液管的一端与定量加注器连接好,另一端与真空压力表连接好,但先不要拧紧。

步骤二 通过电冰箱铭牌上标示的制冷剂量确定制冷剂加注量,并记住定量加注器上制冷剂原始刻度及加注完后的刻度。具体操作是,先关闭阀 D,打开阀 E,使制冷剂钢瓶中的制冷剂液体进入定量加注器中;当定量加注器中的制冷剂液面上升到所需充注量刻度时,关闭阀 E;若定量加注器中有过量气体导致液面无法上升到规定刻度,可打开定量加注器上的阀 F,待制冷剂排空加液管中的空气后,随即关闭阀 B 和阀 C。

步骤三 打开阀 D,使定量加液器中的制冷剂经阀 A 进入制冷系统中。

2. 称量加注法

称量加注法是采用计量单位最小值为 1g 的高精度电子秤,根据电冰箱铭牌上标注的制冷剂量对电冰箱进行加注制冷剂。这种方法多用于要求加注制冷剂量准确度高的电冰箱(如采用 R134a、R600a 制冷剂的电冰箱),所加注的制冷剂量不能超过电冰箱标注值误差的 ±5g。

称量加注法与定量加注法有两点不同:一是制冷剂瓶子始终正置;二是制冷剂加注量的确定方法是通过观察电子秤进行的。

3. 经验加注法

经验加注法是在电冰箱处于运行状态下对制冷系统加注制冷剂,它是有经验的维修人员采用最多的一种制冷剂加注方法。这种方法适用于各种电冰箱,包括一些因改动制冷系统而无法确定制冷剂合适量的电冰箱,如因内漏自制盘管蒸发器,使用混合工质制冷剂的电冰箱改为加注 R12 制冷剂的机型等。其操作步骤如下:

步骤一 将加液管的一端与制冷剂瓶连接好(制冷瓶正置),另一端与压缩机工艺管口处的真空压力表连接,但先不要拧紧。

步骤二 打开制冷剂瓶上的阀门,在听到"咝"的气体流动声 1~2s 后,再将加液管与真空压力表连接口快速拧紧。

步骤三 打开真空压力表阀门对电冰箱制冷管路加注制冷剂,与此同时,用手触摸压缩机的排气管(高压管),当感觉到管口发烫时(从加注制冷剂到排气管发烫约需 1~4min),再依次关闭真空压力表和制冷剂瓶上的阀门,停止首次制冷剂加注。

步骤四 在电冰箱运行 30~60min 后,查看蒸发器部位结霜情况。如果蒸发器结满霜且均匀,则说明所加注制冷剂合适;如果蒸发器结霜面积少或不均匀,则说明所加注的制冷剂少,应再次加注制冷剂;如果蒸发器结满霜,且回气管结霜,则说明制冷剂过量,此时应对制冷管路放气(在真空压力表呈现正压的情况下进行)。

步骤五 试机观察制冷效果,以进一步确定制冷剂的加注量是否合适,如图 3-9 所示。如果试机结果显示制冷剂加注量合适,至此整个制冷剂加注过程完成。

4. 压力加注法

压力加注法适用各种电冰箱,它通过观察加注制冷剂过程中真空压力表的读数,确定加注制冷剂是否合适。实际操作时,压力加注法有加电运行加注法和断电停机加注法两种,具体如下:

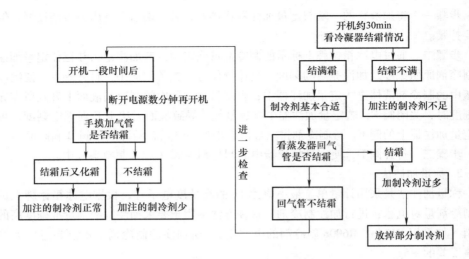

图 3-9　确定制冷剂加注量是否合适

（1）加电运行加注法

首先少量加注制冷剂，具体操作方法与上面介绍的"经验加注法"的前 3 步相同。然后看电冰箱制冷管路是否畅通，主要通过听有无制冷剂流动声进行判断，如果有制冷剂的流动声，则说明制冷管路通畅；如果无制冷剂流动声，说明制冷管路焊堵。判断制冷管路通畅后，再次打开制冷剂瓶上的阀门加注制冷剂，同时观察真空压力表的读数，根据铭牌标称加注量及当时的季节确定制冷剂加注量是否合适，在达到大致合适时，依次关闭真空压力表和制冷剂瓶上的阀门。观察电冰箱制冷情况，以进一步确认所加的制冷剂是否合适，并采取相应的措施。

（2）断电停机加注法

在加注制冷剂过程中，观察到真空压力表读数静止，即可关闭真空压力表，在达到 0.196MPa 时，大致说明所加注的制冷剂合适，关闭制冷剂瓶上的阀门，停止首次制冷剂加注。试机 30min 后，通过触摸冷凝器，了解其发热情况和冷藏室的结霜情况后，判断所加的制冷剂是否合适，具体的方法同"经验加注法"实际操作的步骤四、步骤五。

（七）电冰箱制冷系统泄漏的检查方法

电冰箱制冷剂泄漏则会出现温度升高或不制冷、蒸发器结霜不正常、冷凝器微热、压缩机运转但温度不降低等现象，多发生在压缩机、冷凝器、毛细管、过滤器等处的焊接接头。引起泄漏的原因：由于大部分电冰箱的蒸发器采用铝质材料，其材料质量低劣，生产工艺差，使用和搬运中造成振动或碰撞等原因，出现隐蔽小漏点或内漏，经长时间缓慢渗漏，直至将系统内制冷剂全部漏掉，而引起泄漏。

电冰箱泄漏的检查方法主要有以下几种：

1. 目测检漏

仔细观察制冷系统外壁是否有油污，要特别仔细观察蒸发器铝管与铜管焊接处，蒸发器内壁，压缩机高、低压管接口，干燥过滤器进、出接口等焊接部位。如果发现系统某处有油迹时，此处可能为渗漏点。如泄漏不明显，可戴上白手套或用白纸接触可疑处，如手套或白纸上有油污，则说明该处有泄漏。

2. 卤素检漏灯检漏

利用卤素检漏灯红色火焰在碰到氟利昂气体时会改变颜色的特点，可检查出氟利昂渗漏的位置。由于氟利昂渗漏程序不同，检漏灯的火焰变化也不同。检漏时，先点燃检漏灯，手持卤素灯上的空气管。当管口靠近系统渗漏处时，火焰颜色变为紫蓝色，即表明此处有大量渗漏；火焰颜色变为绿色，即表明此处有小量渗漏。

3. 卤素检漏仪检漏

电子卤素检漏仪主要用于精密检漏，应先用其他检漏方法找出明显的渗漏处后，再用电子卤素检漏仪检测不明显的渗漏点。检漏时，应使探头与补测点之间保持 3 ~ 5mm 距离，并掌握好探头移动的速度（通常不超过 50mm/s），根据检漏仪仪表读数及蜂鸣器发出的声音，即可知道渗漏点和渗漏量。电子卤素检漏仪在使用过程中，应避免大量的制冷剂吸入检漏仪，检漏环境应通风良好，无卤素气体和其他雾气干扰。

> 【提示】　上门维修中常使用袖珍式电子卤素检漏仪，其灵敏度比电子卤素检漏仪低，渗漏量大于 14g 时才能测试出。

4. 肥皂泡检漏

将肥皂（或洗衣粉）用水调成皂液，注意皂液不能太浓也不能太稀，否则不容易起泡。检漏时，向系统充入氮气，用纱布将被检处擦干净，再用干净的毛笔蘸上皂液涂在被检处四周，仔细观察有无气泡。如果有气泡出现，则说明该处泄漏。这种检漏方法既方便又有效，在维修中广泛使用。

5. 浸水检漏

浸水检漏主要用于电冰箱压缩机、蒸发器和冷凝器等零部件的检漏。检漏前在被检元器件中充入 0.8 ~ 1MPa 的氮气或干燥空气，再将被检元器件放入约为 50℃ 的温水中，仔细观察有无气泡，若有气泡出现，则说明被检元器件渗漏。

> 【提示】　检漏时，检漏环境光线要充足，观察被检元器件的时间需超过 1min，被检元器件浸入水面 200mm 以下。使用该方法检漏时，容易使水分进入系统，导致系统内的材料受到腐蚀。因此，重新焊补渗漏处后，应进行 4h 以上的烘干处理再使用。

6. 荧光检漏

荧光检漏是利用荧光检漏剂在紫外/蓝光检漏灯照射下会发出明亮的黄绿光的原理，对各类系统中的流体渗漏进行检测的。在使用时，只需将荧光剂按一定比例加入到系统中，系统运行 20min 后戴上专用眼镜，用检漏灯照射系统的外部，泄漏处将呈现黄色荧光。荧光检漏的优点是定位准确，渗漏点可以直接用眼睛看到，而且使用简单、携带方便、检修成本较低。

7. 油污检漏法

观察制冷系统外壁是否有油污，重点是蒸发器铝管与铜管焊接处、蒸发器内壁，压缩机高、低压管接口，干燥过滤器进出接口等焊接部位。当制冷系统某处有渗漏时，溶有润滑油的制冷剂就会在该处渗漏出现，制冷剂迅速蒸发，润滑油便会在缝隙表面形成油污。若发现系统某处有油迹，此处可能为渗漏点，如渗漏不明显，可用干净的白纸按可疑处，再观察是否有油污。若有油污，则判断该处有渗漏。

> 　【提示】　箱铝管接点漏维修方法：先扒去电冰箱的后背板，找出漏点后，先将漏点周围清理干净；再用502胶水在漏点处抹上薄薄的一层，然后抽真空，让胶吸到缝隙中；待502胶固化后，将其周围准备涂504胶的地方用砂纸拉毛并清理干净；用涂有504胶（需按说明调制）的纱布将漏点处裹好，待固化24h后再试压，如不行则需将原胶清理干净后再按上述方法重做。

8. 分段检漏法

整机检漏时压力明显降低，若不能用检漏灯检漏时，可采用分段检漏法。该方法是将压缩机吸、排气脱焊，分别接上压力表，然后在过滤器与毛细管接口处切断并分别焊死。例如，一台双门电冰箱存在内漏，但用检漏灯未能查出渗漏，可采用分段试压，发现低压侧压力不变，在高压侧24h后下降$3kg/cm^2$，检查外装冷凝器部分无渗漏现象，判断可能防露管有问题，将防露管单独试漏，约4h后压力下降若为零，则说明防露管内漏。

9. 压缩空气打压检漏法

先用割刀割断压缩机工艺口外接的封口铜管，在焊工艺口处接压力表，将氮气瓶连到压力表的三通阀上，将氮气顶部调节钮逆时针放置，使压力表指在0.8MPa，打开氮气阀门，压力表指在0.1MPa时，关闭阀门。图3-10所示为打压检漏管路连接示意图。

找到漏点的部位时，采用高低压分段打压来确定漏点部位，焊开压缩机的吸、排气管，剪断过滤器出口2cm处，并焊接好两端。另外，在压缩机吸、排气管的连接管端口接

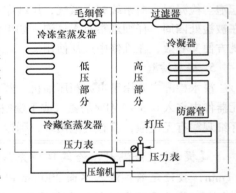

图3-10　打压检漏管路连接示意图

压力表，加入氮气打压。若确定漏点位于高压部分，再进行高压分段打压，便能很快确定漏点位置。断开冷凝器与防露管的接头，并分别接入压力表，加压至1.2MPa。若确定漏点位于低压部分，再进行低压分段打压，在上下蒸发器上分别接入压力表，加压至0.8MPa即可判断有无漏点。

（八）电冰箱漏电的大致类型及检修方法

电冰箱外壳一般使用喷塑钢材料制成，由于长时间工作在220V的市电下，元器件老化易引起漏电故障。通常可采用灯泡检查法、电压检查法、电阻检查法进行判断。

1）灯泡检查法。将36V灯泡的两根导线，一根接电冰箱外壳（无漆处）另一根接

大地。如灯泡亮，说明电冰箱漏电。

2）电压检查法。将万用表置于交流电压挡（250V 以上），一根表笔接电冰箱外壳，另一根表笔接大地。当电压值大于 36V 时，则说明电冰箱漏电。

3）电阻检查法。将万用表置于 $R \times 1k$ 挡，一根表笔接导线，另一根表笔接机壳。当发现部分或全部导通时，则说明电冰箱漏电。

电冰箱漏电一般分为电冰箱自身产生的感应漏电与箱体内某些元器件老化损坏而引起的电冰箱外壳带电两种类型。

（1）感应漏电

此类漏电通常由于受潮使电气绝缘而降低导致的轻微漏电，不会涉及触电事故，当手触摸电冰箱外壳及拉动箱门时有发麻的感觉（环境温度高时麻电感更严重）。先确认接地良好，再用试电笔去碰触时，电笔氖管内有微红光束出现。则应立即停机用万用表检查线路电气绝缘性能，并更换受损配件。

产生感应漏电的故障原因主要是箱体内分布的照明电路及压缩机引出线等导体与电冰箱箱体之间产生一定的分布电容。特别是那些旧电冰箱和冷藏柜，电源引线老化，接地线接头螺钉锈蚀，压缩机内电动机受潮均会使电冰箱整机绝缘性能下降，产生感应漏电的可能性更大。此时，可通过重接接地保护线，与电冰箱的三孔插座相连等办法来排除。

（2）元器件损坏漏电

由于电气故障或用户自己安装插头接线错误而使电冰箱外壳带电，十分危险。手不可触摸箱体和门拉手，也不可接触金属部位，用试电笔测试发强光，用万用表检查插头与箱体间电阻为 0Ω，严重时会导致熔丝烧断。元器件损坏漏电分为电气元器件损坏漏电（大多属连接电器的导线因摩擦或碰坏及受箱内的冷冻液和制冷剂的侵蚀，导致绝缘性下降碰触箱体而漏电）和电路元器件损坏漏电（大多属于电路元器件老化、绝缘性能下降而引起的漏电），具体检修如下：

1）压缩机漏电。压缩机漏电的故障一般是由于电冰箱工作时间较长，使得电动机绕组绝缘层老化脱落，而造成漏电。检修时，可用 500V/500MΩ 绝缘电阻表测量绕组与机壳之间的阻值，正常值应高于 $2M\Omega$。若为 0Ω，通常是由于绕组引线绝缘层破损使铜线裸露。打开机壳进行检查，若是铜线裸露出现上述故障时，可用聚酯薄膜将破损处包扎，以免与机壳直接摩擦。对漆包线的绝缘层脱落故障，应绕组重新浸漆或更换电动机。

2）温控器漏电。温控器漏电的故障表现为当人体接触箱体时有麻电感，但压缩机运行及制冷均正常，测电冰箱与"地"之间的电压差较高（大于 36V 甚至接近市电压），如果用 500V 绝缘电阻表分别测压缩机绕组和电动机控制电路、电冰箱照明线路之间绝缘电阻均大于 $2M\Omega$，则说明温控器漏电。

【提示】　大部分电冰箱的温控器都安装在箱体内壁上，箱内温度变化会使温控器周围结露。当冷凝水流入温控器时，温控器触头与箱体之间电阻值下降，也会造成箱体漏电故障。

3）防潮导线漏电。防潮导线漏电故障表现为接通电源后，起动过载保护继电器频繁通断，压缩机不能正常运转，保护继电器反复起停，箱体带电，用手接触时有麻电感。其电源电压、温度控制电路和照明电路无明显异常现象，则说明为防潮导线老化或绝缘层破损漏电。

检修防潮导线漏电故障时，先应断开导线所接电路，如测量导线两芯线之间的阻值在1MΩ以下（正常值应为无穷大），说明其绝缘性已降低。用绝缘套管将防潮导线套好，或更换防水线即可排除故障。

4）接插件松动，造成接地不良而漏电。故障表现为箱体有麻电感，但用绝缘电阻表测量压缩机绕组与机壳之间绝缘电阻大于2.5MΩ，检查电路与箱体之间的绝缘电阻正常，可重点检查电源插座。

（九）电冰箱压缩机运转不停的维修步骤

电冰箱压缩机起动运转后，压缩机一直运转不停。

根据维修经验，引起此类故障的原因有如下几种：

1）制冷剂泄漏或制冷剂充入过多。

2）过滤器堵塞。

3）冷凝器表面灰尘、油污堆积太厚，蒸发器表面结霜太厚。

4）温控器失灵，箱内照明灯长明不熄。

5）环境温度高，箱体密封不严。

下面以具体原因引起压缩机运转不停的维修方法加以介绍。

（1）制冷剂泄漏或制冷剂充入过多导致电冰箱压缩机运转不停的检修

由于多数电冰箱制冷是靠制冷剂在管路系统内的不停循环实现的。制冷剂的挥发、渗透能力相当强，容易使电冰箱管路系统漏气，制冷剂泄漏，将失去制冷作用，因此压缩机运转不停。制冷剂泄漏分为两种情况，内漏（埋设在箱体内部的管路漏气）与外漏（外面的管路漏气，又分高压漏气和低压漏气两种）。对于外漏，重新焊牢漏气处，再抽真空，灌注制冷剂；对于内漏，要通过加气保压实验才能确定。

当制冷剂超过限量时，使管路系统内压力增高，压缩机的负荷加重，导致电冰箱制冷效果差，达不到制冷点，因此压缩机运转不停。对于制冷剂充入过多，则适当放气，边放气边观察制冷情况直到合适为止。

> 【提示】　电冰箱加制冷剂都有额定的数量要求，若制冷剂不足，电冰箱的制冷量不够，也将引起压缩机运转不停。此时，可将原电冰箱内的制冷剂收回或放掉，重新抽真空，适当灌注制冷剂即可排除故障。

（2）过滤器堵塞导致电冰箱压缩机运转不停的检修

管路系统内经过散热器降温后的高压制冷剂通过过滤器的过滤、毛细管节流降压后送到蒸发器内突然膨胀挥发而进行制冷。当过滤器堵塞时，电冰箱将失去制冷作用或制冷量不够，造成压缩机不停地运转。对于此故障，最好是更换过滤器（应急时可使用小工具敲振几下过滤器，排除其脏堵；用热毛巾包暖过滤器一段时间，以排除冰堵）。

（3）冷凝器表面灰尘、油污堆积太厚或蒸发器表面结霜太厚导致电冰箱压缩机运转不停的检修

当冷凝器表面灰尘、油污堆积太厚，则直接影响热交换，增加自然对流的阻力，使散热效果很差，导致冷凝器内压力增高，制冷系统产冷量减少，箱内降温速度缓慢，造成压缩机运转不停；当电冰箱在使用过程中蒸发器表面结一层霜，由于霜层的热阻很大，如果结霜太厚，将导致制冷效果差，使箱内温度升高，造成压缩机运转不停。

对于冷凝器表面的灰尘、油污，则使用清洗剂彻底清洗冷凝器上的污物，并使冷凝器距离墙壁 10mm 以上；对于蒸发器表面结霜太厚时，则及时对电冰箱进行除霜。

（4）温控器失灵或箱内照明灯长明不熄导致电冰箱压缩机运转不停的检修

温控器是根据用户要求来控制压缩机起动、停止的关键部件。当温控器感温传感器失灵、靠管壁不紧、触头不动作、不接触等，都将失去对压缩机的控制，造成压缩机运转不停。此时，可检查温度传感器，若控制点不紧，则重新调整压紧；若触头间距离不正确，则调整温控器的调整螺钉。

当电冰箱箱内照明灯长明不熄时，灯泡放出的热量使电冰箱内的温度升高，造成压缩机运转不停。此时，修复门灯开关，或将门框与门灯触杆的接触处粘贴胶布。

（5）环境温度高或箱体密封不严导致电冰箱压缩机运转不停的检修

当环境温度过高时，则改善房间的通风条件，勿让太阳光直射电冰箱，尽量减少开门次数，缩短开门时间，箱内不能放置过多的食品；当箱体密封不严时，则用 300W 的电吹风机烘烤门封不严处，并用螺钉旋具压住门封，待门封变软后，移去吹风机，再等门封固定成形后，移去螺钉旋具，若仍无效果，则应更换门封。

【提示】 压缩机长时间运转，停机时间短的原因有，制冷剂充灌过多或制冷剂泄漏；环境温度偏高、散热条件差或电冰箱内放入过多食品、热负荷过大；箱门未关严；温控器旋钮错调在强冷挡，达到设定的低温需压缩机长时间运转；压缩机进、排气阀漏气。

（十）电冰箱完全不制冷的维修步骤

引起电冰箱完全不制冷的原因有，电源异常（停电，电源电压过低，电源熔丝熔断，电源插头松动或脱落）；过载保护器断路或起动继电器触头不良；温控器旋钮控制在"0"的位置；制冷剂泄漏或毛细管堵塞、干燥过滤器脏堵；压缩机卡死或电动机故障。图 3-11 所示为对开门电冰箱制冷循环示意图。

检修时，首先检查电源插头是否与插座接触良好；若电源插头与插座接触良好，则检查电冰箱内灯泡是否良好；若电冰箱箱内灯泡良好，则检查电源电压是否在 180V 以上；若电源电压低于 180V，则提高室内配线容量或用交流稳压电源；若电源电压在 180V 以上，则检查压缩机是否转动。

若压缩机不能运转，则将温度控制器两端短路，观察压缩机是否转动；若压缩机能运转，则检查温度传感器部分是否漏电或接点是否接触不良；若压缩机不运转，则将定时器设定在冷却运行侧，观察压缩机是否转动；若仍不转动，则检查温度熔丝是否熔

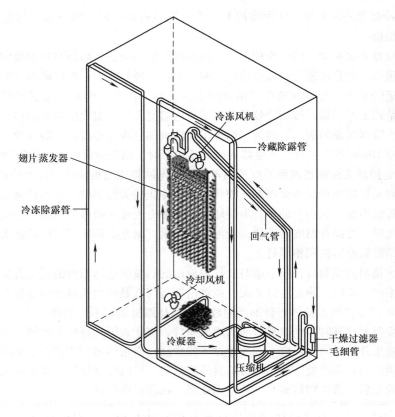

　　冷冻风机
　　冷藏除露管
翅片蒸发器
冷冻除露管
回气管
冷却风机
冷凝器
干燥过滤器
毛细管
压缩机

图 3-11　对开门电冰箱制冷循环示意图

断，化霜加热器是否导通，双金属开关是否导通；若能运转，则检查 PTC 热敏电阻是否正常；若 PTC 热敏电阻正常，则检查接插件是否接触良好；若接插件接触良好，则检查压缩机的绕组导通是否良好。

　　若压缩机能运转，则检查冷凝器是否结霜；若冷凝器表面未结霜，则检查制冷系统是否泄漏；若制冷系统未泄漏，则检查制冷系统是否堵塞；若制冷系统未堵塞，则检查压缩机的低压管道是否吸气良好。

　　　【提示】　对于直冷式电冰箱，当出现压缩机运转正常但不制冷的故障时，应打开冷冻室门，听有无毛细管节流后的"嘶嘶"流动声；如果没有听到流动声，则说明制冷回路堵塞或内部无制冷剂，应对制冷系统进行检查。对于间冷式电冰箱，除了听制冷剂的流动声外，还应留意冷冻室风扇是否运转；若风扇不运转，则说明风扇及风扇开关有问题。

（十一）电冰箱压缩机不运转的维修步骤

　　压缩机不运转故障其原因主要出现在电源供电与压缩机上。

电冰箱压缩机不运转表现为以下两种情况：

1）压缩机不运转，能听到"嗡嗡"声。通常引起此类故障的原因有，电源电压太低；电源插头、插座、电源线接触不良或内部断线；温控器触头接触不良；起动继电器触头未闭合或接触不良；起动绕组断路；电容器断路或短路；过载保护器触头接触不良；压缩机负荷太重或制冷剂过量，使排气压力过高；压缩机磨损或润滑不良。

> **【提示】**　当电源电压、启动器正常时，压缩机电动机不转动，这种故障是压缩机被"卡死"，其故障多发生在主轴、活塞、气缸和连杆等部位。其原因主要是压缩机油路被脏物堵塞，使供油系统不通畅，机件受到磨损而"卡死"。脏物粘在活塞上（漆包线上的漆被磨蚀脱落，粘在气缸、活塞上）或转轴与轴套磨损造成间隙过大，在通电后转子被电磁力吸到一边而偏芯，也是压缩机电动机在通电后不能运转的另一种原因。

2）压缩机不运转，无"嗡嗡"声。通常引起此类故障的原因有，电源线、插头、熔断器等线路中断或接头处松脱；电冰箱内线路接错；起动电容失效；压缩机绕组短路或断路；起动继电器电流线圈烧断；温控器触头未闭合；过载保护器触头未闭合或热阻丝烧断。

（十二）　电冰箱制冷效果差的维修步骤

电冰箱出现制冷效果差时应检查以下原因：电冰箱放置的环境温度是否过高；箱内食品是否太多或放入热的食品；是否箱门开关频繁或开门时间过长；门封是否不严、老化破损；箱内照明灯关门后是否不熄灭；温控器旋钮是否调得过小；蒸发器表面霜层是否太厚；蒸发器积油是否过多；冷凝器散热效果是否不好；制冷剂是否轻度泄漏或充灌过量；制冷系统是否脏堵或冰堵；压缩机效率是否降低。

实际检修时，首先检查用户操作是否不当；若用户操作正常，则检查环境温度是否过高（环境温度高于43℃，制冷效果差属于正常现象）；若环境温度正常，则检查箱内食品是否太多或放入热的食品；若箱内食品无异常，则检查打开箱门的次数是否过多；若打开箱门的次数正常，则检查箱门是否关闭不严（如磁性条失去磁性、老化变形及箱门翘曲变形等）；若箱门关闭良好，则需检查制冷剂或压缩机是否异常，其步骤如下：

1）首先观察外露制冷管路的焊接口是否有油污，若有，则说明该部位可能存在外漏。此时，可切开压缩机工艺管，灌入适量的制冷剂，再次起动运转；若运转正常，制冷效果变好，则判断为制冷剂部分泄漏所致。

2）若外露制冷管路的焊接口没有油污，则在停机并使箱内温度接近室温的状态下，检查是否为冰堵或脏堵。若开机时制冷正常，蒸发器结霜良好，在电冰箱上能听到气流声和水流声，但一段时间后制冷效果变差，只能听到轻微的气流声和水流声，则说明为部分冰堵；若开机时制冷效果差，用耳朵贴近电冰箱上部听不到气流声和水流声，则说明为脏堵或压缩机内部故障，需进行下一步检查。

3）此时，切开工艺管，灌入适量的制冷剂，并接入气压表，起动压缩机。若气压表所示气压值在正常值（0.06～008MPa）以下，则说明为管路部分脏堵；若气压表的指示值在正常值以上，则说明压缩机内部有故障，需拆开压缩机查修或换新。

【提示】　对于上面是冷藏室的机型，还要观察冷藏室上门框是否有锈蚀，若有，则检查防露管有无泄漏。

（十三）电冰箱不化霜的维修步骤

引起电冰箱不化霜的原因有，化霜定时器异常、化霜温度熔断器烧断、化霜温控器损坏、超温保护器损坏。不化霜故障检修流程如图 3-12 所示。

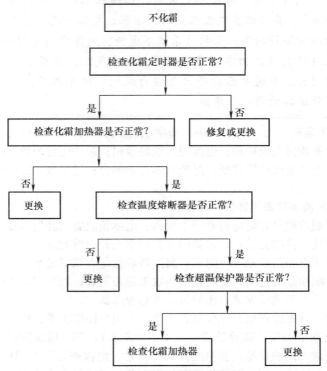

图 3-12　不化霜故障检修流程

（十四）电冰箱照明灯不亮的维修步骤

电冰箱照明灯不亮的原因有，照明灯损坏、门开关接触不良、照明灯电路断路。照明灯不亮的检修流程如图 3-13 所示。

（十五）电冰箱蒸发器结霜异常的维修步骤

电冰箱蒸发器结霜异常的原因有制冷剂泄漏、制冷系统堵塞、压缩机不良。蒸发器结霜异常的检修流程如图 3-14 所示。

（十六）电冰箱噪声大的维修步骤

在压缩机运行的情况下，用手按压缩机冷凝器中部、毛细管或压缩机上端固定的接水盒附

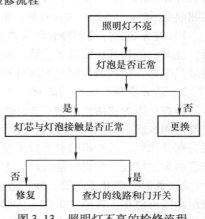

图 3-13　照明灯不亮的检修流程

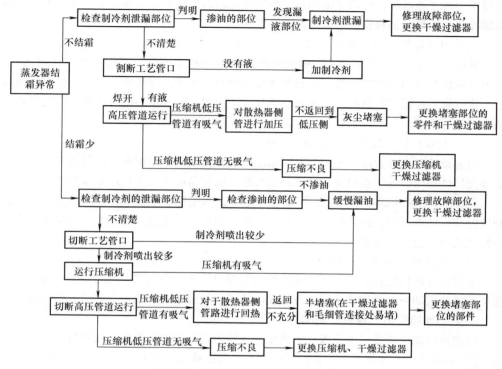

图 3-14 蒸发器结霜异常的检修流程

近，同时听噪声有无变化。如果噪声明显减少，则说明噪声是由此处共振引起的，原因可能是电冰箱摆放位置不平或压缩机附近的金属管路相互位置不对；如果噪声无变化，则说明压缩机本身有问题。

1. 根据经验判断故障原因

1）电冰箱箱体不平衡。

2）压缩机内的机件磨损后间隙变大，引起运行噪声大。

3）接水盘振动。

4）压缩机接触地。

5）管道与箱体碰撞。

6）压缩机高压缓冲管断开。

7）制冷剂过多。

8）压缩机、冷凝器固定螺钉松动。

2. 不同噪声类型的维修方法

（1）电冰箱发出振动噪声

引起该故障应检查以下原因：电冰箱安装位置水平度差，电冰箱部分地脚螺栓与地面间存在间隙，当压缩机启动或停止时制冷剂循环改变状态，导致电冰箱振动，发出振动噪声。对于该故障，可调整电冰箱地脚螺栓与地面接触良好，并尽量保持水平，在地脚螺栓与地面之间加橡皮或泡沫垫，减轻振动。

（2）电冰箱停机时有撞击声响

新电冰箱运行 1～2 年后，压缩机的排气阀由于精度不高，关闭不严，导致漏气，与电动机的制动力叠加在一起，引起电冰箱停机时产生较大的撞击声响。运行时间加长后，排气阀不再漏气，活塞的反推力也不存在。因此，电冰箱停机时的撞击声响也随之消失。

（3）电冰箱发出低沉的"嗡嗡"电磁声

引起该故障应检查以下原因：电网电压过低，压缩机起动困难；熔断器、插座、插头等元器件与导线的焊点松动，造成时通时断；电容器电容量不足或变质失效。

"嗡嗡"电磁声的排除方法：测量电源电压，当电源电压低于额定电压的 20% 时，则应安装自动调压器；检查熔断器、插头、插座的连接与接触状态，不符合要求的进行检修或更换；更换电容器。

（4）电冰箱发出压缩机振动声

引起该故障应检查以下原因：电冰箱的背面或侧面紧靠墙壁，且通过墙壁为媒介传递压缩机的振动声。对于该故障，可移动电冰箱的安装位置，应离开墙壁 200mm 以上。

（5）电冰箱发出"兹兹"的响声

引起该故障应检查以下原因：电冰箱在运行时的冷凝管、箱体、低压管相碰而发出"兹兹"的响声。对于该故障，需停机冷却后，将相碰处以竹片分开，要错开焊口（不能用力过大，分开间距一般在 5mm 左右，否则会产生共鸣声）。

（6）电冰箱发出"哒哒哒"的响声

引起该故障应检查以下原因：电冰箱在运行中由于压缩机体内部件损坏，或吊簧断裂、脱位，撞击碰壳。对于该故障，需更换损坏元器件，调整吊簧位置即可。

（7）电冰箱发出"哑哑"的响声

该故障出现时，用手指触摸冷凝器感觉振动异常，自上而下从左至右依次触摸冷凝器的冷却管各个部位，若摸到某处哑哑声立即消失，则为冷却管与平板散热片连接处脱落松动，而间隙却很小。停机后，用砂纸打磨干净后，再用无水酒精清洗连接处直至彻底清洗干净为止，随后用洁净的竹片将 502 胶水均匀地涂在连接面，粘接牢固，利用冷凝器自身发热烘干。

（8）电冰箱发出沉重的"嗡嗡嗡"电磁声

引起该故障通常为压缩机负荷过重所致，可通过测量电流和装设压力表，检查压缩机负荷是否过重，若负荷过重，要减少冷藏、冷冻食品，减少开门次数缩短开门时间，排除障碍物加强通风降低环境温度；把温度控制器调在 4 挡，通过上述处理后，即可排除故障。

（9）电冰箱发出"叮当"、"叮当"的响声

引起该故障应检查以下原因：固定压缩机的四颗地脚螺栓部分松动，导致螺栓与压缩机固定板撞击摩擦发出"叮当"、"叮当"的响声。对于该故障，则用扳手柄将松动

的螺栓分别拧紧，补齐弹簧垫圈或平垫圈，防止螺栓因受振动再次松动。

（十七）变频电冰箱不制冷的维修步骤

引起变频电冰箱出现不制冷的原因有，压缩机不运转、制冷管路堵塞、电磁阀损坏、继电器损坏、控制电路板、信号传输电路板、变频板出现故障。检修时，其具体步骤如下：

首先检查压缩机是否运转，当压缩机不运转将导致电冰箱的制冷剂无法流通，进而造成电冰箱不制冷的故障。

若压缩机运转，则检查制冷管路是否堵塞。当制冷管路堵塞，将导致制冷剂不流通，进而造成电冰箱不制冷的故障。

若制冷管路良好，则检查电磁阀是否损坏。当电磁阀出现故障将导致制冷剂无法流通，进而使电冰箱不制冷。

若电磁阀良好，则检查继电器是否损坏；若继电器良好，则检查控制电路板是否故障。

（十八）变频电冰箱制冷效果差的维修步骤

引起变频电冰箱制冷效果差的原因有，制冷剂过多或过少、风扇电动机不运转、门开关不正常、制冷管路泄漏、制冷管路堵塞、冷冻油进入制冷管路。检修时，其具体步骤如下：

首先检查制冷剂是否过多或过少。当电冰箱出现制冷剂不足时，其蒸发器会出现明显的结霜现象；而若制冷剂充注过量，则主要体现为电冰箱的吸气管有结霜或结露现象。

若制冷剂正常，则检查冷冻油是否进入制冷管路中。当冷冻油大量进入到制冷管路中，制冷剂在管路所占用的通道和内部空间将受到限制，使制冷剂的流通量减少，进而导致电冰箱制冷效果下降。

若冷冻油未进入制冷管路，则检查制冷管路是否泄漏。当制冷管路泄漏，将引起电冰箱的制冷剂泄漏，从而使电冰箱在工作过程中，管路中的制冷剂逐渐减少，导致电冰箱的制冷效果逐渐变差。

若制冷管路未泄漏，则检查制冷管路是否堵塞。当制冷管路堵塞将造成电冰箱中的制冷剂无法循环流通，从而引起电冰箱制冷效果差的故障。

若制冷管路未堵塞，则检查风扇电动机是否损坏。当风扇电动机损坏，将导致电风扇不运转，进而引起电冰箱的冷气无法良好地进行循环制冷，从而引起电冰箱的制冷效果变差的故障发生。

若风扇电动机良好，则检查门开关是否损坏。当门开关损坏时，将导致电风扇电动机不运转或始终运转的情况，进而造成电冰箱制冷效果差的故障。

（十九）变频电冰箱开机时间长的维修步骤

引起变频电冰箱开机时间长的原因有，制冷效果差、温度控制器性能下降、感温管盘制过少、温度传感器损坏、箱体内胆轻微脱落。检修时，其具体步骤如下：

首先检查制冷效果是否良好。当制冷效果差，使电冰箱在运行较长的时间后才能达到所设定的温度，进而使温度控制器的触点断开，压缩机停机。

若制冷效果良好，则检查温度控制器是否损坏。当温度控制器性能下降，将导致其感知电冰箱内的温度不够敏感，进而导致电冰箱冷冻室、冷藏室制冷效果强于正常工作状态，甚至有的冷藏室出现结冰现象。

若温度控制器良好，则检查温度传感器是否损坏。当温度传感器损坏，将导致其为主控板提供的温度信号失常，从而使电冰箱开机时间过长。

若温度传感器良好，则检查箱体内胆是否正常。箱体内胆正常情况下，应紧粘在电冰箱的内藏蒸发器表面。当两者脱离，固定在内胆表面的感温管不能正确感知蒸发器的温度，导致电冰箱开机时间过长。

> **【提示】** 温度控制器的感温管盘制过少的问题主要出现在二次返修的电冰箱中。如果感温管盘制过少，圈数不足，将造成电冰箱的感知温度不正确，导致电冰箱出现开机时间过长的故障。

（二十）变频电冰箱结霜严重的维修步骤

引起变频电冰箱结霜严重的原因有，开门频繁、食物放置过多、门封不严、温度控制器损坏、传感器损坏、电磁阀损坏。检修时，其具体步骤如下：

首先检查开门是否频繁、食物是否放置过多。当开门频繁、食物放得过多等很容易造成电冰箱箱内的温度过高，引起电冰箱不停机的故障，进而造成电冰箱结霜严重的故障。

若开门次数正常、食物放置正常，则检查门封是否损坏。当门封不严时，将导致电冰箱箱体内的温度无法达到制冷要求，致使蒸发器上面会出现较厚的霜层。

若门封良好，则检查温度控制器是否损坏。当温度控制器损坏，将无法准确地感应电冰箱内部的温度，使压缩机会一直处于工作状态，压缩机不能正常地启停，从而使得蒸发器上出现较厚的霜层。

若温度控制器良好，则检查传感器是否损坏。当传感器损坏，将导致其感温功能失灵，进而导致电冰箱的主控板指令失常，引起电冰箱结霜严重的故障。

若传感器良好，则检查电磁阀是否损坏。当电磁阀烧坏或不换向，将造成冷藏室的温度过低，会导致冷藏室内结有厚厚的霜层。

（二十一）变频电冰箱不化霜的维修步骤

出现此类故障时，首先检查主控板是否损坏。若主控板损坏，则更换；若主控板良好，则检查化霜控制器是否损坏；若化霜控制器良好，则检查化霜加热器是否损坏；若化霜加热器良好，则检查化霜传感器是否损坏。

第四章　空调器维修技能

第一节　空调器理论基础

一、空调器的组成

（一）壁挂式空调器室内、外机

1. 室外机的内部结构

空调器主要由压缩机、热交换器、系统管道（如截止阀、毛细管、四通阀等）、电路板、风扇及电动机等部件组成，图4-1所示为分体式空调器室外机。其中，压缩机是

图4-1　分体式空调器室外机

空调器制冷系统的动力核心，它可将吸入的低温、低压制冷剂蒸气通过压缩提高温度和压力，让里面的制冷剂动起来，并通过热功转换达到制冷的目的。

　　图 4-2 所示为壁挂式空调器室外机结构分解图。图 4-3 所示为壁挂机室外机制冷系统分解图。

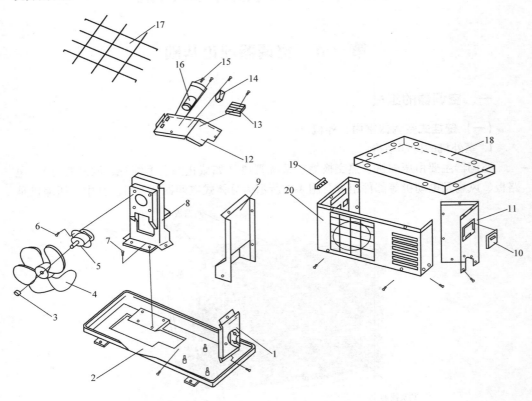

图 4-2　壁挂式空调器室外机结构分解图

1—阀门支架　2—底盘组件　3—法兰面固定左旋螺母　4—室外风机扇叶　5—室外风机电动机
6—电动机固定螺母　7—风扇电动机支架螺钉　8—风扇电动机支架　9—中隔板　10—控制盒盖
11—左侧板　12—室外机电器板组成　13—室外连接线端子排　14—室外风机电容
15—压缩机电容固定卡　16—压缩机电容　17—后护网　18—顶盖板
19—大提手　20—面板组件

2. 室内机的内部结构

　　图 4-4 所示为分体式壁挂式空调器室内机，从图中可以看出，空调器的室内机主要是由导风板、驱动电动机、蒸发器、风扇、电路部分、连接管路和遥控器等部分构成。

（二）柜式空调器室内、外机

1. 室内机的内部结构

　　柜式空调器室内机主要由室内换热器、贯流式风扇电动机、电气控制系统等组成。如图 4-5 所示，室内换热器安装于机壳内回风进风栅的后部，即机壳内上部；贯流式风

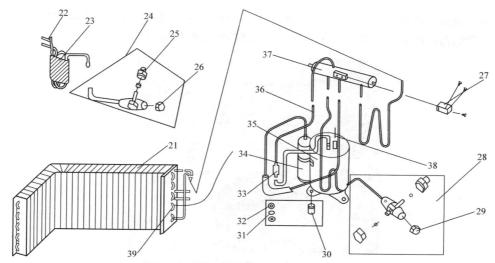

图 4-3　壁挂机室外机制冷系统分解图

21—冷凝器　22—毛细管　23—单向阀　24—二通阀　25—扩口螺母　26—二通阀阀帽
27—四通阀线圈　28—三通阀　29—三通阀阀帽　30—压缩机底座橡胶圈　31—弹簧垫圈
32—压缩机底座固定螺母　33—过滤器　34—气液分离器　35—压缩机　36—压缩机管路
37—四通换向阀　38—过载保护器　39—室外盘管温度传感器

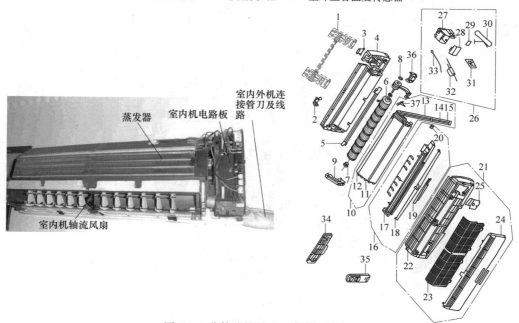

图 4-4　分体式壁挂式空调器室内机

1—安装板　2—管子支架　3—底盘盖　4—底盘组件　5—电加热　6—贯流风扇　7—轴承　8—风扇电动机
9—蒸发器卡子　10—蒸发器组件　11—蒸发器　12—蒸发器　13—铜管组件　14—管接头　15—管接头
16—排风格栅组件　17—排风格栅　18—水平导风板　19—显示电路板　20—步进电动机　21—前格栅组件
22—前格栅　23—空气过滤网　24—进风格栅　25—控制盒盖　26—控制盒组件　27—控制盒　28—控制盒板
29—SH 电容　30—电源线　31—控制板　32—高压发生器　33—传感器　34—等离子空气过滤网
35—遥控器　36—电动机盖　37—排水管

叶和风扇电动机安装于机壳内送风栅的后部，即机壳内下部；电气控制系统安装于贯流式风扇电动机的上部。图4-6所示为柜式空调器室内机分解图。

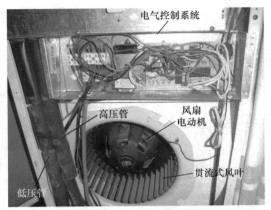

图4-5　分体柜式空调器的室内机组结构图

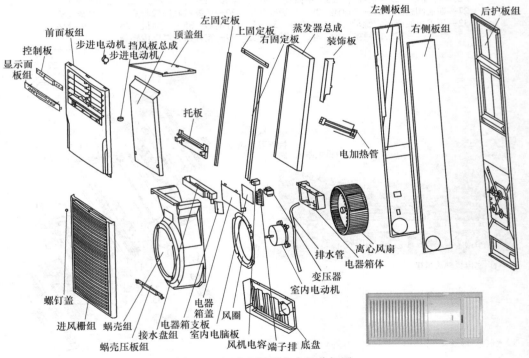

图4-6　柜式空调器室内机分解图

2. 室外机的内部结构

柜式空调器室外机组的结构与分体式壁挂机的结构基本相同，只是体积、功率比分体式壁挂机大一点，如图4-7所示。

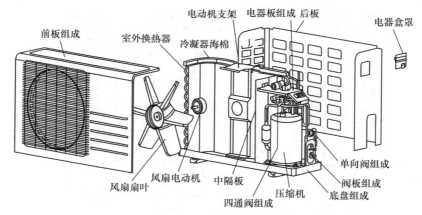

图 4-7　柜式空调器室外机的内部结构

二、空调器原理概述

（一）空调器的基本工作原理

1. 制冷循环

进行制冷运行时，来自室内机蒸发器的低压低温制冷剂气体被压缩机吸入压缩成高压高温气体，排入室外机的冷凝器；通过轴流风扇的作用，与室外的空气进行热交换而成为中温中压的制冷剂液体，经过毛细管的节流降压、降温后进入蒸发器；在室内机贯流风扇的作用下，与室内需要调节的空气进行热交换而成为低压低温的制冷剂气体，如此周而复始地循环以达到制冷的目的，如图 4-8 所示。

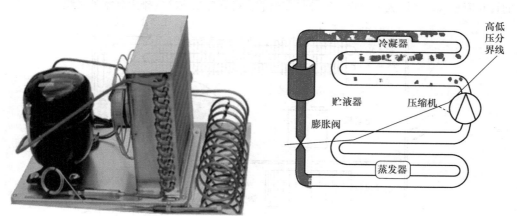

图 4-8　制冷循环示意图

2. 制热循环

当进行制热运行时，电磁四通换向阀动作，使制冷剂按照制冷过程的逆过程进行循环；制冷剂在室内机换热器中放出热量，在室外机换热器中吸收热量，进行热泵制热循环，从而达到制热的效果，如图 4-9 所示。

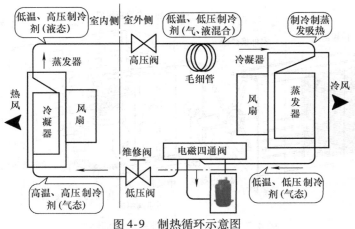

图 4-9 制热循环示意图

3. 送风循环

室外机压缩机和风扇电动机全关，只开室内送风风扇电动机进行强制循环送风。空气循环系统的作用一方面是强迫空气对流，使室内的制冷和制热空气充满整个房间；另一方面是将室内空气排出，并从室外吸入新鲜空气。它包括室内空气循环系统和室外空气循环系统两部分。其中，室内空气循环系统通常由空气过滤器、风扇、内风道、风栅等组成。室外空气循环系统主要由轴流风扇和百叶窗等组成。

窗式空调器的室外轴流风扇与室内离心风扇共用一台双轴单向异步电动机，室内、外循环空气通过隔板隔开，如图 4-10 所示。分体式空调器的室外轴流风扇由独立的电动机驱动。有些柜式空调器的室外机还采用两只轴流风扇，室外空气由空调器两侧（或后部）的百叶窗吸入，经轴流风扇吹向室外热交换器，将其热量或冷气排出到室外机组。

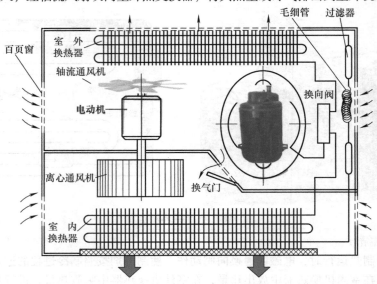

图 4-10 窗式空调器空气循环系统示意图

4. 变频调速

如图 4-11 所示，室内部分接收遥控器送来的控制信息，并根据室内空气温度、热交换器温度及室外机送来的状态信息，经过模糊推理，向室外机送出控制信息。室外机根据室内机送来的控制信息，产生 SPWM 波形，通过变频模块（见图 4-12）驱动压缩机在相应的频率上运转。在运转控制过程中，随着室外温度的不同、压缩机排气温度的变化及发热器温度的变化自动调整运行频率，使压缩机始终处于最佳的运行状态。同时，室外机还不断地检测电流、电压的变化，检测短路、过电压、欠电压等故障的发生，及时采取保护措施，以保障控制系统的良好运行。

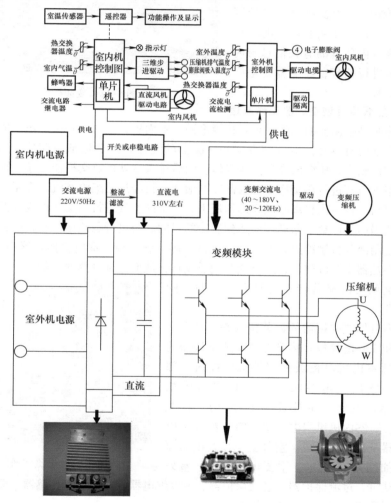

图 4-11　变频空调器工作原理示意图

单片机控制变频器，变频器可以改变电源频率，通过控制频率来控制压缩机的转速，使得空调器内部冷媒循环量相应发生变化，从而控制空调器的制冷、制热能力的大小。变频空调器的控制原理：单片机随时收集室内环境的有关信息与内部的设定值进行比较，经运算处理后输出控制信号到变频模块。

室内、室外机的两个单元中都有以单片机为核心的控制电路。两个控制电路仅用两根电力线和两根信号线（也有用一根信号线另一根用零线代替）进行传输，相互交换信号并控制机组的正常工作。变频空调器的单片机随时收集室内环境的有关信息与内部的设定值进行比较，经运算处理后输出控制信号。

图 4-12　变频模块

（二）热泵冷暖型空调器工作原理

热泵冷暖型空调器的工作原理：接通电源，室内机、室外机开始工作。进行制冷运行时，来自室内机热交换器（蒸发器和冷凝器的统称）的低温低压制冷剂（氟利昂）蒸气被压缩机吸入，压缩成高温高压气体；然后排入室外机热交换器，通过轴流风扇的作用，与室外空气进行热交换而成为制冷剂液体；再经过毛细管节流、降压、降温后进入室内换热器，在室内机离心风扇的作用下，与室内空气进行热交换而成为低压制冷剂气体，如此周而复始地不断循环而达到制冷的目的。当进行制热运行时，电磁四通换向阀动作，使制冷剂按制冷过程的逆过程进行循环，制冷剂在室内机换热器中放出热量，在室外机换热器中吸收热量，进行热泵制热循环，从而达到制热的目的。

冷暖空调器的显著特点是具有电磁四通阀（见图 4-13）。

热泵型分体式空调器的显著特点是，具有室内电控板和室外电控板。热泵型分体式空调器的电控板包括室内机电控板和室外机电控板两部分。其中，室内机电控板电路原理参考图如图 4-14 所示，主要由主控板（单片机）、开关板、显示屏、室内机风扇电动机、室内温度传感器、继电器及接线板组成。室外机电控板电路原理参考图如图 4-15 所示，主要由压缩机、室外

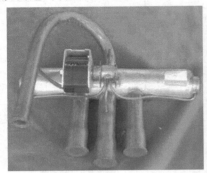

图 4-13　电磁四通阀

机风扇电动机、过流保护器、过载保护器、温度继电器、室外温度传感器、曲轴箱加热器、换向阀及室内室外机接线板组成。

热泵型空调器与电热型空调器的不同之处在于，热泵型空调器只采用制冷剂散热的方式制热，热泵型空调器具体工作时，主要通过换向阀的换向，使室内的蒸发器转换成冷凝器，从而达到制热的效果；而电热型空调器则通过 PTC 电加热制热。

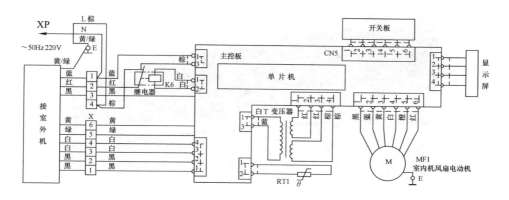

图4-14　热泵型分体式空调器室内机电控板电路原理参考图

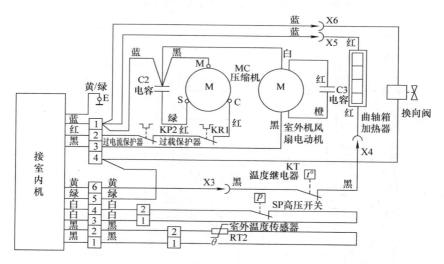

图4-15　热泵型分体式空调器室外机电控板电路原理参考图

（三）热泵电热型冷暖空调器工作原理

　　热泵电热型冷暖空调器是在热泵制热的基础上，用电热器辅助加热，以弥补热泵型空调器制热速度缓慢的不足。其电热器一般直接安装在室内机的出风口上（见图4-16）。

　　新型热泵电热型空调器采用微电脑芯片控制，集成度更高，控制电路更为简洁。图4-17和图4-18所示为热泵电热型分体柜式空调器的室内机电路参考图和室外机电路参考图。该机室内、室外机的主控电路均采用微处理器电路进行控制。

（四）交流变频空调器工作原理

　　变频空调器所采用的变频压缩机有交流与直流之分，而交流又有单转子与双转子之分，直流又有转子式与涡旋式之分。变频空调器所采用的节流机构有毛细管与电子膨胀阀之分。目前，市面上的变频空调器主要有三种类型，即交流变频空调器、普通直流变

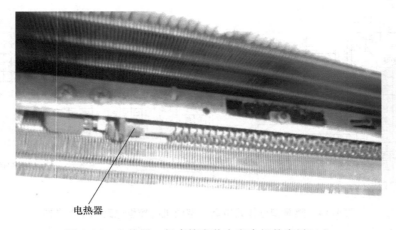

电热器

图 4-16　电热器一般直接安装在室内机的出风口上

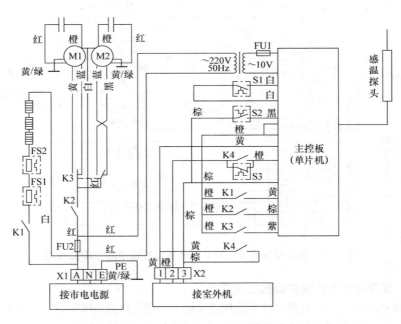

图 4-17　热泵电热型分体柜式空调器室内机电路参考图

频空调器和全直流数字变频空调器。

　　交流变频空调器的原理是把工频交流电转换为变频交流电。空调器功率模块（称为逆变器更为贴切，又称为变频模块，主要作用是将直流电转换成"可调的脉动交流电"）输出的是可变的交流电源［市电交流→直流（约310V）→可变交流］。功率模块的作用是将直流电转换成任意频率的有效值相当于三相交流电的交流电压。同时模块受微处理器送来的控制信号的控制，输出频率可调的交变电源，使压缩机电动机的转速随

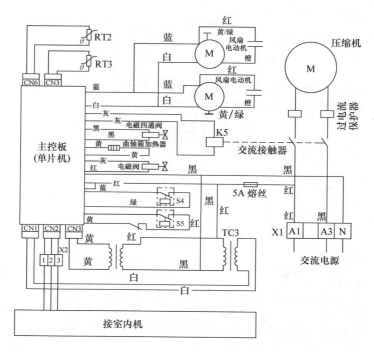

图4-18 热泵电热型分体柜式空调器室外机电路参考图

电源频率的变化作相应的变化来控制压缩机的排量，从而调节制冷量或制热量。

交流变频空调器的压缩机的转速跟随电源频率的变化而做相应的改变，从而控制压缩机的排量，调节制冷量或制热量。

交流变频空调器室内机电路与普通空调器基本相同，仅增加与室外机通信电路，通过信号线按一定的通信规则与室外机实现通信，信号线通过的一般为+24V或+12V电信号。

室外机电路一般分为三部分：室外主控板、室外电源电路板及逆变模块组件。电源电路板完成交流电的滤波、保护、整流、功率因素调整，为变频模块提供稳定的直流电源。变频模块组件输入直流电压，并接受主控板的控制信号的驱动，为压缩机提供运转电源。图4-19所示为交流变频空调器电路组成示意图。

图4-20所示为交流变频空调器的工作原理框图。

交流变频空调器的工作过程：室内部分接收遥控器送来的控制信息，并根据室内空气温度、热交换器温度及室外机送来的状态信息，经过模糊推理，向室外机送出控制信息。室外机根据室内机送来的控制信息，产生SPWM波形，逆变器（在变频的同时也变压，故又称为V/F调频）驱动压缩机在相应的频率和电压上运转。在运转控制过程中，随着室外温度的不同、压缩机排气温度的变化及发热器件温度的变化自动调整运行频率，使压缩机始终处于最佳的运行状态。同时，室外机还不断地检测电流、电压的变化，检测短路、过电压、欠电压等故障的发生，及时采取保护措施，以保障控制系统的

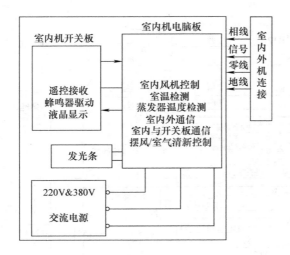

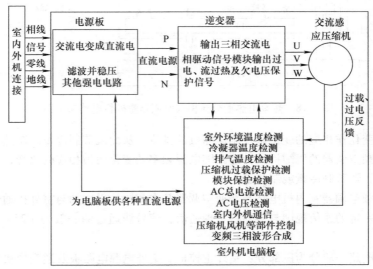

图4-19 交流变频空调器电路组成示意图

良好运行。

【维修笔记】 交流变频空调器所用的大多是三相电动机，单相电动机比较小。交流变频调速由于电动机本身特性的问题，调速范围比较小，性能不够理想。

（五）直流变频空调器工作原理

直流变频空调器的原理是把工频交流电转换为直流电源，送到IPM模块（见图4-21），模块受微处理器送来的控制信号的控制；模块（主要作用是用来将直流电移相调压，以推动直流电动机）输出受控的直流电源，送至压缩机的直流电动机；由于压缩机中有氟利昂气体，容易因火花而爆炸，而有刷电动机容易产生火花，所以在直流变频空调器中大多采用无刷直流电动机，通过功率模块输出受控的直流电来控制转速，从而控制压缩机的排量来进行功率的调整。

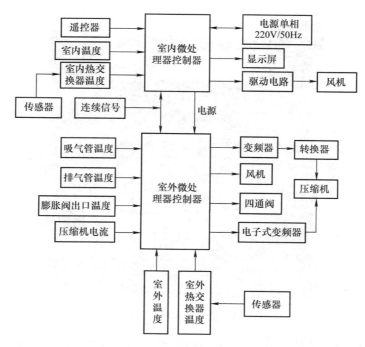

图 4-20 交流变频空调器的工作原理框图

直流变频空调器是由交流变频演变而来的，内部采用直流驱动，用改变直流电压的方法来调节压缩机的转速，简单地说就是"变转速"。压缩机使用了直流无刷电动机，转子采用永磁转子，不存在反复磁化转子的弊端，因此使空调器更省电、噪声更小。

直流变频空调器的室外机电路一般也分为三部分：室外主控板、室外电源电路板及直流变频模块及其组件（见图 4-22）。电源电路板完成交流电的滤波、保护、整流、功率因素调整，为变频模块提供稳定的直流电源。变频模块组件输入 310V 直流电压，并接受主控板的控制信号驱动，为压缩机提供运转电源。

图 4-21 功率模块

图 4-23 所示为直流变频空调器电气电路参考图，室内部分接收遥控器送来的控制信息，并根据室内空气温度、热交换器温度及室外机送来的状态信息，经过模糊推理，向室外机送出控制信息。室外机根据室内机送来的控制信息，经过直流变频模块产生相

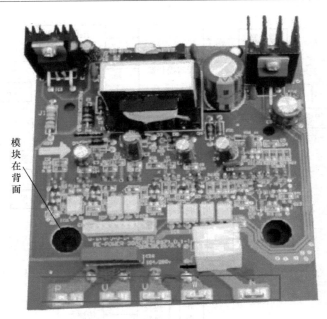

模块在背面

图 4-22　直流变频模块及其组件

应的直流电压，驱动直流压缩机产生相应的转速。在运转控制过程中，随着室外温度的不同、压缩机排气温度的变化及发热器件温度的变化自动调整运行转速，使压缩机始终处于最佳的运行状态。同时，室外机还不断地检测电流、电压的变化，检测短路、过电压和欠电压等故障的发生情况，及时采取保护措施，以保障控制系统的良好运行。

与交流压缩机不同，直流变频压缩机还要进行换相。直流压缩机电动机每旋转60°/120°便更换导通的绕组，是 60°/120°换相的。其差别是因绕组排列而不同的，绕组的形式决定换相的间隔。霍尔元件是实现换相的触发器，它的位置是由绕组的排列位置与相数决定的。对于有霍尔传感器的电动机，60°换相和 120°换相只是电角度，对于四极电动机来说，对应的空间角度则分别为 30°、60°。

下面以采用无刷直流电动机（见图 4-24）的直流变频空调器为例，介绍其压缩机是怎样进行电动机换相的。

无刷直流电动机在运行时，必须实时检测永磁转子的位置，从而进行相应的驱动控制，以驱动电动机换相，才能保证电动机平稳地运行。实现无刷直流电动机位置检测的方法主要有两种：一是利用电动机内部的位置传感器提供信号；二是检测无刷直流电动机相电压，利用相电压的采样信号进行运算后得出。由于后一种方法省掉了位置传感器，所以直流变频空调器压缩机大多采用后一种方法进行电动机的换相。

在无刷直流电动机中总有两相绕组通电，一相不通电。一般无法对通电绕组测感应电压，因此通常以剩余的一相作为转子位置检测信号用线，检测感应电压。通过专门设计的电路进行转换，反过来控制给定子绕组施加方波电压，从而实现压缩机电动机的换相。

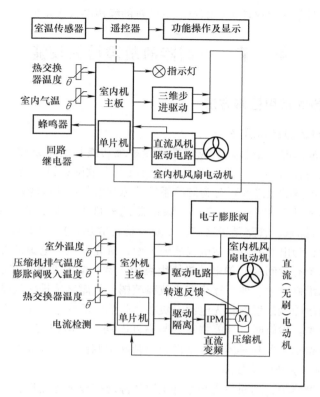

图 4-23　直流变频空调器电气电路参考图

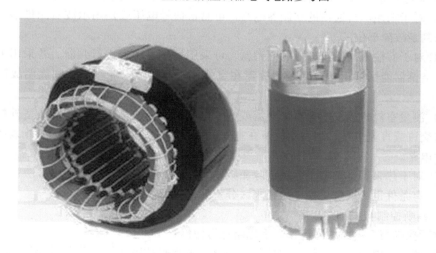

图 4-24　压缩机无刷电动机实物图

【维修笔记】直流变频空调器中的直流电动机调速性能比交流电动机要好。所以，直流变频空调器比交流变频空调器的调节性能要好一些，调节范围也要宽很多。而且有些高档的变频空调器采用双转子压缩机，室外机的噪声会大大降低。

第二节　空调器的故障检修技能

一、空调器的常用检修方法

（一）空调器故障检修思路

检修空调器故障时，检修人员应熟悉制冷系统功能和电路原理。在空调器的故障中，故障原因主要有两类：一类为机器外原因或人为故障；另一类就是机器本身的故障。其中，机器本身的故障又可分为制冷系统故障和电气系统故障两类。在分析处理故障时，应首先排除机器的外部故障；排除机器的外部故障后，再排除制冷系统故障（如制冷系统是否漏氟、管路是否堵塞、冷凝器是否散热等）。在排除制冷系统故障后，再进一步检查是否为电气故障。在电气故障方面，首先要检查电源是否有问题，然后再检查其他电控系统有无问题（如电动机绕组是否正常、继电器是否接触不良）。这样按照上述的思路和维修程序，便可逐步缩小故障范围，从而迅速排除故障。

空调器电路故障检修思路：先电源后负载，先强电后弱电；先室内后室外，先两端后中间；先易后难。检修时，如能将室内与室外电路、主电路与控制电路故障区分开，就会使电路故障检修简单和具体化。下面介绍判断空调器电路故障的几种检修思路。

1. 判断室内与室外电路故障

空调器实际维修中，判断室内与室外电路故障应按以下思路进行检修：

1）对于有故障显示的空调器，可通过观察室内与室外故障代码来区分故障部分。

2）对于采用串行通信的空调器电路，可测量信号电压或是用示波器测量信号线的波形来判断故障部位。

3）对于有输入与输出信号的空调器，可采用短接方法来进行判断。若采用上述方法后，空调器能恢复正常，则表明故障在室外机；若故障未能排除，则表明故障在室内机。

4）测量室外机接线端上有无交流或直流电压来判断故障部位。若测量室外接线端子上有交流或直流电压，则表明故障在室外机；若测量无交流或直流电压，则表明故障在室内电路。

5）对于热泵型空调器不除霜或除霜频繁，则多为室外主控电路板故障。

6）有条件也可通过更换电路板来区分室外机故障。

2. 判断控制与主电路故障

判断控制与主电路故障应按以下思路进行检修：

1）测量室内与室外保护元器件是否正常，来判断故障区域。若测量保护元器件正常，则表明故障在控制电路；若测量保护元器件损坏，则表明故障在主电路。

2）对于空调器来说，可以通过空调器的故障指示灯来进行判断，如 EEPROM、功率模块、通信故障等。

3. 判断保护与主控电路故障

判断保护与主控电路故障应按以下思路进行检修：

1）可通过检测室内外热敏电阻、压力继电器、热保护器、相序保护器是否正常，来判断故障部位。若保护元器件正常，则表明故障在主控电路；若不正常，则表明在保护电路。

2）采用替换法来区分故障点，若用新主控板换下旧主板，故障现象消除，则表明故障在主控电路；若替换后故障不存在，则表明故障在保护电路。

3）利用空调器"应急开关"或"强制开关"来区分故障点，若按动"应急开关"后空调器能制冷或制热，则表明主控电路正常，故障在遥控发射与保护电路；若按动"强制开关"后，空调器不运转，则表明故障在主控电路。

4）观察空调器保护指示灯亮与否来区分故障点，若保护灯亮，则表明故障在保护电路；若保护灯不亮，则表明故障在主控电路。

5）对于无电源不显示故障，首先检查电源变压器、压敏电阻、熔丝管是否正常，若上述元件正常，则表明故障在主控电路板。

6）如测量主控板直流电 12V 与 5V 电压正常，而空调器无电源显示也不接收遥控信号（遥控器与遥控接收器正常情况下），多为主控电路故障。

（二）空调器故障的基本判断方法

空调器常见故障的基本判断方法主要有五种，即看、听、摸、测、析。

1. 看

仔细观察空调器外形是否完好，各个部件的工作情况是否正常，重点观察制冷系统、电气系统、通风系统三部分，判断它们工作是否正常。例如，观察制冷系统各管路有无断裂、各焊接处有无制冷剂漏出的油渍、各连接铜管位置是否正确、铜管是否插到壳体上等；电气系统熔丝是否熔断、电气导线的绝缘是否良好、电路板有无断裂、电器元器件上的插片有无松脱等；空气过滤网、热交换器是否积尘过多；进风口、出风口是否畅通；风扇电动机与扇叶运转是否正常；风力大小是否正常等。

2. 听

通电开机，仔细听整机运转的声音是否正常。空调器在运行中，正常情况下振动轻微、噪声较小，一般在 50dB 以下。引起振动和噪声过大的原因主要有，安装不当、防振橡胶或防振弹簧防振效果差、压缩机液击或内部阀片破碎、风扇内有异物或叶片变形等。压缩机的运转声应为平稳而均匀的声音，若通电后出现"嗡嗡"声，说明压缩机不能起动，一般是压缩机起动电容失容或有机械故障；听风扇电动机运转时有无异常声音。

3. 摸

压缩机正常运行 20～30min 后，用手触摸空调器的蒸发器、冷凝器及管路各处，感受其冷热、振颤等情况。正常情况下，蒸发器各处的温度相同，且表面发凉；冷凝器的温度是自上而下逐渐下降的，下部的温度稍高于环境温度；干燥器、出口处毛细管应有温热感（与冷凝器末段管道温度基本相同）；距压缩机 200mm 处的吸气管的温度应与环境温度差不多。

4. 测

即用检测仪表对相关部位和元器件进行测量，以对故障的性质和部位作出准确的判断。如用万用表测量电源电压是否正常；用钳形电流表测量运行电流是否符合要求；用绝缘电阻表测量电路或电动机绕组的对地绝缘电阻是否符合要求；用温度计测进、出风口温度；用卤素检漏仪或电子检漏仪测量系统有无泄漏或泄漏程度等。

5. 析

即对家用空调器的故障作全面的精密的分析。由于家用空调器的制冷系统、电气系统和空气循环系统的彼此之间存在着相互的联系和影响，而看、听、摸、测的检测方法，只能反映某种局部状态，不能确定故障的真正原因，只能通过分析后才能做出正确的判断。

分析的原则：从简到繁，由表及里，突出特征，按系统为段，综合比较。整个分析过程必须按照家用空调器的结构和工作原理进行。

如空调器不启动，其故障的可能原因有电源问题、控制电路问题和压缩机本身问题。首先，应检查电源供电是否正常，熔丝是否完好；若电源和熔丝都正常，再检查起动继电器是否有故障；若起动继电器完好，再检查过载保护器、温控器、电容器是否有故障；若以上检查均正常，最后就要检查压缩机是否烧坏，这样就可以找到故障的真正原因。

二、空调器检修时应注意的事项

变速空调器直流电源与普通空调器不同，电路检测点也不相同。检修应注意以下事项：

1）空调器主电路整流电压高，滤波电容的电容量大，检修时务必将电容器放电，以防止发生触电事故。

2）由于空调器供电源范围宽，因此部分厂商的控制电路采用开关电源供电，检修时应注意底板带电问题。

3）变频模块制造时，由于厂商要求不同，内部电路也不完全相同。有些模块内含有保护电路，为主控板提供电流电源。因此，当利用故障代码检修时，应对整机电路有所了解，否则很容易走弯路（如无 DC280V 或变频模块内部保护，造成显示通信故障，故障就不一定完全出在通信电路）。

三、空调器的常见故障检修

（一）空调器压缩机常见故障快修方法

空调器压缩机是家用空调器的核心部件，它与电动机组合为一体，结构精密、故障率较低。但由于使用不当和压缩机的正常老化，常出现压缩机卡缸、抱轴和电动机烧坏等故障。

检修时，加电后如压缩机不运转，但出现"嗡嗡"声，则重点检查压缩机有否卡缸和抱轴现象；如开机后，压缩机无任何反应，检查压缩电动机电源电压正常，则重点检查压缩机定子绕组（见图4-25）绝缘电阻和线圈的直流电阻值是否正常。当检查压缩机已严重损坏时，必须更换压缩机。

压缩机定子绕组

测试接线端之间的直流电阻及与铁心之间的绝缘电阻

图4-25　检查压缩机定子线圈

（二）空调器压缩机不工作的快修方法

压缩机不工作的快修方法如图4-26所示，根据检修流程进行检修。

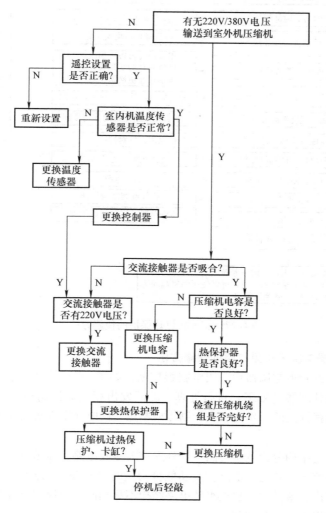

图4-26　压缩机不工作的快修方法

（三）空调器压缩机过热保护的快修方法

压缩机过热保护的快修方法如图 4-27 所示。

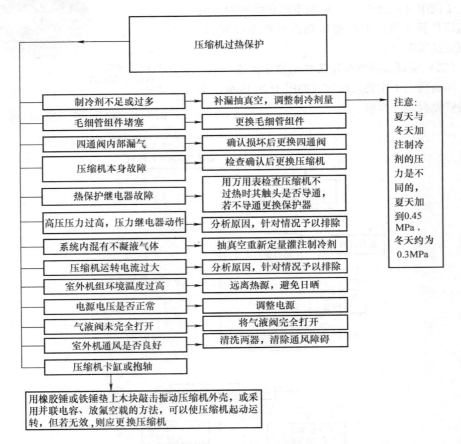

图 4-27　压缩机过热保护的快修方法

（四）空调器电脑板常见故障的快修方法

近几年生产的新型空调器均采用电脑板控制，如图 4-28 所示。它通过接收到的各种电信号，用微处理器（MCU）进行处理，然后发出相应的控制指令对执行器件进行控制，使空调器根据人的操作指令实行制冷或制热，同时在室内机液晶屏上作出相应的显示。

电脑板的控制结构分为电源电路、红外遥控与接收电路、显示电路、执行电路、信号检测电路、振荡电路和复位电路。其功能分为延时（3min）、开关、定时、睡眠和自动运行等。因室内、室外空调器机组的电路结构不尽相同，但控制原理大同小异，检修电脑板时应掌握以下方法和技巧。

1. 电脑板交流部分的检修方法和技巧

当空调器接通电源后，用遥控器开机，室内、室外机都不运转，且听不到遥控开机

图 4-28 空调器电脑板实物图

时接收红外信号的"嘀嘀"声，说明电源部分有故障。

2. 室内机电脑板的检测方法和技巧

室内机电脑板故障有以下几个方面，应根据故障现象，结合本机的电路，利用故障代码和自诊断功能，进行判断和检修。

1）供电源正常，遥控和手动开机无效，蜂鸣器不响，所有指示灯不亮。

此种情况是电脑板的 5V 供电路、MCU 复位电路或晶振电路有故障。

2）外电源供电正常，但整机不工作。

此种情况可能是过电流误保护引起的。常见的故障原因是过电流预置保护器不良。检查时，可将穿过过电流保护检测互感器的线不穿过互感器进行试验，若空调器能正常运转，则可判断是过电流预置保护器有故障，应更换。

【维修笔记】必须更换原型号的保护器，否则会失去保护作用。

3）制冷时或制热时自动停机，制冷、制热效果差。

自动停机故障一般是传感器输入电路开路或短路，也可能是传感器因长期使用后，其阻值特性发生了变化，造成 MCU 感温不准，使空调器失控。

4）室内机风扇电动机能起动，但旋转 10s 停 30s，反复几次后，便停止转动。

此种故障是由于室内机风扇电动机检测速度的霍尔元件故障造成的。检查时，用手拨动风扇电动机使之旋转，用万用表 100V/10V 挡测量霍尔元器件的反馈线，正常时应有电压脉冲输出。若无电压脉冲输出，MCU 收到反馈脉冲信号，便发出指令，使室内机风扇电动机停机保护。只要更换检测风扇电动机转速的霍尔元件，故障即可排除。若是测速用的磁铁脱落，将其粘好即可。

5）开机后，电源指示灯和运转指示灯均亮时，有相应的状态显示，但空调器不能正常工作，也无故障代码。此种情况是 MCU 输出控制电路有故障。

造成 MCU 输出控制电路故障的主要原因一般是控制执行元器件不良。应检查继电器触头是否粘连、结碳或烧损而造成接触不良；检查与继电器并联的保护二极管或电容是否短路；检查光耦合器晶闸管是否被击穿。如发现元器件损坏，更换损坏的元器件即可。

6）注重集成电路外部元器件进行检查。通常电脑板中的集成电路损坏的概率较小，大多表现为因使用时间过长而出现的引脚氧化虚焊。电脑板中的集成电路常用的是CPU、电动机控制集成电路和驱动集成电路（见图4-29）。检修时主要检查此类集成电路是否存在虚焊现象。

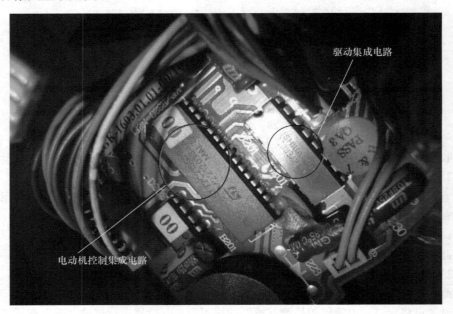

图 4-29　电脑板中的集成电路

实际检修中发现，集成电路外部元器件及连线不良而引起的故障较多，特别要注意对集成电路外围晶振的检测。

（五）空调器热交换器故障的快修方法

换热器出现故障时，表现为空调器制冷效果差或根本不制冷。其原因是，由于蒸发器或冷凝器表面沾满灰尘，失去了散热作用，或其盘管穿孔泄漏，造成制冷剂不足而影响制冷（热）。其排除方法是：

1）首先清除蒸发器、冷凝器表面上的灰尘，先用钢刷和毛刷刮去翅片上的污物，再用清水冲洗干净。若故障不能得到排除，则可能是制冷剂泄漏引起的。

2）蒸发器和冷凝器泄漏部位一般在管道的接头连接部位和焊接处。由于泄漏使制冷系统内气体过少或根本没有气体了，采用检漏仪检测时，应先充气，然后用检漏仪进行检测，即可以找到泄漏点。

3）对于漏点微小的蒸发器可采取焊补的方法，焊补时，漏洞处应加贴铝片。铝蒸发器的漏点也可以用耐高温、耐高压的胶（如SR102、CH3）来粘补。粘补前应将被粘接面处理干净，粘补后经固化24h，即可使用。

4）对于漏点较大的蒸发器，可采用与原蒸发器规格相近的铜管重新盘绕来替换。

（六）空调器四通阀动作不正常的快修方法

四通阀仅在制热时动作，制冷状态是释放的，但是少数空调器的四通阀会在制冷状态动作、制热时释放。在制热过程中，如果室外机热交换器表面的温度低于零下5℃时，四通阀会自动释放，切换到制冷状态进行除霜。四通阀应该动作而不动作的情况有两种：一种是四通阀加电后不动作，此种一般是四通阀损坏；第二种是四通阀驱动绕组没有加220V的交流电源，此时检查继电器是否损坏，驱动、倒相集成电路及其外围电路是否有问题（主要检测驱动集成电路和倒相集成电路有关的输出脚与输入脚电压是否正常），微处理器以及有关电路是否有问题。

（七）空调器噪声故障的快修方法

空调器噪声是维修当中最常见的故障，噪声有来自室内机也有来自室外机的，包括摩擦噪声、风声、气流声、电磁声等。装配工艺问题、结构设计问题、零部件质量问题、空调器安装问题等均可能造成噪声。在检修噪声故障时应先查清声音来自室内机还是室外机，然后细听声音类别，最后再从产生原因上进行针对性处理。

1. 室内机

引起室内机噪声有以下原因：

1）壁挂式安装固定挂墙板不牢固松动或墙面不平整。重新固定挂墙板，或处理墙面，使挂墙板保持平整。

2）室内机塑料件注塑时毛刺未清理干净，与贯流风叶摩擦产生噪声；室内机塑壳面板松动未扣紧，或自锁开关松动，室内机运行时面板与中框碰撞产生噪声；室内机塑料件变形，塑封电动机移位导致风叶与塑料底座摩擦产生噪声；塑料件热胀冷缩产生噪声。

3）室内风扇电动机与室内风叶固定螺钉松动。

4）室内风扇电动机串轴、同心度不好、转子与定子摩擦；导风电动机、导风门（连接机构摩擦声）有异声；步进电动机、导风电动机内部齿轮损坏产生噪声；导风门连接机构摩擦缺少润滑油，摩擦产生噪声；导风门打开角度不够，出风不畅产生"呼呼"风声。

5）室内风扇电动机与贯流风轮及风扇电动机轴承装配不到位，产生摩擦响声。检修时可将贯流风轮取下，若噪声消失，则更换贯流风轮（其原因一般是贯流风轮不平衡或变形）；若噪声依旧，则说明是内风扇电动机有故障，此时更换内风扇电动机即可。

6）塑封电动机安装时，电动机引出线处与室内机底座或电动机盖相碰，运行时共振产生噪声，如图4-30所示。

7）贯流风叶破损、左侧风

图4-30　电动机引出线处与室内机底座或电动机盖相碰

叶轴套磨损（见图4-31），间隙增大或无润滑油，导致风叶转动时跳动大，轴承与轴套摩擦产生噪声；室内风叶同心度不好、风叶破损造成气流混乱产生噪声；贯流风叶装配时太靠左（见图4-32），使的风叶轴承与左侧风叶轴套橡胶间产生摩擦发出噪声；室内机底座靠风叶两端的密封贴条脱落（见图4-33），与贯流风叶摩擦产生噪声。

8）风叶平衡性不好或蒸发器本身有问题发出啸叫声。

9）柜室内机分液毛细管未扎紧（见图4-34），毛细管之间相互碰撞产生噪声。

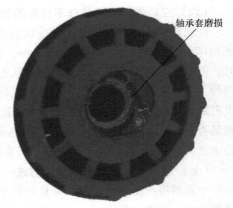

图 4-31　轴承套磨损

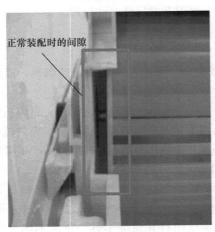

图 4-32　贯流风叶装配时太靠左

10）系统堵塞。室内机蒸发器配管微堵、分液毛细管微堵、连接配管弯扁等造成节流，室内机发出"咝咝"气流声；风道系统堵塞（如过滤网脏造成进风不畅）发生噪声。

【维修笔记】一般来说空调器在刚开机几分钟的时间里，气流声很大（因制冷系统高低压差未正常建立），逐渐慢慢变小至恢复正常，此现象应属正常。若工作很久后仍存在很大的气流声，则应检查是否因安装不当造

图 4-33　密封贴条

分液毛细管未扎紧

图4-34　分液毛细管未扎紧

成连接管弯扁产生二次节流或室内机蒸发器接口被焊渣堵住（此时更换蒸发器）。

2. 室外机

引起室外机噪声有以下原因：

1）安装时产生的噪声。①如室外机支架安装不水平（或因组合支架各固定螺钉紧固不到位变形），产生室外机底脚不平；②室外机底脚螺钉紧固受力不均匀产生；③室外机安装位置（选择墙壁结构）不当，墙体有空洞室内会产生回旋环绕声、窗子玻璃的共振声等；④空调器的管路有弯扁的地方、连接管松动或相互碰撞；⑤室外机共振声，特别是取消电动机架的小室外机。

2）室外风扇电动机或轴流风叶装配不良、室外风叶平衡不好。将室外机轴流风叶取下试机，如噪声消除，则更换轴流风叶，否则更换室外风扇电动机。

3）压缩机质量有问题。压缩机本身噪声大；压缩机橡胶垫磨损（见图4-35），导致压缩机底座与室外机底座摩擦碰撞产生噪声。

4）室外机内部部件及机壳固定螺钉松动；轴流风扇电动机和风叶、压缩机未加了隔音棉（见图4-36）。

压缩机橡胶垫

图4-35　压缩机橡胶垫

隔音棉

图 4-36　加隔音棉

5）室外机配管离压缩机、钣金件太近（见图 4-37），运行时抖动碰撞产生噪声。

配管

图 4-37　配管

6）室外机轴流风叶破损产生啸叫声；室外机风叶电动机架固定螺钉松动（见图 4-38），电动机架振动或风叶位移与出风网罩或室外机钣金件相碰产生噪声。

7）室外风叶碰钣金件、冷凝器或出风网罩；室外机出风网罩与室外机钣金件固定螺钉松动，相互碰撞产生噪声。室外机出风网罩与固定螺钉如图 4-39 所示。

8）隔风立板卡扣脱出、松动，与室外机底座相碰摩擦，如图 4-40 所示，产生噪声。

9）整机的风道设计不合理，设计不合理空调器室外机易发生振动。

10）制冷系统的冷媒流动，会发出类似水流的"哗哗"声，这个是正常现象。

图 4-38　室外机风叶电动机架螺钉

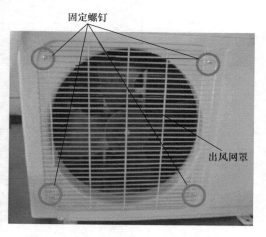

图 4-39　室外机出风网罩与固定螺钉

【维修笔记】 当不能确定噪声是来自压缩机还是来自室外电动机时，可先断开压缩机听室外电动机是否有噪声，如没有则可以断定为压缩机噪声；当不能判断是室内机噪声还是系统氟利昂流动声音时，可先断开室外机只开室内机，如声音还有，则排除是系统问题。

（八）空调器整机不工作的快修方法

当电源电路与控制电路有问题均会导致空调器整机不工作，检修此类故障时，可先检查外部较明显的故障，排除外部故

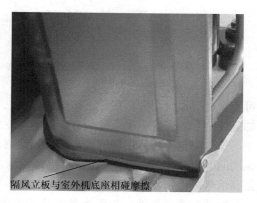

图 4-40　隔风立板与室外机底座相碰摩擦

障后，拆开机壳，对照机壳内表面的厂商给出的接线图（每台空调器的室内机和室外机的机壳内表均有厂商提供的接线图，图 4-41 所示为华宝 KFR－61LW/K2D1 室内机电气接线图），维修人员可根据接线图进行检查，并按以下步骤进行检修。

1. 市电源供电不正常

用万用表交流电压挡检测空调器上是否有 220V 交流电压；若空调器上没有 220V 交流电压，则检查电源插头、插座、电源线及供电压是否正常。若有 220V 交流电压，则检查熔丝管是否熔断；若熔断，则更换熔丝管，并查清熔丝管熔断的原因（如查变压器是否有断路点、整流二极管及滤波电容是否击穿、电路是否有短路、压缩机与风扇电动机、四通阀的绕组是否有断路点等）。

2. 微处理器工作不正常

首先，观察电路板是否有明显烧坏现象。若没有，则检查电路元器件是否有问题，

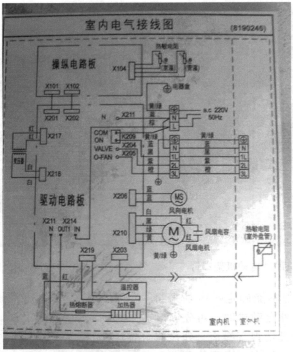

图 4-41　华宝 KFR－61LW/K2D1 室内机电气接线图

可查微处理器（CPU）正常工作所必备的三个条件，即 5V 工作电源、时钟信号和正确的复位信号。当这三个条件中有一个条件发生故障，系统就不能正常工作。

检修时首先用万用表的直流电压挡检测 +5V 电压是否正常。若 +5V 电压失常，则说明问题出在 5V 整流滤波稳压电路；若测 5V 供电压正常，则用数字频率计检测时钟振荡信号是否正常。若时钟振荡信号失常，则检查时钟电路中元器件是否有问题，可更换晶振及相关元器件；若更换晶振及相关元器件后仍没有时钟振荡信号，则说明 CPU 损坏。若供电压、时钟电路均正常，则检测复位引脚是否正常（正常时该脚在开机瞬间应为 0V，随后保持在 5V 左右）。复位脚瞬间电压不能用万用表测出，可采用瞬间将复位脚对地短路一下，看 CPU 工作是否正常。若微处理器工作正常，则说明故障在复位电路，此时可用代换法检查复位电路中元器件是否损坏；若复位电路中无元器件损坏，但 CPU 仍不能工作，则说明 CPU 损坏。

（九）空调器遥控接收不正常的快修方法

正常时，空调器室内机上的遥控接收头收到遥控器发出的遥控信号时，会有"嘀"的响声；若没有"嘀"的响声，则空调器不能按指令进行工作，说明遥控接收不正常。遥控接收不正常故障大多在遥控器上，可将遥控器对准中波收音机，然后按动按键，此时收音机应该有"嘟嘟"的响声。若无"嘟嘟"声，则说明故障发生在遥控器上，常见的故障是电池接触不良、电池盒插座锈蚀、遥控器电路板上的晶振虚焊或损坏。若有"嘟嘟"声则说明遥控器无问题，故障发生在遥控接收部分。此时检查遥控接收头的插接件接触是否良好、是否有5V电源；若均正常，则说明遥控器接收头有问题，此时更换遥控接收头即可。若遥控器有一个按键不起作用，说明该按键接触不良，此时拆开遥控器用棉花蘸上无水酒精清洗按键板与电路板即可。

对于损坏的遥控器，可直接用万能空调器遥控器（见图4-42）进行替代操作。万能空调器遥控器有控制一台空调器的，也有控制多台的。图4-42所示为能同时控制三台的科朗RM-1000C型万能空调器遥控器。不同的空调器接收器有不同的编码，使用万能空调器遥控器之前，先进行对码。

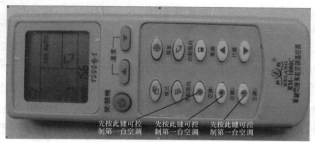

图4-42　科朗RM-1000C型万能空调器遥控器

万通空调器遥控器的对码方法有以下两种：

1）单键闪搜法。插上空调器供电源插头，按住"空调器1"（或空调器2、空调器3等，按住哪个空调器键，今后开机时也先按相应的空调器键），此时显示屏字符闪烁，当空调器发出响声时，则说明对码成功；此时放开空调器1键，遥控器仍然对准空调器接收器；当空调器再次出现响声时，立即按下空调器1键进行确认，则表示对码完成。

2）人工代码法。插上空调器供电源插头，按住"空调器1"（或空调器2、空调器3等，按住哪个空调器键，今后开机时也先按相应的空调器键）后放开，此时显示屏上MODE后面的字符闪烁，按代码键，增加或减少数字；当空调器发出响声时，则说明对码成功，此代码则为该空调器接收机遥控代码。记住该代码（或通过遥控代码表直接查询），采用直接输入此时也可。输入后，放开空调器1键，遥控器仍然对准空调器接收器，当空调器再次出现响声时，立即按下空调器1键进行确认，则表示对码完成。

【维修笔记】采用万能遥控器进行对码时，最好采用品牌新电池，用电量不足或劣质电池往往难以对码成功。

（十）　空调器不制冷的快修方法

引起空调器不制冷的原因：压缩机不工作；管路系统无制冷剂；管路系统堵塞；内风扇电动机不转；压缩机阀片损坏；四通阀串气。

检修时首先检查电源电压是否正常；若正常，则检查设置是否正确；若正常，则开机观察空调器室内室外机运转是否正常；若室内室外机均没有工作，则说明故障出在电路系统；若室内室外机能运转，则说明故障发生在管路系统。

检修不制冷故障时可检测空调器的运行电流（见图4-43，将钳形电流表挡位设置在最高挡，然后检测空调器其中一根导线运行电流是否正常）和管路系统的工作压力来初步判断故障部位。

若空调器室内、室外机运行均正常，则可用钳形电流表检测空调器整机运行电流来判断故障所在点。

若测得空调器整机电流偏小（不到额定电流的一半以上），说明压缩机负荷较轻，此时应检查管路系统是否缺少制冷剂或空调器室外机四通阀是否存在串气现象。区分是管路系统缺制冷剂还是四通阀串气，可测量管路系统的均衡压力来判断。方法是，在空调器停机状态下，测量管路系统的均衡压力。当均衡压力正常，说明四通阀串气；若均衡压力偏低，说明管路系统缺少制冷剂。

图 4-43　检测空调器的运行电流

若测得空调器整机的工作电流偏大，但空调器不制冷，这时可用压力表来测量室外机的工艺口的运行压力进行进一步判断就可很直观地在压力表上读出系统运行压力。测量空调器管路系统运行压力的方法是，采用一端带顶针的工艺管，无顶针端连接压力表，有顶针端连接空调器室外机的工艺口（见图 4-44）。

若测得空调器整机工作电流正常但不制冷，此时可在空调器运转的情况下测量室外机工艺口的压力；当运行压力很小甚至为负压，说明管路系统存在堵塞点，此时应重点

图 4-44　用压力表测量管路系统

检查毛细管、单向阀及连接管路是否堵塞（一般在堵塞部位有结霜现象）；若测得的运行压力偏大，则说明四通阀有问题（如四通阀串气或四通阀已转换为制热状态）。

（十一）　空调器制冷效果差的快修方法

空调器能制冷，但制冷效果差的原因：室外机有障碍物造成散热效果差；房间太大或房间门窗未关好；温度调节开关所设之温度不当；管路系统制冷剂不足；管路系统轻微堵塞；室内机空气过滤网堵塞；温控电路有故障；内风扇电动机转速太慢；制冷剂注入太多。

检修时，首先检查设置是否正确、室内机过滤网是否堵塞、内外风扇电动机是否转速过慢或不转、室外机散热是否良好；若以上均正常，则检测空调器的运行电流与系统工作压力。

如用钳形电流表测量空调器的运行电流明显小于标准值，则说明管路系统缺少制冷剂（加注制冷剂前应检查缺制冷剂的原因）。

若运行的电流明显偏大，则接上压力表检测空调器系统运行压力；若压力偏小，则说明系统有轻微堵塞点；若压力偏大，则说明室外机散热不好或系统注入制冷剂过多。

若运行电流正常，则也要接上压力表检测空调器系统压力。若压力偏小，则说明系统微堵；若压力正常，则观察压缩机是否动作。若压缩机时开时停，则检查电源电压是否正常或空调器的温控电路是否有问题；若压缩机一直运转，则检查内风扇电动机是否有问题（如查内风扇电动机运转过慢）。

【维修笔记】对于从未修过的空调器出现此类故障，一般是室外机散热不良或外风扇电动机不转引起的；而对于已修过的空调器则一般是注入制冷剂过多（如回气管有明显结霜，见图4-45）引起的。

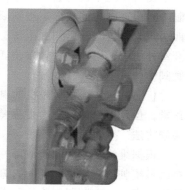

图4-45 回气管结霜

（十二）柜式空调器在使用中出现不制冷的快修方法

出现此类故障时，首先开机观察空调器室内机是否有冷风吹出。若无冷风吹出，则用钳形电流表测量室外机运行电流是否正常。若无运行电流，则用万用表检测压缩机接线端电压是否正常（见图4-46）。若无220V电压，则检测风扇电压是否正常。若风扇有220V电压，说明故障出在室内机。

测压缩机接线端电压

图4-46 测压缩机接线端电压是否正常

打开室内机机壳，检测压缩机室内机的接线端电压是否正常。若也无220V电压，则断电检测压缩机继电器线圈阻值是否正常。若阻值正常，则通电，检测继电器输入端电压。若有12V电压，则检查继电器触头是否存在接触不良现象。

（十三）空调器进行制冷时却出现制热状态的快修方法

首先，开机检查空调器的运行状态是否正常。若正常，但室内机吹出热风，则打开室内机盖，测量室内机接线端子N、2L间是否有220V电压（见图4-47a）。若无220V电压，说明室内机电路板工作正常，故障可能是四通阀阀芯未复位，四通阀仍处于制热状态，此时可打开室外机电源盖，检测室外机接线端子N、2L是否有220V电压（见图

4-47b）。若无 220V 电压，说明四通阀（见图 4-47c）未复位。

【维修笔记】四通阀的阀芯复位不良或换向不良都会导致空调器制冷时出现制热的故障。当判断是四通阀未复位时，可切断电源，打开室外机壳，用扳手轻轻敲击四通阀阀体即可。

（十四）空调器刚开机时制冷正常，但几十分钟后制冷效果差的快修方法

根据维修经验，此类故障一般是因系统脏堵或冰堵，此时打开室

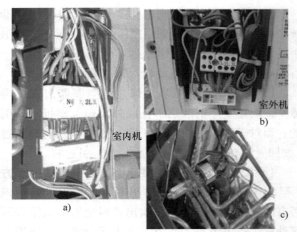

图 4-47　制冷时却制热的检查方法

外机外壳，让空调器制冷运行几十分钟后，观察毛细管出口处是否结霜。若有结霜现象，则检查是否缺少制冷剂。连接压力表检测空调器低压压力低于标准值，但将空调器设置为制热状态，制热压力正常，排除缺少制冷剂的可能，故障可能是油堵（油堵一般发生在毛细管处，多有结霜现象）。此时可利用空调器制冷和制热时制冷剂的流向相反的原理把油吸回，经过开机制冷、制热反复几次的操作，毛细管结霜现象消失，空调器制冷恢复正常。

【维修笔记】在判断冰堵或脏堵时可以观察室外机毛细管处，若结霜的位置是从毛细管进口处开始，则为脏堵；若是从毛细管出口处开始，则为冰堵。

（十五）空调器刚开机时空调器制冷正常，但几十分钟后不制冷的快修方法

出现此类故障时，首先开机观察室内机风扇电动机和室外机风扇电动机工作是否正常；若室内机风扇电动机和室外机风扇电动机工作正常，则检查室内机风扇电动机出口与冷凝器温度是否正常；若手感室内机风扇电动机出口无冷风吹出且室外机冷凝器无热感，则进行下一步检查。

断电，打开空调器室外机机壳，开机观察压缩机运转是否正常。若压缩机不工作，则断电，用万用表检测室内机温度传感器阻值是否正常。若温度传感器阻值正常，则检测室内机电脑板上的各插接件是否存在松动或接触不良现象（见图 4-48）。若没有，则检测压缩机各个引脚绕组阻值（如起动绕组端、运行绕组端与公共绕组两端阻值，见图 4-49）是否正常。若阻值失常，则检查压缩机电路部分是否有问题。若测的压缩机电路部分阻值与标准值不附，说明压缩机电路部分存在故障；若测的阻值正常，但检查压缩机接线端子与外壳间也无短路现象（阻值为无穷大），说明压缩机电路部分正常，则需进一步检查。

按空调器应急键，将空调器强制开机，用压力表检测管路系统压力是否正常。若管路系统压力正常，说明不缺少制冷剂，此时再用钳形电流表检测空调器室外机的运转电流是否正常。若运转电流偏大，则断电用万用表检测压缩机的运转电容是否内部开路。

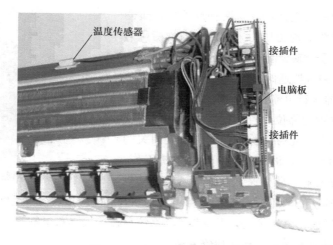

图 4-48 电脑板与温度传感器

若万用表指针有起伏回落动作，说明电容没有开路，此时则进一步判断是压缩机故障还是压缩机起动电路的故障。可更换一只同型号新电容后重新开机，再检测运转电流是否正常。若运转电流正常，则说明故障是电容容量下降引起的。

【维修笔记】在更换电容时，应注意压缩机接线端与电容引脚端的接线顺序，不要将接线接错，防止扩大故障范围。

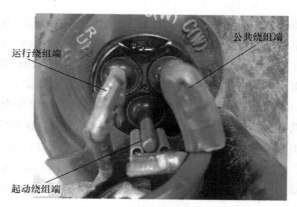

图 4-49 压缩机各绕组端

（十六）空调器不制热的快修方法

空调器出现不制热时应检查以下原因：空调器温度设定及工作方式是否不符合要求；空气开关或起动开关是否不良；压缩机运行电容是否漏电；温度控制器或四通换向阀是否有故障；压缩机是否有问题；开关电源变压器是否损坏；接触器、电热器是否存在不良现象；稳压电路、风速控制电路或过热报警电路是否有问题；信号连接是否有问题；通风量是否过少；系统是否存在泄漏或堵塞。

实际检修时，首先检测电源电压是否正常；若正常，则检查空调器的遥控设置是否正确；若正确，则观察显示窗是否有故障代码显示，空调器管路接头处是否有漏油。若以上均正常，则开机制热，观察压缩机是否起动。若压缩机不起动，则空调器属于开机不工作，说明故障出在电气控制部分。若空调器开机制热后，压缩机运转正常，则检测空调器的运行电流（见图4-50），判断故障大致部位，步骤如下：

1）若空调器运行电流偏小，则检查空调器是否缺少制冷剂，但也有少数空调器是压缩机与四通阀串气造成的。这两种现象可通过测量空调器管路系统的均衡压力来判断，当均衡压力偏低，说明管路系统缺少制冷剂；当均衡压力正常，说明压缩机有故障或四通阀串气。

测空调器运行电流

图4-50　测空调器的运行电流

2）若空调器运行电流正常，则检测空调器的运行压力来判断故障的部位。若运行压力偏小，则说明四通阀没有换向，此时应检查四通阀及其相关的控制电路；若运行压力正常，说明管路系统工作，故障可能是由内风扇电动机保护导致内风扇电动机不转引起的；若运行压力偏大，说明管路系统堵塞，此时应重点检查毛细管等部位。

3）若空调器运行电流偏大，则说明管路系统存在严重堵塞现象。

（十七）　空调器制热效果差的快修方法

引起制热效果差的原因：用户操作不当；室外机风扇电动机不运转；管路系统缺少制冷剂；冬季室外温度太低；室内机过滤网堵塞；室外机不除霜或除霜不彻底；电控和电辅加热电路故障；单向阀串气。

检修时，首先检查是否因操作不当、室内机过滤网堵塞、室外机风扇电动机不运转等；再检测空调器运行电流来判断故障大致部位，步骤如下：

1）若制热运行电流偏小，则检查管路系统是否缺少制冷剂，此时检测运行压力会偏低。检修时应检查漏氟原因，排除泄漏点。也有可能是压缩机阀片关闭不严或四通阀串气造成的，这时可通过测量系统的均衡压力来区分。

2）若制热运行电流偏大，此类故障一般是因为管路系统存在轻微堵塞。有的空调器运行电流偏大，而且电流是缓慢上升的，此时可检测系统均衡压力来判断；当均衡压力正常，说明管路有轻微堵塞。

3）若制热运行电流正常，则检测系统的均衡压力来判断。若测得运行压力偏低，则是压缩机不良从而导致排气压力不足、单向阀串气，导致反向不能截止使空调器在制热时只有一段毛细管参与截流降压，降低空调器在低温下的制热效果；若测得运行压力偏高，则检查管路系统是否有轻微堵塞（重点查毛细管）；若测得运行压力正常，说明空调器的系统工作正常，则检查室外机是否通风不良、室外机结霜严重。

（十八）　空调器冬季制热时效果差，夏季制冷正常的快修方法

检修时，首先将该机设置为制热状态运行，检测室外机的运行压力是否正常（见图4-51）。若压力偏高（为$16kg/cm^2_{表压力}$），一般为管路系统堵塞造成的，继续检测室外机均衡压力。压力为$5kg/cm^2_{表压力}$，则起动室内机面板内的维修按钮，将空调器强制设置为制冷状态。刚开始运行时压力为$0kg/cm^2_{表压力}$以下，怀疑管路系统缺少制冷剂；但运转几分钟后，压力慢慢回升到$2.5kg/cm^2_{表压力}$，说明管路系统并不缺少制冷剂，怀疑堵塞的可能性较大。此时将空调器设置为制热状态，运行$1\sim2min$后停机，再将空调器设置为制冷状态运行。先关闭高压阀门，收回制冷剂；再关闭低压阀门，停机静止几分钟；打开高压阀门很小的角度，使制冷剂慢慢放出至平衡状态；制冷剂均衡后，再完全打开高压和低压阀门（在打开高压和低压阀门时，为了使内阀门保持良好的密封性，一定要将内阀门拧到外侧的最顶端位置），然后试机。如果情况有所好转，则反复以上操作，故障即可排除。

图 4-51 测运行压力

（十九）空调器刚开机工作正常，但运行中自动停机的快修方法

开机观察，空调器刚开机时工作一切正常，但温度还未到达预设效果就出现自动停机，断电后，重新开机故障依旧。

根据维修经验，引起此类故障有以下几种原因：

1）电源电压是否偏低，电网电压是否突然升高，供电导线是否符合要求，电源熔丝是否熔断。

2）空调器安装时系统内是否混有空气，室内放水管是否漏水，空调器的外界温度是否过高，蒸发器、过滤器是否严重脏污。

3）制冷剂是否充入过量或不足。

4）温度控制器、四通阀、过载保护器、快恢复二极管、排气管热敏电阻是否不良。

5）过热、过电流保护器是否损坏，高压压力开关是否不良。

6）压缩机、风扇电动机是否有问题。

7）电磁开关或其控制电路是否有故障。

8）空调器管路和电控系统是否有问题。

下面以管路系统故障引起停机的情况加以介绍。

（1）制冷剂充入量过多导致空调器停机的检修

该故障的特点是整机运行电流大，均衡压力与运行压力都要高出正常值$1kg/cm^2$表压力以上。如图4-52所示，由于整机运行电流大，压缩机的负荷相对增加，当温度升高到一定程度时，引起过热保护器（见图4-52a）出现过热、过电流保护动作从而导致空调器过热停机。这类故障可采用回收制冷剂的方法维修，具体的方法是，先将空调器设置为制冷状态运行，边制冷边将制冷剂通过管路回收到制冷剂钢瓶内（见图4-52b），观察运行压力与工作电流，当运行压力在$4.5kg/cm^2$表压力（见图4-52c）、电流逐渐降至额定值（见图4-52d）时空调器基本恢复正常。

（2）空调器管路系统堵塞导致空调器停机的检修

这类故障的特点：管路系统的均衡压力正常，但运行压力偏低、严重时为负压。管路系统堵塞后会出现两种情况：一种是热保护停机；一种是过压力保护停机。热保护停

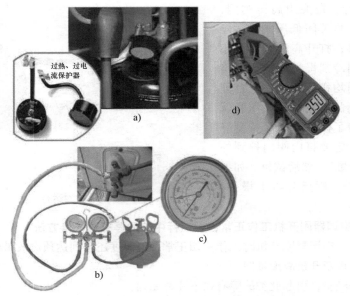

图 4-52　制冷剂充入量过多导致空调器停机的检修

机是压缩机运行时自身所产生的热量无法排出导致压缩机造成热保护停机。过压力保护停机是由于管路系统堵塞后高压压力大幅度升高，当高压压力达到 $28kg/cm^2_{表压力}$ 时会造成压力过高从而引起过压力保护动作，导致压缩机停机。空调器管路系统堵塞一般发生在毛细管处，管路堵塞主要是油堵或脏堵等情况引起的。

（二十）　空调器室内机风扇电动机不转的快修方法

引起此类故障的原因：室内机风扇电动机风叶卡死；室内机风扇电动机插头接触不良；室内机风扇电动机部件损坏等。

空调器室内机风扇电动机运转的速度是受电脑的控制而发生改变的。它的调速控制有两种（见图 4-53）：一种光耦晶闸管调速控制电路（一般用于功率小的的空调器，如分体式挂机中）；一种是继电器组合控制电路（一般用于功率大的空调器，如分体式柜式空调器中）。

a) 光耦晶闸管调速控制电路　　　　　　　b) 继电器组合控制电路

图 4-53　光耦晶闸管调速控制电路与继电器组合控制电路

采用光耦晶闸管调速控制电路的风扇电动机不转的检修方法（见图 4-54）：首先测室内机风扇电动机两端有无交流电压（根据风速设置不同，电压值也不同，一般在 50～220V 之间）；若有交流电压，则说明控制电路基本正常，故障出在室内机风扇电动机或室内机风扇电动机起动电容；若没有交流电压，则检查风扇电动机控制电路，检查光耦晶闸管的输入端是否为低电平；若为高电平输入时，说明故障出在光耦晶闸管以后的电路；若为低电平，说明故障出在驱动电路或 CPU。

图 4-54　采用光耦晶闸管调速控制电路风扇电动机不转的检修方法

采用继电器组合控制电路风扇电动机不转的检修方法：可首先测室内机风扇电动机的 220V 电压；若有 220V 电压，则说明故障出在室内机风扇电动机和电容上；若没有 220V 电压，则说明故障出在继电器和控制电路。在维修这类故障时，可采用换风速挡的方法，观察内风扇电动机是否运转；若每挡都不运转，则检测室内机主板上的 12V 供电压（见图 4-55）、电脑板上的反相驱动器和 CPU 控制电路。

（二十一）空调器不开机的快修方法

不开机故障其原因主要出现在电源供电与电气控制部分与电脑板上。

空调器不开机表现为下述两种情况。

1. 室内室外机都不工作

当遥控电路与空调器控制电路有问题均能导致此类故障。检修时，首先按空调器的应急键，观察空调器能否起动。若能起动，则说明故障出在遥控电路；若不能起动，则故障出在空调器控制电路。由于 CPU 电脑的输出控制电路不会影响 CPU 的

图 4-55　采用继电器组合控制电路
风扇电动机不转的检修方法

正常工作，检修时一般情况下不去考虑它的输出电路，而应重点检查控制电路的输入部分（空调器控制电路中较易出现故障的部位有遥控接收头、管温传感器、室温传感器

等）。

2. 室内机正常，室外机不工作

这种故障有两种：一种是空调器室外机已收到开机指令，室内机工作正常，属于室外机不工作；另一种是室外机刚工作就停止。

引起室外机不工作的一般原因：CPU输出控制电路不正常；内室外机信号线不良或接错；室外机电路部件有损坏；电源电压低或过电流保护故障。检修时，首先检查易引起故障的连接线路（特别是有加长线的空调器更易出现此类故障），其次查CPU输出控制电路（易出现故障的是继电器与反相驱动器，见图4-56）。

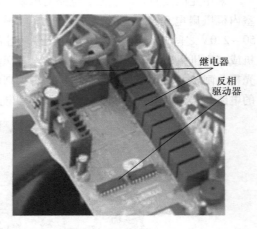

图 4-56　CPU 输出控制电路

室外机开机就停一般发生在使用多年的空调器中，一般表现为 CPU 电脑控制电路基本正常，故障大多发生在室外机的强电电路（见图4-57）。一般来说压缩机、压缩机运行电容发生故障的可能性较高。

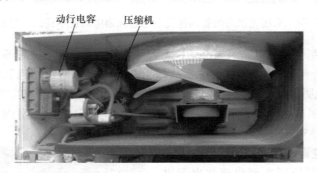

图 4-57　室外机的强电电路

（二十二）空调器运转不停机的快修方法

引起空调器不停机原因较多，除电气控制方面的因素外，还有一个最重要的原因就是空调器在制热时室内很难达到停机的温度，以下仅以制冷方面引起空调器运转不停机为例来进行介绍。

引起此方面的原因：温度设置不正确（设置过低）；空调器温控电路中室温传感器与管温传感器出现故障使电脑芯片不发出停机指令；管路系统制冷效果差，室内降不到预定温度。

检修时，应首先了解用户的使用情况，若用户反应不停机，且制冷效果也差，说明是空调器制冷方面有问题，应该按制冷效果差进行检修。若制冷效果好，温度降到最低时不停机就应该检查温度设置是否正确；若正确，则检查温控电路是否有问题（如查室温传感器（见图4-58）损坏，与其温度的变化不相对应，室温传感器所处的位置不正确，与室温传感器分压电阻变值，与室温传感器相连电容漏电，室内机 CPU 损坏）。若逐个排查以上故障后，若故障还不能排除，就需要更换一块新的电脑板了。

图 4-58　空调器运转不停机检修

【维修笔记】普通空调器运行时，室内达到预定的温度空调器就会自动停机，如空调器继续运行就说明空调器不正常；而变频空调器不停机属于正常现象，所以判断空调器不停机的故障是针对普通空调器而言的。

（二十三）空调器遥控失灵的快修方法

空调器遥控失灵时，应检查以下几个方面：

1）控制板上双向晶闸管是否损坏，印制电路板是否变形。

2）遥控器本身是否不良，导电橡胶、石英晶体（见图4-59）是否老化。一般情况下，石英晶体损坏的可能性较大。

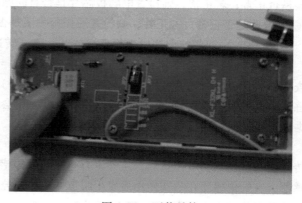

3）信号发射部分是否损坏，遥控接收信号处理部分是否正常。

4）接收头中红外前置放大电路是否正常。

5）复位电路是否正常。

6）启动控制电路是否正常。

7）电源电路是否正常。

图 4-59　石英晶体

（二十四）变频空调器不能运转的快修方法

出现此类故障时可通过测量制冷系统平衡压力来区分，若平衡压力过低，说明故障在制冷系统。若系统平衡压力在 0.3MPa 以上，说明故障在电气系统，此时可将室内机控制器上的开关置于"试运行"挡上（此时微控制器向变频器输出 50Hz 的电源），观察空调器运转情况。若空调器能运转且频率稳定，则说明空调器整个控制系统基本正常，此时应重点检查各传感器是否有问题；若空调器仍不能运行，则说明空调器整个控制系统有问题。

【维修笔记】1）变频空调器与传统开关控制的空调器不同，它是通过变频器改变电源频率（30～125Hz）来达到调节压缩机速度的目的，从而控制空调器的制冷量（或制热量）。

2）变频空调器控制系统可能出问题的部位主要：功率模块、通信电路、电抗器、压缩机、电解电容、传感器等。检测通信电路是否有问题时，可将万用表置于250V交流电压挡，然后测试零线与信号线间电压是否正常。若在零线和信号线间有电压来回变化且室内机通信指示灯持续闪烁，则表明通信正常，否则通信电路有故障。检测电抗器是否有问题时，可将万用表置于 $R\times1$ 挡，然后测其电阻值是否正常来进行判断（正常值约为1Ω）。检测压缩机是否有问题时，可用钳子先拔下U、V、W的导线，测量三相间的电压。若三相间的电压相同，说明压缩机绕组良好，否则压缩机绕组有故障。检测电解电容是否有问题，应先将电荷放尽，然后用指针式万用表 $R\times10k$ 挡检测，指针应是指到0，然后慢慢退到∞，否则电解电容器损坏。检测传感器是否有问题时，可将其从插座上拔下，从外表上观察是否损害、断裂、脱胶，也可用手或温水加热，再用万用表 $R\times100$ 挡测其阻值，看它的阻值是否变化，无变化则可以判定传感器损坏。

（二十五）变频空调器通电后整机无反应的快修方法

出现此类故障时，首先检查电源插头与插座是否存在接触不良现象；若没有，则检查电源线是否断路；若没有，则检查电源变压器是否烧坏；若没有，则检查220V强电路中滤波电感是否开路；若没有，则检查熔丝是否开路；若没有，则检查控制板主继电器是否正常；若正常，则检查电脑板芯片是否有问题；若没有，则检查电脑板 +12V 或 +5V 电源是否正常；若正常，则检查遥控接收器是否失效等。

（二十六）变频空调器出现频率无法升、降（转速不变）且保护关机的快修方法

变频空调器出现频率无法升、降（转速不变）与保护性关机等故障时，应首先检查传感器是否有问题，可用万用表电阻挡（ $R\times100$ ）测其电阻值是否有变化。有时传感器阻值虽能随湿度变化，但其控制特性已变差也会引起变频器控制不正常，此时应根据情况检修或更换传感器。

【维修笔记】变频空调器中的温度传感器起着非常重要的作用，室内机有空气温度传感器和蒸发器温度传感器，室外机有空气温度传感器、高压管路传感器和低压管路传感器，有的传感器在长期使用后发生阻值变化，使控制特性改变，（如室内机空气温度传感器阻值变大后，会引起变频器输出频率偏低）。为了保证控制精度及其相同的工作特性，确定传感器故障后，应换用原型号的产品。

（二十七）变频空调器起动频繁的快修方法

对于此故障可通过测量开机状态下压缩机运行电流来判断。如压缩机运行电流正常，说明故障在制冷系统；若运行电流过大或过小，说明故障在电气系统。

（二十八）变频空调器起动困难的快修方法

对于此故障可通过测量系统压力与起动电流来判定。若系统平衡压力正常而压缩机起动电流过大，说明故障在电气系统，但也可能在制冷系统。检修时如将制冷剂放掉，若开机压缩机能起动，说明故障在制冷系统（压缩机卡壳例外）；若开机不起动，说明故障在电气部分，可更换压缩机运转电容进行判定。

（二十九）变频空调器运行中突然自动关机，在起动室内机风扇工作几分钟后也自动关机，而室外机始终不工作的快修方法

此类故障多因变频模块长期温升致使性能变劣甚至击穿所致，应更换。

【维修笔记】检测功率模块故障时，可用万用二极管挡与交流电压挡进行检测，其方法如下：

1）将万用表置于二极管挡测量"＋"极与 U、V、W 极，或 U、V、W 极与"－"极间的正向或反向电阻值是否正常（正常值正向电阻应为 380～450Ω 间，且反向不导通），若不正常则说明功率模块有故障。

2）将万用表置于交流电压挡，测量功率模块驱动压缩机的电压是否正常（其任意两相间的电压正常值应在 0～160V 并且相等），若不正常则说明功率模块损坏。

（三十）变频空调器室内机不运转的快修方法

出现此类故障时，首先检查风扇电动机电容是否有问题；若正常，则检查室内风扇电动机反馈电路是否有问题；若正常，则检查室内风扇电动机继电器是否有问题；若正常，则检查晶闸管是否有问题；若正常，则检查盘管温度传感器是否有问题；若正常，则检查室内环境传感器是否有问题；若正常，则检查芯片是否有问题；若正常，则检查室内 E^2PROM 数据是否丢失或有问题；若正常，则检查驱动管是否有问题；若正常，则检查风扇电动机是否有问题。

（三十一）变频空调器室外机不工作的快修方法

出现此类故障时，首先开机检查室外机有无 220V 电压。若无，则检查室内、室外机连接是否接对，室内机主板接线是否正确，否则更换室内机主板。若室外机有 220V电压，则检查室外机主板上红色指示灯是否亮；否则检查室外机连接线是否松动，电源模块 P＋、N－间是否有 300V 左右的直接电压；如没有，则检查电抗器，整流桥及接线。若以上均正常，但室外机主板指示灯不亮，则检查电源模块到主板信号连接线是否松脱或接触不良。若正常，则更换电源模块，看故障是否能消失（更换模块时应在散热器与模块之间一定要均匀涂上散热膏）。

若室外机有电源，红色指示灯亮，但室外机不起动，则检查室内、室外机通信是否有问题（检查时可开机后按"Test"键一次，观察室内机指示灯，任何一种灯闪烁均为正常，否则通信有问题）；若通信正常，则检查室内室外机感温包是否开路或短路或阻值不正常，过载保护器端子是否接好；若以上均正常，则更换室外控制器。

若空调器开机十几分钟左右停机，且不能起动，则检查室内管温感温包是否开路；若开机后再起动，外风扇电动机不起动，检查室内、外温度传感器是否短路。

（三十二）　变频空调器运行时噪声大的快修方法

出现此类故障时，首先检查压缩机底脚螺栓或风扇紧固螺栓是否松动，进行调整紧固；若正常，则检查风扇轴承是否缺润滑油，应定期注油；若正常，则检查电源系统是否正常，如查电源电压是否过低造成压缩机运行不平衡使噪声增大，电源插座和插头接触是否良好等。

（三十三）　变频空调器有电源指示，用遥控器按操作键，信号发射不出去的快修方法

出现此类故障时，首先检查遥控器内的电池是否有电，然后检查电池的正负极片触点有无氧化腐蚀。若以上均正常，则检查遥控器内部电路板是否有问题；若遥控器正常，则用室内机强制运行看空调器是否正常；若强制运行时，室内贯流风扇电动机和室外压缩机若运转正常，制冷效果良好，则说明空调器室内机红外接收部位有故障。

【维修笔记】当使用的遥控器装上新电池使用不到一个月就不显示时，可将遥控器的后盖打开，用95%的酒精清洗一下电路板和按键触点面导电胶片，干燥后，即可排除漏电故障。遥控器液晶显示缺字也可采用这种方法。

（三十四）　空调器管路结霜的快修方法

管路结霜是家用空调器常见的故障，缺氟利昂是较为多见的原因。另外，管路堵塞、室内机热量交换不良等均可能出现结霜故障。可依运行电流、回气压力、结霜位置不同等，来判断故障所在。

若回气管结霜、运行电流偏小、回气管压力偏低，应首先检查管路有无泄漏。对于使用三年以上无维修史的空调器，若其管路无泄漏痕迹，则说明系统缺氟利昂。若管路无泄漏，但将低压保护器的触头短接时又出现高压保护，则说明毛细管或干燥过滤器存在堵塞故障。若低压极低（甚至为负压）、运行电流偏大，而且过滤器相对于毛细管有明显的温差，则可判断为毛细管堵塞。

若回气管结露，而且压缩机壳体也有露霜，测量运行电流有摆动现象，压缩机产生沉闷的液击声，则应立即停机。引起此类故障的原因主要是蒸发器热交换不良，如滤网严重堵塞、风扇电动机不良及冷水机供水/回水管堵塞等。另外，氟利昂加得过多，也会使压缩机回气管处出现结霜现象，此时运行电流较大，冷凝器外表会出现明显的发烫现象。

（三十五）　空调器制冷系统的堵塞的快修方法

空调器制冷系统的堵塞故障有冰堵、脏堵和油堵等多种形式。堵塞的统一故障特征是，手摸冷凝器不热、蒸发器不凉；压缩机运转电流比正常值小；将压力表接在旁通充注阀上，指示为负压；室外机运转声音轻；听不到蒸发器里有过液声等。

1. 冰堵

冰堵是由于制冷系统内有水分结冰造成管路堵塞引起的。由于空调器的蒸发器内的蒸发温度一般不会低于0℃，故冰堵现象很少发生。

准确识别与判断冰堵的方法如下：

1）听声音。含有水分的制冷系统，在开机后管道里会有忽大忽小的类似砂砾流动声响，且十分明显。这是因为水结成冰后随制冷剂高速流动撞击管壁，这种声音与制冷

剂的正常流动声截然不同。

2）看压力。水分超标的制冷系统在工作时高、低压力忽高忽低，且变化幅度很大。混有空气的系统，高、低压力也有变化，但有一定规律（以某一值为中心等幅抖动）。而油堵或脏堵的制冷系统，往往高、低压力缓慢变化而不是发抖。

3）观察结霜部位。含有水分的制冷系统中的水析出后，便会堵塞毛细管或过滤网，一般还会在这两处结霜（这个结霜部位时而发生转移）。脏堵或油堵故障也会发生在这两处，但此时结霜点是固定的。

2. 脏堵

脏堵故障是由于管路被锈屑、赃物等堵塞所造成的，一般发生在毛细管、干燥过滤器、管接头及阀门处。判断制冷系统管路是否脏堵的最好方法是测量高压部分和低压部分的压力值，因为管路堵塞后会使高压升高、低压降低。如在制冷运行时，若低压表指示为零，则制冷系统已处于半堵状态；若低压表指示为负压，则制冷系统已处于全堵状态。

3. 油堵

油堵的原因是润滑油进入制冷剂中，堵塞管路，一般发生在毛细管或过滤器内。若接压力表测量系统中的压力，一般一直维持在 0MP 但不为负压状态，就说明毛细管或过滤器处于半堵状态。

（三十六）空调器冰堵故障的快修方法

确定空调器冰堵后，可按如下步骤进行操作：

1）放掉制冷系统内的制冷剂。

2）进行抽真空干燥处理。

3）清洗制冷系统的主要部件（如蒸发器、冷凝器）。

4）重新连接制冷系统，注意更换新的干燥过滤器。

如果没有新的干燥过滤器，可将拆下的干燥过滤器，取出里面装的分子筛，用汽油或四氯化碳冲洗过滤器内壁，并经过干燥处理后使用。

（三十七）空调器脏堵和油堵故障的快修方法

确定空调器脏堵或油堵后，可按如下步骤操作：

1）放掉制冷系统的制冷剂。

2）将氮气充入制冷系统内，用氮气的压力冲出系统的脏物。

3）将制冷系统放入干燥箱中干燥。

4）用气焊设备焊好制冷系统（注意不要让过多的空气进去）。

5）让制冷系统的铜管自然冷却。

6）将焊好的制冷系统冲入氮气封好，饱压 24h。

7）观察压力表的指示值是否下降，若下降，则表明制冷系统没有焊好，应补焊。

8）将制冷系统连上真空泵，抽真空约 2h。

9）按空调器的铭牌标准充注制冷剂。

10）将空调器安装完好，运行 5min，看系统是否运行良好。若没有不良响声，则脏堵故障排除。

（三十八）空调器管道连接密封铜帽漏气的快修方法

家用空调器的管道连接密封铜帽主要包括气、液管阀门及充氟口的密封铜帽，密封铜帽不能密封的原因主要是铜帽未拧紧或夹有杂物。检修时，可将铜帽旋出，用四氯化碳或煤油进行清洗。并在旋紧前涂上冷冻油保证其密封性能。密封铜帽旋入的力度要适当，过大易造成脱扣，过小又不能密封。

（三十九）空调器制冷系统的排空方法

制冷系统排空方法主要有以下三种：

1）使用家用空调器本身的制冷剂进行排空。首先拧下高、低压阀的后盖螺母及充氟口螺母，再打开高压阀阀芯，约10s后关闭。与此同时，用内六角扳手向上顶开充氟顶针，使空气排出。当手感到有凉气冒出时，即可停止排空。

2）使用真空泵排空。首先关紧高、低压阀，再将歧管阀充注软管一端连接低压阀充注口，另一端与真空泵连接，并完全打开歧管阀低压手柄。接着打开真空泵抽真空（开始抽真空时，略微松开低压阀的接管螺母，检查空气是否进入，然后拧紧此接管螺母），抽真空完成后，关紧歧管阀低压手柄，停下真空泵。然后打开高、低压阀，从低压阀充注口拆下充注软管，再拧紧低压阀螺母即可。

3）外加氟利昂排空。首先将制冷剂罐的充注软管与低压阀充氟口连接，并略微松开室外机高压阀上的接管螺母。再松开制冷剂罐阀门使制冷剂充入，2～3s后关紧阀门。当制冷剂从高压阀门接管螺母处流出10～15s后，拧紧接管螺母。接着从充氟口拆下充注软管，用内六角扳手顶开充氟阀芯顶针，使制冷剂放出。当听不到噪声时停止排空，并恢复上述零部件即可。

（四十）空调器制冷系统的检漏方法

空调器制冷系统的检漏方法主要有以下几种：

1）外观检漏。使用过一定时间的空调器，当制冷剂泄漏时，冷冻油会渗出或滴出，用目测油污的方法即可判定该处是否存在泄漏的故障。

2）肥皂水检漏。当空调器出现泄漏时，先将被检部位的油污擦干净，再在被检处均匀地涂上肥皂水，几分钟后，若有肥皂泡出现，则说明该处存在泄漏。

3）电子检漏仪检漏。电子检漏仪为吸气式，使用时，将其探头接近被测部位数秒后停止，若蜂鸣器蜂鸣，则表明该处存在泄漏的情况。

4）充压浸水检漏。若系统微漏或蒸发器、冷凝器存在内漏，可充入一定的干燥空气或氮气，然后将被检物浸入水中，若有气泡出现，则说明该处存在泄漏。

5）抽真空检漏。对于较难判断是否泄漏的系统，可将系统抽真空到一定的真空度，放置约1h，看压力是否明显回升，即可判断系统是否存在泄漏。

（四十一）空调器漏氟的快修方法

家用空调器常见的漏氟利昂原因有以下几种：

1）当喇叭口在制作时出现壁厚不均匀、扩口前切割连接出现偏斜、扩口处有毛刺、喇叭口边沿重叠等不良现象而造成漏氟利昂现象。

2）室内外管连接接头未涂冷冻油造成漏氟利昂。

3）喇叭口与截止阀面或室内机蒸发器接头处连接前未固定在正中，偏移过大，造成紧固不均匀而引起漏氟利昂现象。

4）连接管室外侧未采取固定措施使喇叭口松动而引起漏氟利昂现象。

5）在将室内、外连接管路固定好后，再包扎整理或调整管路走向位置时，引起喇叭口固定螺母松动而引起漏氟利昂现象。

6）家用空调器制冷系统有漏点而引起漏氟利昂现象。

当出现以上问题时，可分别采取以下方法进行处理：

1）进行扩口工艺，在操作时应严格按要求制作喇叭口，使其喇叭口的表面光滑、周边均匀，避免挤出过小的喇叭口造成密封面过小；连接管平直，严禁选用未整理且弯曲不平的连接管扩制成喇叭口。

2）重新修复喇叭口，将冷冻油均匀涂在连接管内外接头处。

3）用手首先将喇叭口固定在接头正中位置，同时紧固固定螺帽，保证固定到位。

4）重新修复喇叭口，将其连接管固定牢固。

5）重新修复喇叭口并紧固。首先在未紧固喇叭口前将连接管走向调整到位，然后再紧固喇叭口。

6）对管路有油污处进行仔细检查，还可以使用工具如卤素检漏仪，或用海绵将不太浓的肥皂水涂抹整机制冷系统管路，对有焊接点的部位进行检漏。检测条件是要求制冷系统充氮或充氟，全面检漏，依次查出漏点。

（四十二）空调器缺制冷剂的判断方法

当空调器存在下列情况时，则表示制冷系统存在缺制冷剂现象：

1）开机运行10min后，蒸发器部分结露或结霜，说明制冷系统存在缺制冷剂故障。

2）开机一段时间后，气管阀门无凉感且干燥，说明制冷系统存在缺制冷剂现象这时，蒸发器内的制冷剂沸腾终结点提前，制冷剂过热度增大，其温度大于室外空气的露点温度，从而出现气管阀门发干现象。

3）液管阀门结霜，说明制冷系统缺制冷剂导致液管内压力下降、沸点降低，使阀门温度低于冰点。

4）室外机排风没有热感。其原因是制冷剂不足导致冷凝压力、冷凝温度均降低。

5）室外机气、液阀门有油污现象，有油污出现一般可判断为制冷系统存在泄漏现象。

6）排水软管排水断断续续或根本不排水，说明系统缺制冷剂，引起蒸发器结露面积减少，凝结水量降低。

7）空调器的工作电流小于额定电流值，可能是系统缺制冷剂。因是制冷剂不足而使压缩机工作负荷减少，引起工作电流下降。

8）室外机充制冷剂口气压偏低（一般为低于0.45MPa），一般可推断为缺制冷剂，导致了蒸发压力下降。

【维修笔记】空调器工作一段时间后，出现以下情况，表明制冷系统未缺制冷剂：

1）空调器室内机进、出风口温差在8℃以上。

2）工作电流接近额定电流。

3）室外机的排水软管要有正常的滴水，且排水量较大。

4）室外机气管阀门（粗管阀门）湿润或结露水，用手触摸有明显的凉感。

5）室外机液管阀门（细管阀门）干燥或湿润。

6）气管阀门的充制冷剂口有 0.45 ~ 0.5MPa 的压力。

（四十三）空调器制冷剂的充注方法

制冷系统经过检漏、抽真空后，应尽快地充注制冷剂，制冷剂的充注量应满足空调器铭牌上的要求。

充注制冷剂的基本方法（见图 4-60）。

1）顺时针关闭气态制冷剂阀门，将气压计连接到低压阀门端，然后重新打开气态制冷剂阀门。

2）接上制冷剂罐。

3）启动制冷操作。

4）检查气压计读数，低压端应为 0.44 ~ 0.54MPa（室外机温度 35℃）。

5）打开制冷剂罐充注制冷剂至正常气压。要注意检查压力表指示。

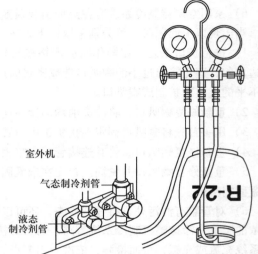

图 4-60　充注制冷剂的基本方法

6）停止操作，关闭气态制冷剂阀门，取下气压计，再次打开气态制冷剂阀门。

7）用工具拧紧阀门盖。

准确地充注制冷剂和判断制冷剂充注量是否准确的方法主要有以下几种：

1）称重法。采用小台秤称量制冷剂的一种加注方法（见图 4-61）。其加注重量也是以理论数为依据。操作时，将制冷剂钢瓶倾斜倒放在秤盘上，通过干燥过滤器、加液管与三通阀相连，并用制冷剂顶出连接管内的空气。称出制冷剂钢瓶的总重量，减去需充注的重量后，调好秤砣位置，然后打开三通阀和制冷剂钢瓶的阀门，使制冷剂流入制冷系统。当秤杆上移平衡时，关掉三通阀即可。

【维修笔记】在充注过程中，注意观察台秤的指针，当钢瓶内制冷剂减少量等于空调器铭牌上标注的制冷剂充入量时，关闭制冷剂钢瓶阀门。

2）定量充注法。定量充注法就是利用定量加液器，按空调器铭牌上规定的制冷剂注入量充注制冷剂。按图 4-62 所示将管道连接好，先将阀 4 关闭、打开阀 5，让制冷剂钢瓶中的制冷剂液体进入定量加液器中。选择合适的刻度，使制冷剂液面上升到铭牌规定数值的刻度，关闭阀 5。若定量加液器中有过量的气体致使液面无法上升到规定刻度时，可打开阀 6，将气体排出，使液面上升。再起动真空泵进行抽真空，达到要求后关闭阀 2、阀 3。然后打开阀 4，使定量加液器中的制冷剂进入制冷系统中。

3）综合观察法。空调器在充注制冷剂时不宜过猛，以防止压力变化过快。同时，还应用钳形电流表检测工作电流，不可让其超过额定工作电流值。

图 4-61　台秤实物图

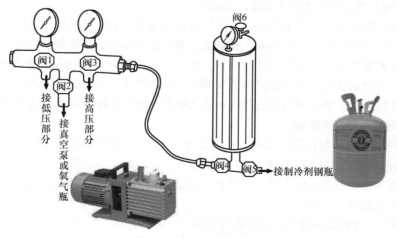

图 4-62　定量充注法的管路连接示意图

① 将空调器设置于制冷或制热高速风状态（变频空调器设置于试运转状态）下运

转，在低压截止阀工艺口处充注制冷剂（见图4-63）；同时观察钳形电流表变化，当接近空调器铭牌标定的额定工作电流值时，关闭制冷剂钢瓶阀门。此时，让空调器继续运转一段时间，当制冷状态下室温接近27℃（或制热状态下室温接近20℃）时，微调制冷剂的充注量，当钳形电流表的指示值达到额定工作电流值时，即表明制冷剂充注量合适。

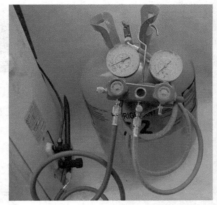

图4-63　充注制冷剂示意图

② 将空调器置于制冷高速风状态（冬天制热需要加氟时，将空调器设置于强制制冷状态）下运转，在低压截止阀工艺口，边充注制冷剂边观察真空压力表的低压压力。当低压在0.49MPa（夏季）或0.25MPa（冬季）时，关闭制冷剂钢瓶阀门。然后微调制冷剂的充注量和表压力，当制冷系统的高压压力和低压压力值符合所规定的压力值时，即表明制冷剂充注量合适。

4）经验加注法。经验加注法是根据自己以往的经验，通过观察家用空调器的制冷情况结合表压法来确定加注量的一种方法，一般情况下不能一次成功。其操作方法是，充注制冷剂使真空表压力为 0.45 ~ 0.50MPa 时，关闭三通阀，加电使压缩机运转30min，观察制冷系统的工作情况，若蒸发器结满霜，冷凝器发热，低压管发凉，则说明充注的制冷剂合适；若蒸发器结霜不满，冷凝器不热，则说明充注的制冷剂过少，应再充灌一些；若蒸发器及低压管接头均结霜，冷凝器过热，压缩机运转电流加大，则说明充注的制冷剂过量，应放掉一些。

（四十四）空调器冬季加注制冷剂的技巧

冬季加注制冷剂是与夏天不同的，加注时很难达到正常的工况值，因为冬天不能制冷。故冬天加注制冷剂时先采用氟压排空法，即在快速接头上接好加注制冷剂的管道和压力表，松开液管接头，打开制冷剂瓶阀，十几秒后闻到制冷剂的气味时即拧紧液管；开机制热，在制热状态下拔掉四通阀的线圈线，空调器处于强制制冷状态；在强制制冷状态下，关掉液阀，制冷剂将从气管强制进入系统；再结合额定电流法或额定压力法判断所加注的制冷剂是否准确。

【维修笔记】冬天加注制冷剂时，应对照相应温度下的压力和电流值，看看出风口的温度是否适当（应在20℃以上）。一般情况下，在加制冷剂过程中观察低压压力接近加制冷剂前停机时的平衡压力的一半偏低一点，高压压力不超过 2.3MPa。此时压缩机的电流将接近制冷时的电流。

（四十五）空调器压缩机加冷冻油的技巧

空调器的主流压缩机为往复式压缩机和旋转式压缩机。不同的压缩机，其加注冷冻油的方法和技巧是不完全相同的，下面具体介绍：

对于往复式压缩机，首先将冷冻油倒入一个清洁、干燥的油桶内，再用一根清洁、干燥的软管接在低压管上，先将软管充满油，以便排出空气，再将此软管插入油桶中；然后起动压缩机，使冷冻油由低压管吸入，当冷冻油达到需要量后停机即可。

对于旋转式压缩机，首先将冷冻油倒入一个干燥、清洁的油桶中，再将压缩机的低压管封死，并在压缩机的高压管上接一只复合式压力表和真空表；接着起动真空泵，使压缩机内部抽成真空后再关闭调压阀；再用一根清洁、干燥的软管接在低压阀上，先将软管充满油，以便排出空气开起低压阀，冷冻油被大气压力压缩，充至需要量即可。

（四十六）空调器制冷系统抽真空的方法

空调器制冷系统在完成检漏工作后要对系统抽真空，将系统中的水分与不凝性气体排出，以保证制冷系统的正常工作。抽真空操作所用器材有：带压力表和真空压力表的三通修理阀、连接铜管、真空泵、气焊设备、连接软管、快速接头等。抽真空的常用方法有：低压单侧抽真空、二次抽真空和高低压双侧抽真空、加热抽真空等。

1. 低压单侧抽真空

低压单侧抽真空是利用压缩机上的工艺管进行的，具体操作方法如图 4-64 所示。

将焊好的工艺管（直径 6mm、长 100～150mm）、连接软管、带压力真空表的三通修理阀、真空泵连接好，注意真空表始终接制冷系统，连接如图 4-65 所示。

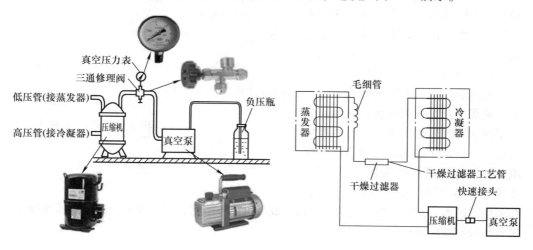

图 4-64　低压单侧抽真空的操作方法　　　图 4-65　低压单侧抽真空的连接示意图

开动真空泵，把三通阀逆时针方向全部旋开，抽真空 2～3h（根据真空泵抽真空能力和设备的规格而定）。当真空压力表指示值在 133Pa 以下，且真空泵排气口没有气体排出或负压瓶内的润滑油不翻泡时，则说明真空度已到，可关闭三通阀，停止真空泵工作。保压 12h（实际就是真空试漏），注意真空表上的压力是否随时间推移而升高。若压力有回升，则说明制冷系统中有泄漏现象，仍要进行检漏；如果系统中没有泄漏，再打开三通阀重新抽真空。

2. 二次抽真空

二次抽真空是指将制冷系统抽真空到一定真空度后，充入约 20g 的气体（含有少量制冷剂的氮气），使系统内的压力恢复到大气压力后，再进行第二次抽真空方法，从而达到更为理想的真空度。

3. 高低压双侧抽真空

高低压双侧抽真空是使用真空泵对制冷系统的高、低压同时抽真空的一种方法，其连接如图4-66所示。

在干燥过滤器的入口处加焊上一工艺管，采用耐压胶管分别将干燥过滤器的工艺管和压缩机的工艺管与带压力真空表的复合修理阀（歧路阀）相连，将复合修理阀的公用接头通过耐压胶管与真空泵相接。抽真空时，只需打开复式修理阀左右两个阀，开起真空泵就可对系统抽真空了。一般抽真空的时间为30min左右即可完成。

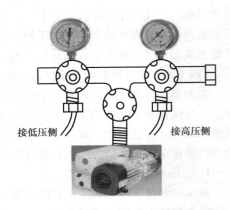

图4-66　高低压双侧抽真空连接示意图

如图4-67所示，低压侧（实线）抽空由压缩机的工艺管完成，高压侧（虚线）抽空由干燥过滤器的工艺管完成。

4. 加热抽真空

将压缩机的工艺管螺旋式串气管和三通阀与真空泵相连接，在起动真空泵时，同时起动压缩机。当压缩机温度上升到50℃左右时，再用红外线电热器或电吹风对冷凝器、蒸发器、干燥过滤器及高、低压管进行加热，

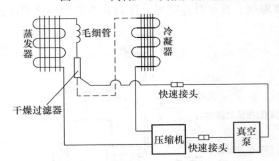

图4-67　高低压双侧抽真空的示意图

使系统内的水分蒸发，通过真空泵排出。此种抽真空方法，对于没有经过冲洗的制冷系统有比较好的效果。

第五章　洗衣机维修技能

第一节　洗衣机理论基础

一、洗衣机的组成

（一）普通洗衣机内部组成

普通洗衣机有单桶洗衣机和双桶洗衣机两种类型。两种类型洗衣机的结构原理基本相似，不同的是双桶洗衣机在单桶洗衣机的基础上增设了甩干系统。

普通双桶波轮洗衣机的内部实物如图5-1所示，内部主要由洗涤电动机、脱水电动机、波轮、波轮轴组件、安全制动系统、联轴器、洗涤定时器、脱水定时器、电解电容器、控制电路等部件组成。

双桶洗衣机设计了洗涤桶和脱水桶，工作时洗涤与脱水需要人工转换进行。其洗涤系统与脱水系统相对独立，设计有各自的驱动电动机、各自的控制电路（脱水系统的电路并联在机器的总电路中）和独立的操作系统。所以双桶洗衣机洗涤和脱水可以同时进行，也可以分开单独工作。

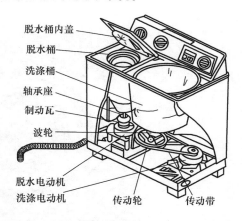

图5-1　普通双桶波轮洗衣机内部实物组成

双桶洗衣机的洗涤电动机（见图5-2）和脱水电动机（见图5-3）一般设计为单相电动机。洗涤电动机和脱水电动机的电压为220V。洗涤电动机的输入功率为170W以上，输出功率在93～120W之间。脱水电动机的输入功率在75～120W之间，转速在1450r/min左右（型号不同转速也不相同）。电动机的定子互为起动绕组和工作绕组，实际检修时观察电容器串入的那个绕组为起动绕组。

洗涤电动机的两个绕组参数相同，绕组的作用相互转换，有两个旋转方向；脱水电动机只有一个旋转方向，起动绕组与工作绕组线径粗细不一样，电动机的起动电容大多为3～4μF、耐压为400V的电容器。

（二）全自动洗衣机的内部组成

1. 全自动波轮洗衣机的内部组成

全自动波轮洗衣机有多种机型，但不管是哪种机型，结构基本相似，主要由机械支

图 5-2　普通双桶洗衣机洗涤电动机

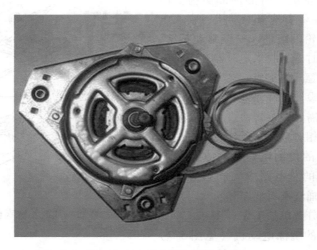

图 5-3　普通双桶洗衣机脱水电动机

撑系统、电气控制系统、洗涤脱水系统、传动系统、进排水系统五大系统组成。

全自动波轮洗衣机的内部组成如图 5-4 所示，主要构成部件有脱水桶、电动机、离合器、波轮、排水电动机、排水管、水位控制开关、减振器、控制电脑板等。

全自动波轮洗衣机的脱水桶（内桶）与洗涤桶（外桶）通过 4 根减振器与机体外壳相连，构成一个套缸结构。电动机、离合器、波轮、排水电动机通过支架与外桶底部组成传动链，完成洗涤、脱水等功能。

全自动波轮洗衣机的洗涤桶和离合器的脱水轴相连接再与波轮安装在一起（见图 5-5）。洗涤桶也称内桶，桶的内壁上设计有许多凸筋，犹如一块洗衣板卷曲成筒形。凸筋有两个作用：一是工作时衣物在桶内翻滚，与桶壁相摩擦，产生搓洗的作用；二是

图5-4 全自动波轮洗衣机的内部组成

可以增强洗涤液的旋涡，提高洗净效果。

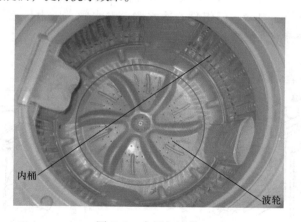

图5-5 内桶与波轮

　　全自动波轮洗衣机洗涤和脱水是在一个桶中完成的，在桶的内壁上设计有许多凹槽，凹槽内有许多小孔，脱水时，洗涤桶随着脱水轴一起高速旋转，水从小孔中甩出进入盛水桶排出，这时洗涤桶又成了脱水桶。

　　全自动波轮洗衣机的电脑板（见图5-6）是全自动洗衣机的大脑，它接收指令，发出指令，控制洗衣机整个工作的全过程。

　　2. 全自动滚筒洗衣机的内部组成

　　全自动滚筒洗衣机是高端、品味的象征，设计科学、新颖，科技含量明显高于波轮式洗衣机。另外，较高的价格使得厂商更愿意在其身上加配高端的技术。特别是，电脑

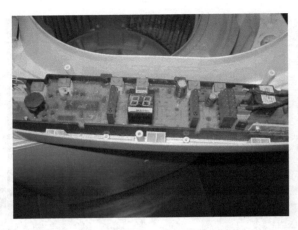

图 5-6　全自动波轮洗衣机电脑板

全自动滚筒洗衣机用水量比其他型号洗衣机都要小，洗涤液在桶内浓度高，既节约水洗涤效果又好；洗涤时衣物不会缠绕，对衣物磨损小，可以洗涤真丝、羊毛、羊绒等高贵衣物；是年轻用户和喜欢尝试新鲜事物消费者最热捧的家用时尚电器。

　　全自动滚筒洗衣机由微电脑程序器控制所有功能，结构小巧精致。如图 5-7 所示，其内部主要由洗涤筒、料盒、门组件、冷水阀、温水阀、压力传感器、平衡块、排水泵、挂簧、减振器等部件组成。

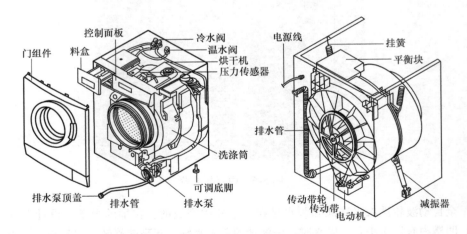

图 5-7　全自动滚筒洗衣机内部实物组成

二、洗衣机的工作原理

（一）双桶洗衣机工作原理

　　双桶洗衣机是指在洗涤桶内洗涤和漂洗，在脱水桶内漂洗和脱水，任意两程序转换时不需要手工操作，而是由控制系统控制自动完成的洗衣机。

双桶洗衣机的工作原理比较简单，整个工作过程全部由操控台上的琴键开关或旋钮来控制洗涤电动机或脱水电动机来完成。现主要介绍其洗涤工作原理和脱水工作原理。

1. 洗涤工作原理

洗涤工作原理主要包括洗涤电动机工作原理、琴键开关和洗涤定时器工作原理。

（1）洗涤电动机工作原理

洗涤电动机是洗衣机的动力源，通过座机支架以吊装的形式安装在洗涤桶下方。其原理如图 5-8 所示，加上电源后，洗涤电动机的小带轮通过传动带带动波轮轴下方的大带轮旋转，波轮也被带动旋转，从而带动洗涤液和衣物转动，洗涤程序开始工作。

双桶洗衣机的洗涤电动机的初级、次级绕组参数完全一样，绕组的分布形式也一样，具有相同的线径和匝数。两个绕组的作用可以相互转换，所以洗涤电动机能够做正反方向运转，而且特点完全一样。

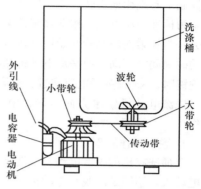

图 5-8 洗涤电动机工作原理

洗涤电动机为单相交流电容运转式电动机，起动转矩大、过载能力强。若洗涤过程中衣物缠绕、扭结在一起，甚至造成超负荷运行，也不会损坏洗涤电动机。

（2）洗涤电动机、琴键开关和洗涤定时器的关系及工作原理

洗涤电动机、琴键开关和洗涤定时器的关系及工作原理如图 5-9 所示。洗衣机上电后，设定洗涤定时器旋钮到所需洗涤时间，此时主凸轮的弧度位置使 K1 与 K2 接通，在定时器发条作用力的带动下，控制凸轮开始旋转。洗涤定时器共有五个通断触头（图中可以看出）。按下琴键开关标准洗涤键，洗涤定时器的 K3 触头与 K4 触头闭合，这时电流经 a 路进入洗涤电动机初级、次级绕组。与电容器串入的那个绕组（即起动绕组）使电动机运转。洗涤定时器控制凸轮继续旋转到另一位置时，K3 与 K4 断开，洗

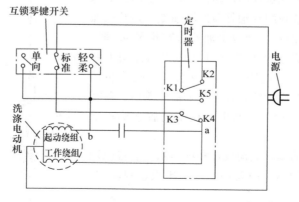

图 5-9 洗涤电动机、琴键开关和洗涤定时器的关系及工作原理

涤电动机停止运转。洗涤定时器的控制凸轮在发条作用力的带动下继续转动到某一位置时，K3 与 K5 闭合，电流经 b 路与洗涤电动机接通。因电动机内产生的磁场方向与先前电动机运转时的磁场方向相反，此时，电动机与先前的方向做反向运转。控制凸轮继续转动到下一位置，K3 与 K5 断开时，洗涤电动机断电停止运转。控制凸轮在发条作用力的推带动下作周期性地旋转，使触头 K3、K4、K5 反复通断，洗涤电动机在洗涤定时器的控制下有规律地正转、停、反转，带动波轮也跟着有规律地运转。洗衣机的此段工作状态为标准洗涤方式。按下琴键开关的轻柔键时，标准洗涤凸轮停止旋转，洗涤定时器的另一组轻柔洗涤凸轮开始做旋转运动。其工作原理与标准洗涤相同，不同的是触头通断的时间间距不同，使洗涤电动机和波轮停转的时间间距也不相同。当按下琴键开关的强洗键时，K3 触头无电流通过，电流直接从 b 点与洗涤电动机的起动、工作绕组接通，此时洗涤电动机做单方向运转，中间也不会停顿，直到设定时间走完，洗衣机停止工作。

2. 脱水工作原理

双桶洗衣机的脱水电动机与洗涤电动机一样，脱水电动机也采用单相交流电容运转式电动机，不同是的脱水电动机只有一个旋转方向，且功率较小，但转速可高达 1400r/min 左右。脱水电动机带动脱水桶高速旋转产生的离心力将洗涤衣物中的水分甩干。

脱水定时器的原理与洗涤定时器的原理相同，也采用发条式机械定时器。但脱水定时器只有一个主凸轮，没有副凸轮组件，是因为脱水定时器只需要控制脱水电动机向一个方向旋转。当衣物需要甩干时，拧动脱水定时器的旋钮，脱水电路电源接通，脱水电动机开始带动脱水桶旋转，脱水程序开始。主凸轮在发条带动下做复位运动，脱水定时器旋钮跟着从设定的位置往回走。当脱水定时器回到起点时，脱水电路电源断开，衣服甩干，脱水结束。

洗衣机的脱水定时器最长设定时间一般为 5min。在脱水电动机的高转速旋转下，一般衣物脱水率可达到 60% 左右。如果继续加长脱水时间，变化也不会很大。

双桶洗衣机设计有受脱水桶盖控制的盖开关和制动装置，用来保障脱水桶高速运行过程中使用者的人身安全。盖开关装在脱水桶外盖的转轴处。盖开关通断状态如图 5-10 所示，当脱水桶外盖掀开 50mm 时，盖开关的两弹簧片触头在机械杠杆压力的作用下断开，切断脱水电动机电路电源，脱水电动机停止运转，脱水桶处于惯性运转。合上脱水桶外盖后，盖开关弹簧片两触头接通，脱水电动机带动脱水桶正常运转。

双桶洗衣机的制动机构设计和汽车制动装置原理相似，也是由制动盘、制动块、制动压板、制动鼓、弹簧等部件组成。

双桶洗衣机的制动装置结构及工作状态如图5-11

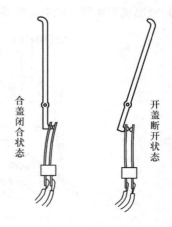

合盖闭合状态　　开盖断开状态

图 5-10　盖开关通断状态

所示。当盖开关切断脱水电动机的电源后，脱水处于惯性旋转。这时，如果再将脱水桶外盖全部掀开，迫使脱水桶外盖上的制动挡块向下位移，挡块与制动挂钩脱开，靠制动盘上的弹簧力的作用，利用杠杆作用原理，制动盘上的制动杠杆及其装在制动杠杆上的制动块向中心移动，制动块被紧紧地挤压在制动鼓上，产生与制动鼓旋转相反的摩擦力来制动制动鼓的旋转。这样也就强行制动了与制动装置一起旋转的电动机轴及脱水桶的旋转。脱水桶处于静止状态，洗脱过程全部结束。

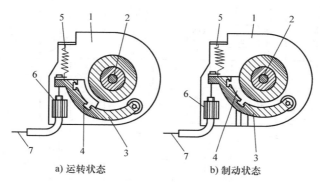

a) 运转状态　　　　　　　b) 制动状态

图 5-11　制动装置结构及工作状态

1—制动盘　2—脱水电动机轴　3—制动杠杆　4—制动块
5—回位弹簧　6—制动钢丝套支架　7—制动钢丝

（二）全自动波轮洗衣机工作原理

全自动波轮洗衣机工作原理过程：开启电源和洗涤开关，程序控制器向起动电路发出信号，电动机带动波轮自检性地正反转动两圈；转动停顿后，程序控制器控制进水电磁阀向盛衣桶内注水；达到预设水位时，水位压力传感器向程序控制器发出停止进水信号；同时程序控制器向传动系统发出命令，洗衣机进入洗涤程序；洗涤结束后，程序控制器向排水电磁阀电动机或排水牵引器发出信号，排水电磁铁动作，拉动排水水封开始排水；待排水结束后，在程序控制器、电动机、离合器的相互配合下，洗涤桶又变为脱水桶，进行脱水和漂洗，又自动变为脱水程序；最后蜂鸣器发出蜂鸣信号，洗衣机停止运转，洗衣过程完毕。

全自动波轮洗衣机主要由程序控制系统、传动系统、进排水系统、吊挂系统四大部分组成。下面具体介绍它们的工作原理。

1. 程序控制系统

程序控制系统用来控制洗衣机按照用户设定的程序工作，主要由程控器、电源开关、水位传感器或水位开关、安全开关等组成。

（1）程控器工作原理

程控器是程序控制系统的核心部件，是全自动洗衣机的"大脑"。全自动洗衣机的整个工作过程都由它来控制完成。而程控器又分为机电式程序控制器和微电脑式程序控制器两种类型。

1）机电式程序控制器工作原理。机电式程序控制器采用一只 5W、16 极永磁单相罩极同步电动机 TM 为动力，驱动齿轮减速机构，带动一根快轴和慢轴旋转。快轴和慢轴上装有若干凸轮轮片，构成凸轮群组，通过电动机的驱动缓慢旋转，在旋转的过程中控制触头开关中间簧片动作，从而按照设定程序控制触头的接通或断开，实现各种程序的转换，来控制洗衣机完成整个工作过程。

机电式程控器电气原理图如图 5-12 所示。

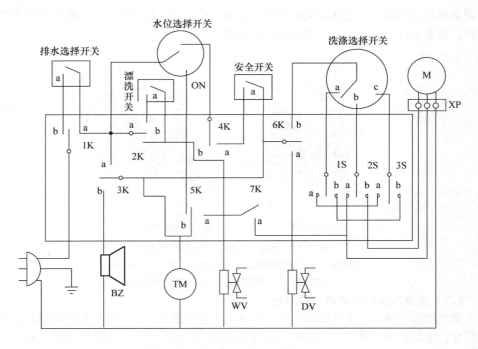

图 5-12　机电式程控器电气原理图

机电式程控器通过控制洗衣机的注水、洗涤、排水、脱水、贮水漂洗、溢水漂洗从而控制洗衣机整个工作过程。具体工作时的原理及过程如下：

① 注水过程。开启电源，将程控器选择旋钮按顺时针方向转到所需位置。洗衣机开始按照设定的洗涤程序进行工作。当设定为标准洗涤时，电磁阀线圈通电，阀门开起，其电流通路为，电源 L（图中电源插头最下方出线）→注水电磁阀 WV→2Kb →1Ka →电源零线 N（图中电源插头上方出线），洗衣机开始注水。这时，程控器的定时电动机 TM 尚未接通电源，程控器的凸轮不动作。注水时，水位选择开关在空位。当洗涤桶水位达到设定水位后，水位选择开关由原来的空位转换到 ON 位置。这时，定时器电动机 TM 通电运转，程控器的凸轮在电动机的带动下开始运转，致使 2Kb 断电，注水电磁阀 WV 断电，洗衣机停止注水，并自动转为洗涤程序。

② 洗涤过程。转入洗涤过程后的电流通路为，电源相线 L →定时器电动机 TM→5K →水位开关的 ON→1Ka→电源零线。洗涤程序开始时，程控器的定时电动机 TM 带动凸轮 1S、2S、3S 转动，使 1S、2S、3S 的动触头有规律地与 a、b 触头周期性地接通和断开，电动机 M 有规律地正转→停止→反转→正转，…。洗涤电动机 M 的电流通路为，

电源相线 L→电动机 M→1S 或 2S 或 3S 的 a 或 b→洗涤选择开关 a 或 b 或 c→6Kb→3Ka →1Ka→电源零线 N。当洗涤程序结束后，程控器定时电动机 TM 带动凸轮使 6Kb 由闭合转为断开，但 6Ka 闭合，洗衣机进入自动排水程序。

③ 排水过程。由于 6Ka 接通，其电流通路为，电源相线 L→电磁铁 KV→6Ka→3Ka →IKa→电源零线 N。DV 通电动作，打开排水阀门，洗衣机开始排水。同时，离合器的拨叉（或制动杆）挂钩和棘爪分别脱离制动盘和棘轮，使离合器扭簧自动抱紧离合器轴套，为下一步脱水做好准备。

④ 脱水过程。当洗衣机排水到一定水位后，水位选择开关由 ON 位置转换到空位。同时由于定时电动机 TM 带动凸轮转动，使 3Ka 闭合。5Ka 闭合，7Ka 闭合。此时，电动机通电线路为，电源相线 L→电动机 M→7Ka→5Ka→3Ka→IKa→电源零线 N。则电动机 M 单向顺时针旋转，洗衣机进入脱水工作状态。在脱水过程中，排水电磁铁线圈始终得电。

⑤ 贮水漂洗过程。洗衣机第一次脱水完毕，自动进入注水程序，再转为贮水漂洗程序。贮水漂洗时 7Ka 断开，6Kb 闭合，电动机 M 通过洗涤选择开关选择 IS 或 2S 或 3S 的 a 或 b，使其正转→停止→反转→正转，……，对衣物进行漂洗。贮水漂洗结束后，洗衣机再次进行排水和脱水。

⑥ 溢水漂洗过程。溢水漂洗工作开始时，电动机 M 作正转→停止→反转→正转周期性运行。此时，注水电磁阀呈关闭状态。当漂洗过程超过大约 2.5min 时，2Ka 闭合，注水电磁阀通电，自来水注入洗涤桶内，洗涤桶水位上升到溢水口位置，这里电动机 M 仍周期性运行。洗衣机边注水边洗涤，这一过程延续到 4min 后，注水电磁阀关闭，排水电磁阀通电，洗衣机进入排水过程，接下来进行最后一次脱水，脱水结束前大约 3s，蜂鸣器 BZ 间断性叫 6 次，然后 1K 动触头返回到中间位置，电路断电，洗衣机工作过程全部完成。

2）微电脑式程控器工作原理。微电脑式程控器是采用 4 位或 8 位单片机及相关接口电路，来实现对系统所有器件进行程序控制的，并运用数码管或其他显示器件来显示所有操作运行程序过程中的相关信息。单片机根据预定程序及接口电路反馈的信号，发出控制命令，通过接口电路控制电器部件的运行。

微电脑程控器主要接口电路包括直流电源电路、时钟电路、复位电路、时基电路、按键输入电路、显示电路、强电控制电路、过电流欠电压保护电路、蜂鸣电路、安全开关水位开关输入电路。

微电脑程控器由两部分电源组成。220V 市电压先经变压器降压，通过桥式整流电路整流，再通过三端稳压器稳压变为 5V 的工作电源。

微电脑程控器另一个特点是设有软件和硬件自动保护电路。即微处理器通过本身控制程序和接口电路的输入信号来检测洗衣机运行状态，具体体现在排水超时和安全开关保护两方面。

排水超时保护，一是为防止脱水时带水超负荷起动引起电动机过载烧毁，二是保护驱动电动机的晶闸管不会因过电流而损坏。

安全开关保护实际工作中分两种情况：一是脱水中上盖开起安全开关断开，致使洗衣机停止工作；另一种情况是脱水时衣物摆放不平整导致洗衣机振动及噪声过大，安全开关动作。对于后一种情况，微电脑程控器会自动调出脱水不平衡修正程序。此时洗衣机重新进水、漂洗、排水、最后脱水，直到衣物分布均衡，使洗衣机不产生严重振动。但若自动修正 3 次仍未奏效的话（各种品牌类型洗衣机设计不同），安全开关保护电路断开，洗衣机停止工作蜂鸣器报警。

硬件保护是洗衣机控制系统中的专用电路，它对洗衣机电子元器件和部件的过电压、过电流等进行及时保护。

（2）电源开关及安全开关工作原理

1）电源开关工作原理。电源开关属于洗衣机的硬件保护元器件，全自动波轮洗衣机一般设置为自动断电式电源开关，用来防止用户使用洗衣机后忘记断电，电源开关会使洗衣机自动断电，以防发生意外。

自动断电式电源开关与微电脑程控器相互配合。它比普通式电源开关多设置了一个脱扣线圈，微电脑程控器的负载驱动电路通过脱扣线圈上的 4 根引线输出约 3s 的 220V 电压，若线圈得电，电源开关的控制部件动作，使洗衣机在设置的各种程序中自动断电。

2）安全开关工作原理。安全开关又称盖开关，洗衣机上盖的打开或关闭控制其通断，并将信号反馈给微电脑程控器。全自动波轮洗衣机的安全开关一般有微动开关或红外感应光敏开关（见图 5-13）。若洗衣机在脱水时振幅过大，会触动控制杆或使其感应到从而使安全开关动作，停止脱水并报警。

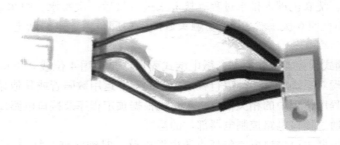

图 5-13　红外感应光敏开关

（3）水位选择开关工作原理

水位选择开关也可称压力开关或水位传感器，它的工作原理是利用洗涤桶内水位所产生的压力来控制触头的通断，从而与程控器配合控制洗衣机的工作。

机电程控器上的水位开关构成的电路电压为 AC220V，3 个触头 COM、NO、NC 都接入电路中，通过触头的通断来转换控制洗衣机工作时程序的运转。而微电脑程控器上的水位选择开关构成的电路只是 CPU 的输入电路，电压约为 DC12V，只有公共触头 COM 与常闭触头 NC 接入电路中。洗衣机工作时进水程序若触头闭合表示进水结束，排水程序中若断开表示排水结束。

2. 传动系统工作原理

全自动波轮洗衣机的传动系统主要包括电动机、离合器、传动带、波轮等，用来产生、传递、驱动机械力并实现洗涤和脱水等工序的完成。下面主要详细介绍电动机和离合器的工作原理。

（1）全自动波轮洗衣机电动机工作原理

全自动波轮洗衣机电动机的工作原理如图5-14所示，当洗衣机接通电源后，只要按下电源开关按钮，便会给电动机的初级、次级绕组上电。根据电容分相电动机的起动原理，当 S 与 S1 接通时，初级、次级绕组便通以电流。由于电容 C 的作用，使通过次级绕组的电流超前初级绕组 90°的电角度，形成两相磁场，电动机起动运行，假设为正转。由于旋转磁场的方向与绕组中电流达到最大值的次序有关，所以，

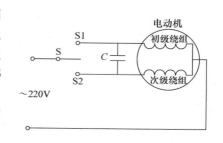

图 5-14 电动机工作原理

当 S 与 S2 接触时，则流进初级绕组的电流超前于次级绕组电流90°的电角度，旋转磁场方向相反，电动机反向运转。如果 S 与 S1、S2 不断交替接通，则电动机就会一会儿正转，一会儿反转，这就是洗衣机电动机正、反转的工作原理。所以，实现了全自动波轮洗衣机在强洗时正转 25～35s、停止 5s、反转 25～35s、停止 5s，如此周期性旋转。

全自动波轮洗衣机一般大多采用双速电动机或串激电动机作为其动力源。两种电动机的特性及工作原理如下：

1）双速电动机特性及工作原理。双速电动机为单相、双速电容运转式感应电动机。它可以在洗涤时作 60r/min 左右的低速运转，也可以在脱水时作 1000r/min 的高速运转，同时还可以满足洗衣机正、反转的要求。双速电动机主要由定子、转子、前后端盖、转轴、风扇等组成，通常为开起式，便于通风散热。

双速电动机电路工作原理如图 5-15 所示。双速电动机的定子铁心内同时嵌放两套绕组。即 2 极高速绕组（M2 和 M6 组成 2 极绕组）和 16 极低速绕组（M3 和 M7 组成 16 极绕组）；2 极绕组用于脱水。脱水时，电动机单向高速旋转，转矩小，但旋转速度快。16 极绕组用于洗涤、漂洗。工作时，电动机作正反方向旋转，低速但转矩大，过载能力强。

2）串激电动机特性及工作原理。串激电动机是将定子铁心上的励磁绕组和转子上的电枢绕组串联起来使用，采用换向式结构，通过一定的控制电路来实现无级调速的交、直流两用调速电动机。

串激电动机电路原理如图 5-16 所示，D5 与 D10 组成定子绕组，D8 与 D9 组成转子绕组。电流经定子绕组产生一定方向的磁场，然后经电刷进入换向器，再在转子绕组中分成上、下并联支路流过；导流的转子绕组在外部磁场作用下产生力，从而使转子旋转；换向器使转子中的电流始终保持上下对称、连续。电流最后从另一个电刷出来进入

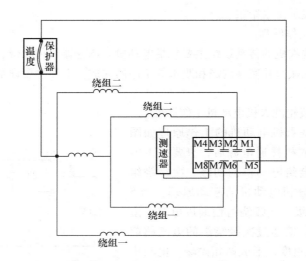

图 5-15　双速电动机电路工作原理

另一定子，因两定子绕组绕线方向一致，致使两定子产生的磁场同向。

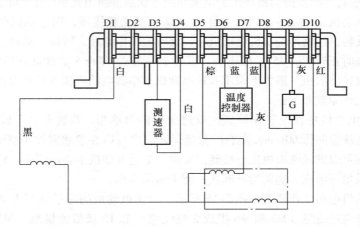

图 5-16　串激电动机电路工作原理

（2）全自动波轮洗衣机离合器工作原理

离合器是全自动波轮洗衣机上最重要的部件，现以盘式离合器（见图5-17）为例介绍其在洗涤和漂洗、脱水、制动时的工作原理。

1）洗涤和漂洗的工作原理。全自动波轮洗衣机洗涤和漂洗时带动波轮正反方向旋转，主要是依靠离合器的工作来实现的。洗涤和漂洗时离合器致使波轮作顺时针方向旋转或逆时针方向旋转时的工作原理具体如下：

① 在洗涤和漂洗时离合器的电磁铁没有电流通过，制动带被电磁铁的动铁心挡住，使弹簧套不能转动。

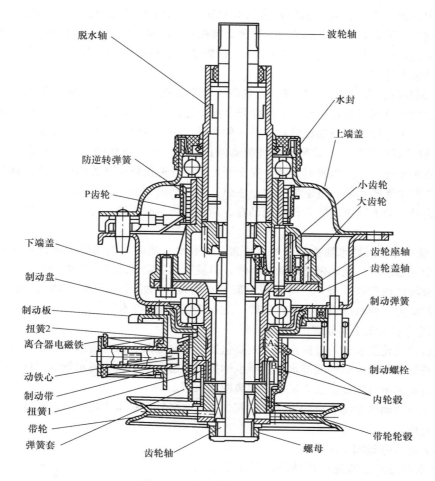

脱水轴
波轮轴
水封
上端盖
防逆转弹簧
小齿轮
大齿轮
P齿轮
下端盖
齿轮座轴
齿轮盖轴
制动盘
制动弹簧
制动板
扭簧2
离合器电磁铁
动铁心
制动螺栓
制动带
内轮毂
扭簧1
带轮
带轮轮毂
弹簧套
齿轮轴
螺母

图 5-17 盘式离合器结构原理

② 如果此时波轮按顺时针方向旋转，扭簧 1 被弹簧套松开，带轮轮毂的转矩就不能传递给内轮毂 A；同时，扭簧 2 被卷紧，内轮毂 A 和内轮毂 B 呈一体，脱水桶旋转产生的转矩传递到内轮毂 B 上；内轮毂 A 和制动盘呈一体，这时脱水桶的转矩传送到制动盘上，使制动盘产生摩擦力，脱水桶被制动盘制动，不再跟着旋转；电动机的动力经带轮、齿轮组件传递到波轮轴上，带动波轮按顺时针方向旋转。

③ 如果此时波轮按逆时针方向旋转，扭簧 1 和扭簧 2 处于拨松方向，带轮轮毂的转矩就不能传递给内轮毂 B 及制动盘；制动盘不产生制动摩擦力，但是制动盘座轴上的防逆转弹簧会被卷紧，产生的摩擦制动力对脱水桶制动，使脱水桶不能跟着旋转；这时，电动机的动力经带轮、齿轮组件传递到波轮轴上，带动波轮按逆时针方向旋转。

2）脱水时离合器的工作原理。脱水时双速电动机带动波轮顺时针方向高速旋转，此时，离合器上的电磁铁有电流通过。扭簧 1 被卷紧，传动带传输线轮毂和内轮毂 B 呈一体，内轮毂 B 把带轮轮毂的转矩传给脱水轴。由于电磁铁通电，动铁心缩进，没有挡住制动带，弹簧套可以自动转动，扭簧 2 被松开，制动盘的动力源被切断。电动机运转的动力经带轮轮毂、扭簧 1、内轮毂 B、齿轮盖轴、齿轮座轴、及脱水轴传递给脱水桶，带动脱水桶工作。

3）制动时离合器的工作原理。全自动波轮洗衣机在高速脱水结束或需要停止运转时，依靠离合器对其进行制动，来保障安全停止运行。制动分两种情况：一种是在脱水运行中打开上盖脱水桶被制动停止；另一种是脱水完成后脱水桶被制动停止。

① 脱水运行中打开上盖脱水桶被制动停止原理。在洗衣机的上盖下方设置了安全开关，在脱水运行中上盖被打开时，安全开关的杠杆迫使微动开关动作，离合器电磁铁和电动机的电源被切断，电磁铁的铁心还原，使制动带和弹簧套之间产生滑动阻力，扭簧 2 被旋紧，动力经内轮毂 A 传给制动盘，制动盘产生摩擦制动力，脱水桶被制动停止运转。

② 脱水完成后脱水桶被制动停止原理。当脱水完成时，电动机和离合器断电，电磁铁的动铁心还原，制动带被动铁心挡住，弹簧套和制动带之间产生滑动阻力。由于弹簧套的旋转比内轮毂 B 慢，这时扭簧被旋紧，动力经内轮毂 A 传给制动盘，制动盘产生摩擦制动力，脱水桶被制动停止运转，洗衣机停止全部工作。

3. 进排水系统工作原理

全自动波轮洗衣机的进排水系统主要包括进水电磁阀、水位传感器、进水管、溢水管、过滤器、排水电磁铁或排水牵引器也称排水电磁阀电动机、排水管等部件。设计为上排水方式的全自动波轮洗衣机还必须装配排水泵。

现就全自动波轮洗衣机的进水电磁阀、排水电磁铁及排水电磁阀电动机的工作原理作如下介绍。

（1）进水电磁阀工作原理

进水电磁阀是通过程控器的控制使洗衣机工作时能自动进水及关闭进水。其结构如图5-18所示，主要由电磁铁、阀体、橡胶阀等组成。

进水电磁阀工作原理：当用户打开电源按钮洗衣机开始工作，程控器检测到指令给进水电磁阀加电，进水电磁阀得电后，电磁力克服铁心弹簧的弹力和水的压力，将铁心吸上，减压孔打开，空腔中的水通过减压孔流入洗衣机，使空腔中压力减小，而进水腔中的水压仍然很大；在压力差的作用下，橡胶阀此时打开，洗衣机开始进水；当洗涤桶内水位达到设定水位后，程控器会断开进水阀电路，减压孔被堵住，使

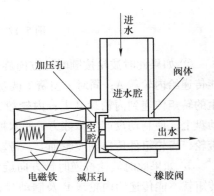

图 5-18　进水电磁阀内部结构

进水腔和空腔中的压力相等；在水压、弹簧压力及铁心重力的作用下橡胶阀关闭，进水停止。

（2）排水电磁阀工作原理

排水电磁阀由线圈、磁轭及衔铁组成。线圈得电后产生磁场，磁轭及衔铁同时被磁化。由于衔铁和磁轭极面上的磁性相异，而相互吸引，磁轭将衔铁吸入。

全自动微电脑波轮洗衣机一般装配直流电磁铁，其驱动电路上有桥式整流电路（见图5-19）。电磁铁线圈分吸合线圈A和匝数多电阻大的保持线圈B，且两段串联。线圈B又并联于控制开关的一对触头中，当开关受压进入磁轭时，触头立即断开。洗衣机在进行洗涤和漂洗时，电磁铁不通电；而进入排水和脱水程序时，线圈A和B接通，保持线圈B此时被短接，只有吸合线圈A工作；因而通过的电流非常大，吸合力自然就大，可以将衔铁完全吸入。

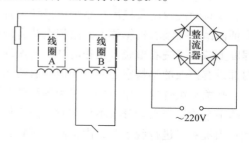

图5-19　排水电磁阀桥式整流电路

电磁铁动作带动拉杆拉开排水阀，同时也一起拉动离合器上的制动杆，使离合器棘轮棘爪分开，制动带被松开，此时洗涤轴与脱水轴相连为一体，洗衣机进入脱水程序。

（3）排水电磁阀电动机工作原理

排水电磁阀电动机（见图5-20）一般装配在具有静音设计的全自动波轮洗衣机中。与排水电磁阀相比，它能够以缓慢的速度拉开排水阀，不会产生电磁铁的吸合声音。

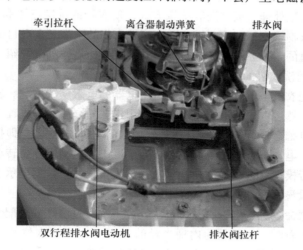

图5-20　全自动波轮洗衣机上的排水电磁阀电动机

排水电磁阀电动机由双行程排水阀电动机、排水阀、牵引拉杆、排水阀拉杆、离合器制动弹簧等组成。

排水电磁阀电动机的工作原理：得电后，同步电动机带动牵引拉杆拉开排水阀。待排水阀全部拉开到位后，凸轮控制开关触头使电动机断电，但电磁铁仍然呈通电吸合状态，使排水阀呈开起状态；断电后，电磁铁失去吸合力而释放牵引拉杆，在离合器制动杆弹簧和排水阀拉杆的共同作用下牵引拉杆被拉出，从而关闭排水阀，洗衣机停止排水。

4. 吊挂系统

全自动波轮洗衣机吊挂系统由吊挂装置和平衡环组件组成。吊挂装置使用四根吊杆将桶体吊挂在洗衣机箱体上，吊杆上装有减振弹簧使桶体部分成为一个柔性系统，很大程度上减轻了洗衣机脱水工作时产生的振动和噪声。平衡环组件安装在内桶的上部，为内部设有挡板的塑料空心圈，里面装有约 2/3 的饱和食盐水作为平衡液。

平衡环组件的工作原理：平衡环组件利用陀螺仪的定轴性，来控制洗衣机工作时产生的不平衡；当衣物分布不均匀时，洗衣机内桶会产生倾斜，平衡液就会流至倾斜的一侧；当洗衣机进行脱水时，内桶高速旋转，由于离心力的作用，平衡环组件内的盐水向衣物倾斜的反方向集中；这样就使内桶质量分布趋于平衡，也就起到减少振动的作用。

（三）全自动滚筒洗衣机工作原理

全自动滚筒洗衣机的程控器、进水阀、水位开关、加热器等器件的工作原理与波轮式全自动洗衣机的工作原理基本相同。不同的是滚筒式全自动洗衣机排水方式为上排水装置，没有排水阀门机构，采用排水泵排水。

全自动滚筒洗衣机的配置、科技含量、全自动化程度都比较高。在变频器的调节下，洗衣机的洗涤、脱水会处于最佳工作状态，并可根据洗涤物的种类和质地来选择洗涤水流、洗脱时间、洗脱转速。洗衣机运行更平稳、噪声更低，不仅具有加热洗，而且具有电解杀菌、柔顺处理、蒸汽洗等洗涤方式，使衣物的洗净度更高，杀菌效果更好，损坏程度更小，衣物不变形、不起皱，适于高档衣物的洗涤。现就目前市场上最流行的全自动滚筒洗衣机的工作原理及变频直流电动机工作原理作如下介绍。

1. 全自动滚筒洗衣机的基本工作原理

全自动滚筒洗衣机上电后，先检测各个用电器的电阻反馈情况。若各方面正常，洗衣机将自动解锁，然后由用户进行衣物投放，用户选择合适的洗衣程序，起动洗衣机开始运行。首先微电脑会自行进行检测机门是否关好，若没关好会立即报警。门关闭好并自动锁上电锁后，电动机转子销子从电动机转子退出，电动机开始转动运行，洗衣机的电动机会自动进行模糊称重，检测内桶里衣物的重量，并把数据显示于显示屏上，用户根据提供的衣物量显示添加适量的洗涤剂。

微电脑程控器命令进水电磁阀开始进水，自来水经过洗涤剂分配盒进入外桶里。当水位达到设定的位置时（一般约为内桶半径的 2/5），电子式水位开关会向微电脑程控器的单片机发送一定频率的脉冲，这时微电脑程控器控制电磁阀动作，停止进水。洗衣机的自动加热系统运行，按照设定的温度开始加热，洗衣机进入加热洗程序。

内桶里的洗涤液随着温度的升高，洗涤液溶剂活性酶也跟着提升，加快了分子的分解运动速度，能有效去除衣物上的皮脂等污垢。内桶安装在外桶里面，内桶的内壁设置了三条提升筋，如图 5-21 所示。

当电动机带动滚筒旋转时，提升筋把衣物带着一起旋转，当达到一定高度时，衣物斜着跌落下来，产生的撞击会把衣物里的水分挤出来；衣物在旋转到内桶的底部时，重新吸进新的洗涤液，提升筋又将衣物带起来。随着滚筒不断地作正、反方向运转，提升筋不断地将衣物抛起、落下、再抛起、再落下，使衣物与衣物，衣物与洗涤液，衣物与内桶内壁反复循环地产生相对运动。这犹如洗刷、搓洗、轻柔、拍打等手工洗涤的作用，从而把衣物清洗干净。

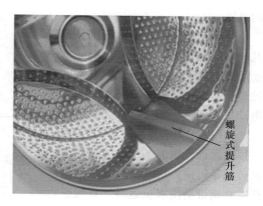

图 5-21　内桶上的三条提升筋

进入脱水程序时，微电脑程控器通过控制变频器来控制电动机带动内桶做单向高速旋转。依靠惯性离心力的作用把衣物里的水分甩出到外桶，同时微电脑程控器通过控制排水泵开始排水。

排水结束后，洗衣机开始进行冷凝式烘干工作程序。微电脑程控器向冷凝阀发出信号并开始进水，同时排水阀打开，烘干加热管及烘干电动机开始工作，此时电动机维持低转速运行。烘干过程由烘干定时器来控制加热管和加热风扇工作，在设定的时间内把衣物烘干。

当烘干热敏电阻判断桶内衣物已烘干后，微电脑程控器命令停止加热并加入冷凝水，洗衣机进行自动冷却程序。此时，电动机风扇继续工作。直到冷却结束后，电动机定位，洗衣机门锁解除，蜂鸣器提示，洗衣机工作过程全部结束。

在此过程中用户还可以选择电解杀菌、柔顺处理、蒸汽洗等不同的洗涤方式。蒸汽洗工作原理是烘干风机将冷凝水倒吸入加热装置内进行加热形成蒸汽，并将蒸汽吹进洗涤桶内，衣物在筒内伴随蒸汽一起搅拌洗涤。

2. 变频直流电动机工作原理

直流无刷变频电动机的动力电线与变频器相接，利用单片机的模糊控制技术，根据洗衣机实际工况，通过变频技术实时调整洗衣机的工作状态。变频技术是将电源电压经过交流→直流→交流，或交流→直流逆变后，再施加给电动机，通过调节电压的波形来调节电动机的转速。变频电动机的主磁路设计成不饱和状态，在低频时，变频器会提高输出电压来调整电动机的输出转矩。

在变频器的调节下洗衣机的洗涤、脱水会处于最佳工作状态，变频电动机脱水和洗涤时的输入最高功率不大于 400W，频率范围为 4 ~ 170Hz，最高转速可达 1400r/min，其能效比更高。

目前高档的洗衣机很多装配一种日本、韩国厂商生产的 DD 直流无刷变频电动机，其特性是不需要传动轮带动、小巧精致、超薄设计，可实现自动称重、精确定位，永磁无刷彻底削除了电刷换向带来的噪声。它的结构如图 5-22 所示，主要由转子、线圈、定子、磁铁、传感器组件、电动机接插件等部件组成。

DD 变频直流电动机定子与转子分离，在转子上固定磁铁，在定子上缠绕线圈形成绕组，靠磁性相互作用。它的转子是靠传感器及控制芯片来控制绕组的电流，而非传统的电刷。

变频调速无刷直流电动机是近几年才应用于全自动洗衣机上，目前主要有 DD 直驱变频直流无刷电动机和通过传动带传动的变频无刷电动机，如图 5-23 所示。

DD 直流无刷变频电动机采用一体化设计，取消了传统洗衣机上的传动带传输，用无刷电动机输出转轴直接带动洗衣机运转，克服了传动传动带产生的噪声。而且直流无刷电动机本身运行的噪声就低，使变频洗衣机的洗涤和脱水噪声降到更低程度。

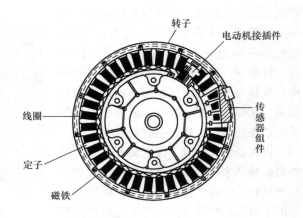

图 5-22　DD 变频直流电动机结构

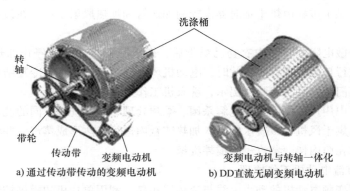

a) 通过传动带传动的变频电动机　　　b) DD直流无刷变频电动机

图 5-23　两种不同的变频电动机

通过传动带传动的变频电动机结构简易、后期维修方便，最大特点是更容易达到最高转速。

第二节　洗衣机的故障检修技能

一、洗衣机的检修方法

（一）检修洗衣机应具备哪些条件

1. 主观条件

主观条件是指维修人员应具备的条件。

1）必须具备全面系统的理论知识，对各类型洗衣机的基本结构、工作原理有所了解。能通过电路图明确各单元电路的原理和作用，找到需检测的元器件。

2）能够正确识别故障现象。洗衣机因机型不同，识别同一故障现象时（如不进水），就应该先根据所检修的机型加以区别。普通、电动控制型、电脑控制型三种类型的洗衣机的不进水故障，其故障部位和故障元器件是完全不同的。

进一步说，全自动洗衣机的不进水故障，当故障出现时，指示灯是亮还是不亮，这就牵涉故障是发生在电源部分，还是控制部分或进水阀本身了。

再比如，当洗衣机进入脱水程序时，指示灯闪烁，蜂鸣器鸣叫不停。从故障现象理解，指示灯闪烁，说明电源及控制电路是基本正常的，故障点应在安全开关。

因此，维修人员只有具备对故障现象的识别能力，才能缩小故障范围、节约检修时间、加快检修速度。

3）能够判断所检测元器件的好坏，了解元器件性能并对元器件替换具有一定的经验。

4）能够掌握洗衣机的检修步骤。如一台全自动洗衣机，接通电源后，进水、洗涤都正常，但不排水。检修此类故障时应该根据排水状态指示灯的亮暗来进行初步判断。如将程序控制设置在排水状态，两个指示灯都亮，即说明程控器、安全开关、熔丝等大多是正常的，可初步判断故障在排水电磁阀。

对于不能掌握检修步骤的维修人员来说，过多地测试非相关元器件，即费力又费时，更谈不上检修质量和检修速度了。

2. 客观条件

客观条件是指应具备的检修场地和检修工具。

（1）场地

洗衣机是家用电器中体积比较大的机器，所需房间应大一点，以便于拆卸和装配。并且，还应配备一个工作台，用于测试和焊接元器件。

（2）工具

1）仪表。

① 万用表。万用表用于测量电子元器件的电流、电压和电阻，是维修洗衣机的必备仪表，有指针式和数字式两种，如图 5-24 所示。

图 5-24 万用表

② 绝缘电阻表。绝缘电阻表又叫绝缘电阻测定仪，如图5-25所示。一般用于测量高阻抗值电容器，各种电气设备布线的绝缘电阻、电动机绕组的绝缘电阻等。

图 5-25　绝缘电阻表

2）普通工具。检修洗衣机应配备一套组合工具，包括一字螺钉旋具、十字螺钉旋具、活扳手、内六角扳手、钢丝钳、尖嘴钳、剥线钳、剪刀、电烙铁、什锦锉、小铁锤等，以满足检修不同项目和内容的需要。

3）专用工具。检修洗衣机的专用工具有长杆内六角套筒扳手、短把六角扳手、丁字形六角扳手、丁字形十字螺钉旋具、传动轮拉具等。

4）焊接工具。检修洗衣机时所需焊接工具有电焊机、热熔胶枪，用于开关等电气零部件的焊接。

5）量具。

① 钢直尺和钢卷尺。用于检测无需精确的测量场合。

② 游标卡尺，又称千分尺，如图5-26所示，用于检测电动机轴、传动轮轴、波轮轴的直径、与轴配合的轮和轴承的孔径、轴承的外径和轴承的内径、相互配合件的尺寸。游标卡尺的精度差应为0.02mm，不得高于0.05mm。

图 5-26　游标卡尺

③百分尺。用于检测电动机转子铁心的径向跳动、传动轮槽对中心线的不同心度和轴向跳动的数据。

④塞尺。用于检查电动机转子与定子之间的气隙不均匀度，即检测电动机的气隙正对着端盖通风孔的地方。

6）材料。应配备的材料有焊锡、焊锡膏、粘合剂、润滑油、绝缘胶带、砂布、砂纸等。

7）配件。在维修洗衣机时，应配备的易损部件有水封胶圈、脱水大胶圈、熔丝（管）、三角传动带、弹簧、制动带、阻尼套、绝缘套、开关、轴承、排水软管、导线接线帽、螺钉、螺母、定时器、控制器等。

（二）洗衣机的基本检修思路有哪些

洗衣机同其他家用电器一样，既采用了机械技术又有电子技术。随着科学技术的发展，微电脑技术在洗衣机上广泛应用，对维修者来说，一方面要有一定的理论水平，懂得机械结构和工作原理；另一方面要有一定的操作经验。其中，前一点决定检修的判断能力，后一点决定操作技术的熟练程度，这两点全都具备了，检修速度自然就加快了。

在检修方法上，应从初步判断入手，利用各种检修方法，逐步缩小故障范围，直至找到故障部位及元器件。

1. 通过听和看初步确定故障部位

洗衣机出现故障最先知道的是用户，当用户送修时，应仔细倾听用户的介绍，从介绍中对洗衣机发生故障的过程及现象有所了解；然后具体观察，通过再次开机和拆机初步判断故障原因和部位。

洗衣机分为普通型、半自动型和全自动型，同一故障现象因机型不同其判断故障原因应有所区别。

如开机时正常，但在洗涤中洗衣机突然停转。这类故障对普通洗衣机来说，可能是电源停电、线路断线、插头接触不良、传动传动带脱落、波轮卡死或洗涤电动机烧坏所致。但对电脑全自动洗衣机来说，除电源故障和电动机故障外，应重点考虑电脑板是否有元器件损坏。

2. 利用仪表测试判断故障部位

初步判断只是根据听取的反应和初步观察所作的主观判断，但这种判断是不完全准确的，只是一种怀疑。用仪表测试，就是对有怀疑的电路和元器件进行检测，通过检测电压和电阻值与正常值对比来判断电路是否有问题、元器件是否损坏。例如全自动洗衣机开机后不进水故障，主要故障原因有电源电压是否正常、水压是否正常、进水电磁阀是否损坏、电脑板是否有元器件损坏。

经检查在电源电压及水压正常的情况下，用万用表测进水电磁阀线圈的电阻值，若正常则可判断故障出在电脑控制板上，再通过对电脑板相关控制元器件的检测，就可以找到故障元器件。

（三）洗衣机具体故障现象的检修思路有哪些

洗衣机与其他家用电器不同，分为普通型、半自动型和全自动型三种。由于三种机型所采用的技术不一样，其结构形式、使用方法和控制方法均有不同的区别。维修时应因机型而异，对具体故障现象进行分析和判断。

1. 普通型洗衣机具体故障检修思路

（1）洗涤时波轮不转

接通电源并转动洗涤定时器后波轮不转，可能有如下原因：

① 电源电压过低。

② 洗涤选择开关接触不良。

③ 电容器失效或电动机损坏。

④ 三角传动带脱落。

⑤ 波轮式传动机构被异物卡死。

（2）波轮转速减慢

在电源电压正常的情况下，可能有以下原因：

① 传动传动带过松或磨损造成打滑。

② 主、从传动轮上的顶丝松脱。

③ 洗涤电动机有故障或电容器容量不足。

④ 洗涤电动机绕组接反，造成磁极反向。

（3）波轮时转时不转

可能有如下原因：

① 定时器不良，触头失灵。

② 线路接线松动。

③ 电容器引线虚焊。

（4）波轮单转，不能正、反向旋转

可能有如下原因：

① 定时器内的触头只有一组能闭合，另一组触头已烧坏或接触不良，或定时器内换向的一组线已有一根断路。

② 电容器的接线有一根断路。

③ 线路接错。

（5）洗涤时有异常响声

可能有如下原因：

① 紧固件松动。

② 电动机转子与轴之间松动。

③ 两个传动轮不在同一平面上。

④ V 带装得过紧或传动带上有飞边。

（6）洗涤时振动过大

在洗衣机安放平稳的情况下，可能有如下原因：

① V带装得过紧。

② 波轮轴已弯曲变形造成波轮偏心。

（7）有"嗡嗡"声，但波轮不转

可能有如下原因：

① 电压太低或负载过重。

② 电容器断路或短路。

③ 电动机绕组短路。

出现此种故障时，应立即切断电源，以免烧坏电动机。

（8）排水缓慢，或污水排不干

可能有如下原因：

① 排水阀拉带断脱或松弛，不能将排水阀完全拉开。

② 排水管拆成死角或被压瘪。

③ 排水阀内被杂物阻塞。

（9）脱水时脱水桶不转或转速变慢

可能有如下原因：

① 微动开关接触不良。

② 制动拉带太松，使摩擦块与制动轮不能完全脱开。

③ 制动轮与脱水电动机轴的顶丝松动，或连接螺钉与制动轮松动。

④ 制动绞线铆得太紧，转动不灵活，在制动弹簧作用下，长期处于制动状态。

（10）脱水时脱水桶转动不停

可能有如下原因：

① 脱水定时器位置不对或损坏。

② 制动控制绞线太短。

③ 安全开关失灵，电动机不停。

（11）脱水桶停止太慢

可能有如下原因：

① 制动弹簧弹性太弱或损坏。

② 制动摩擦片严重磨损。

③ 制动钢丝带损坏。

（12）定时器失灵。

除电路原因外，定时器本身可能有如下故障：

① 定时器内发条松脱或折断。

② 定时器内齿轮损坏。

③ 定时器内触头烧损。

④ 定时器外壳变形，造成齿轮移位。

（13）洗衣机漏电

可能有如下原因：

① 电动机碰壳。

② 带电部分的绝缘体受潮后绝缘性能下降或与箱体相碰漏电。

（14）洗衣机漏水

可能有如下原因：

① 波轮轴上的密封圈损坏。

② 轴承套与洗涤桶之间的垫圈损坏，使水沿轴承套外表漏出。

③ 洗衣桶底部的排水接头密封不严，或排水管接头破损。

④ 排水阀中的橡胶塞老化变质。

⑤ 排水阀外壳碰裂，或排水阀中有杂物，造成排水阀关闭不严。

2. 套桶（全自动）洗衣机具体故障检修思路

（1）接通电源，按动电源开关电脑程控指示灯不亮

可能有如下原因：

① 电源开关接触不良。

② 电源变压器断路。

③ 电源部分的插件脱落。

④ 电脑程控器损坏。

（2）接通电源，按下起动按键，洗衣机不进水

可能有如下原因：

① 进水阀插件脱落或进水阀损坏。

② 电脑程控器损坏。

（3）注水达到预定水位后仍进水不止，波轮不转

可能有如下原因：

① 导气管破损或脱落。

② 气嘴被异物堵住或气塞漏气。

③ 水位开关损坏。

④ 电脑程控器损坏。

（4）进水正常，达到预定水位后能停止进水，但波轮不转

可能有如下原因：

① 变速器输入轴磨损。

② 变速器内卡簧跳槽或折断。

③ 抱簧滑块损坏。

④ 电容器损坏或电动机损坏。

⑤ 电脑程控器损坏。

（5）进水正常，但洗涤时波轮只能单向转动

可能有如下原因：

① 制动杆不能抱住变速器抱箍，或棘爪棘轮配合不当。

② 减速离合器内的齿轮损坏。

③ 电动机损坏。

④ 电脑程控器损坏。

（6）进水和洗涤正常，但不排水

可能有如下原因：

① 排水电磁铁损坏或排水阀体内牵引弹簧不良。

② 电脑程控器损坏。

③ 排水阀口有异物堵塞。

（7）脱水刚起动到高速转动时，电脑指示回跳到标准程序

可能有如下原因：

① 电源插座松动或电源开关接触不良。

② 电源变压器插件松动。

③ 电脑程控器损坏。

（8）脱水时波轮顺转，但脱水桶不转

可能有如下原因：

① 制动杆没有完全分离抱簧。

② 排水电磁阀损坏。

③ 电脑程控器损坏。

（9）洗涤正常，但不能脱水，蜂鸣器也不响

可能有如下原因：

① 传动传动带脱落。

② 制动杆没有完全分离抱簧，或抱簧滑块损坏。

③ 棘爪、棘轮配合不当。

④ 电容线脱落或电动机损坏。

⑤ 电脑程控器损坏。

（10）洗涤正常，但不能进入脱水程序，蜂鸣器响

可能有如下原因：

① 安全开关触头接触不良。

② 电脑程控器损坏。

（11）脱水时有轰鸣声

可能有如下原因：

① 轴承支座安装不佳或轴承损坏。

② 变速器与上支承磨损。

（12）脱水时盛水桶撞击箱体，且有较大振动

可能有如下原因：

① 脱水桶轴螺母松动。

② 支撑杆套内滑动避振橡皮失灵。

③ 平衡环内平衡液流失。

（13）洗涤时脱水桶跟转

可能有如下原因：

① 离合器制动带制动性能变差。

② 离合器扭簧性能变差。

③ 电磁铁动铁心卡死。

（四）洗衣机故障的基本判断方法

上门维修家电已成目前家电维修的主流，不仅给用户带来方便，也使维修者更能了解待修机的工作环境状况及出故障时的具体现象，在处理某些故障时判断得更快速更准确。上门维修洗衣机时主要应掌握以下快修方法与技能。

1. 询问技巧

询问技巧就是接收待修的洗衣机时，在电话里对用户进行详细询问，了解故障机的购买时间及故障现象，是否请人维修过等情况。通过询问，初步掌握洗衣机故障的可能原因和部位，为分析和判断故障提供思路。

2. 观察技巧

观察技巧即对故障洗衣机检修时使用看、听、嗅、触、测五种方法。它是利用人体感觉器官来接触故障机，使维修人员对待修机的故障作为初步判断。观察法是检修洗衣机最直接、最方便、最常用的维修技巧，使用此方法可以快速查找到故障的原因，使维修时少走弯路，省去维修中不必要的麻烦。

1）看。看故障洗衣机安放的环境是否合适，是否因潮湿而引起电路故障，因机器摆放不平稳而引起噪声等。起动机器看看机器是否能正常运转。看故障洗衣机的外壳、内部器件有无异常现象，接线是否松脱、断裂；焊点是否虚焊、脱焊；电容是否胀裂、漏液；各触头是否氧化、发黑等。

2）听。就是给故障洗衣机上电试机，仔细听洗衣机的运转声音是否正常，各电路系统有无通断声音，从而判断是电气故障还是机械故障。

3）嗅。就是在故障洗衣机运行时，通过嗅觉，检查洗衣机有无焦煳味及其他异味，并找到异味发生的部位。

4）触。就是待故障洗衣机运行一段时间后，用手去触摸各部件的温度，检查电动机是否温升过高、V 带是否过紧或过松、部件的固定螺钉是否松动等。

5）测。就是用试电笔测试机壳或各部件有无漏电现象，用电压表初步检测洗衣机各电源电路电压及导通状况，熔丝是否烧断。图 5-27 所示为日立 SF－BW9F 波轮式全自动洗衣机的熔丝的安装位置。

3. 操作技巧

操作技巧主要包括手动操作和按键操作两种技巧。

1）手动操作，就是在不通电状态下，用手转动洗衣机可转动的部件，如转动电动机的传动轮、离合器的传动轮、洗涤波轮等检查转动时有无卡阻现象，运行是否顺畅。

2）按键操作，就是给洗衣机上电时，操作各按键，观察机器的运转情况，为分析和判断故障原因及故障部位提供依据。

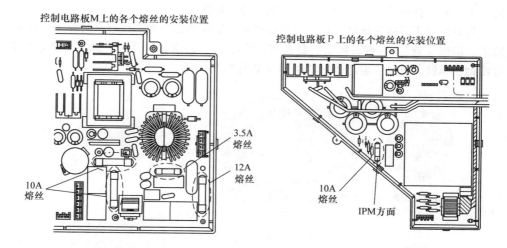

图 5-27　日立 SF – BW9F 波轮式全自动洗衣机的熔丝的安装位置

4. 测量技巧

测量技巧就是使用仪表测量洗衣机的电阻、电压和电流值，与正常值对比，从而找出故障部位和故障元器件。

1）测量电阻，就是在不通电的情况下，用万用表欧姆挡对电路、元器件的电阻进行测量，来判断其电路或元器件是否有故障。例如，测量接线端子间的电阻值，从理论讲，当开关处于接通位置时，其两线端子之间电阻值应为零，但实际上一般开关的接触电阻会有 30kΩ 左右，如实际测得的电阻值大于 30kΩ，则说明此开关接触不良；若测得接触电阻为无穷大，则说明该电路已断路。

2）测量电压，就是洗衣机在通电的状态下，用万用表交流挡测量各部件和接点上的电压降。正常情况下，当开关处于接通状态时，其输入端和输出端的电压降理论值应为零，但实际上由于开关存在一定的接触电阻，其输入端和输出端也会有部分压降。如果实测得压降偏大，则说明电路存在短路；如果实测得压降达到 220V，则说明该电路断路或电路中的某个元器件损坏，然后再沿线路逐点检查，即可找到故障点。

3）测量电流。在洗衣机维修中一般用于电动机电流的检测。即通过测量整机电流或部分绕组的电流值并与正常值比较，从而判断电动机是否有故障。

5. 替换技巧

在检修洗衣机时，当怀疑某一零部件有问题时，将其拆下，采用一个同型号、同规格、性能良好的零部件替换，看故障能否消除，若能消除则说明原零部件已损坏。

在洗衣机维修时，当怀疑一些简单的开关（像水位开关、安全开关等）有故障时，可将此开关拆下，用导线直接将电路短接代替，然后通上电源，看洗衣机能否正常运行。若能正常运行，则判断此开关损坏，需要更换。但要注意在用导线短接时，必须要绝缘，以防止造成电路损坏。

替换的技巧在洗衣机维修中经常使用，在检修洗衣机电路中的电容器和程序控制器时，大多采用替换技巧，以此加快洗衣机的维修速度。

为方便采用替换法维修，在维修洗衣机时，应配备的易损部件有水封胶圈、脱水大胶圈、熔丝（管）、V带、弹簧、制动带、阻尼套、绝缘套、开关、轴承、排水软管、接线帽、螺钉、螺母、定时器、控制器（见图5-28）等。

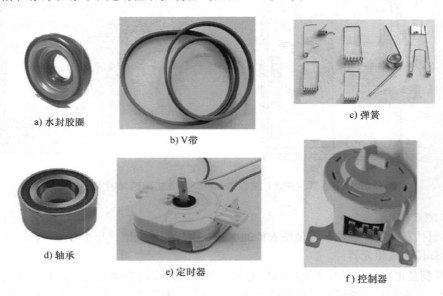

a) 水封胶圈

b) V带

c) 弹簧

d) 轴承

e) 定时器

f) 控制器

图 5-28　部分易损部件

6. 查找故障元器件技巧

当故障性质确定后，应根据该元器件正常工作所需要的条件有目标地查找故障部件和元器件。检修方法是，当电动机不能起动时，应先检查电容器是否损坏；水位开关失灵时，应检查空气压力传递管路是否漏气、堵塞、接头是否损坏；波轮转动失常时，应仔细观察是顺时针方向旋转失灵还是逆时针方向旋转失灵；如果是顺时针方向失灵，则可能制动带有油污。

7. 快速修理或更换元器件技巧

在修理洗衣机时，对于已确定损坏的部件和元器件都应该换新，并在修理或更换元器件时，应掌握以下技巧：

1）如果熔断器熔断，应注意观察熔断器的熔断状态，如端部熔断或内壁烧黑，则说明电路中存在短路故障，应在排除故障后再更换熔断器。

2）如果电脑程控器损坏，在更换前应检查电脑程控器外围控制部件的机械、电气件是否有故障，应在排除这些故障后才更换，否则有可能引起电脑程控器再次损坏。

3）注意正确接线。电脑控制型全自动洗衣机对某些接线有具体要求。因此，在接线前应参阅洗衣机上的电器接线图，一般厂商的电器接线图上都标有接线颜色，应按线色对应连接防止接错。

8. 注意事项

1）到达现场后，不要急于拆机，应先对用户的使用情况及机器出故障时的现象询问清楚。最初应从简单的检查开始，如机器的水源、电源是否接通，排水管是否放下等。

2）不要急于下结论，特别是滚筒全自动洗衣机电子控制部分的技术含量较高，对于那些疑难故障应从多方面分步检查。例如，选择单脱水来检测排水、脱水功能的正常与否；更换熔丝后还应就对其熔断的原因进行排查；更换新的电脑板时，必须检查其他部分有无故障才能装配等。

3）在维修过程中还应注意拆机操作的规范，特别是对微电脑程控器、电动机、加热器等主要部件故障的检查要仔细，判断要准确，更换要谨慎。

4）上门维修过程中使用工具要注意摆放安全，避免使自己或用户受到不必要的伤害或对用户的物品造成损坏。维修结束后注意不要把工具遗留在用户家里。

二、洗衣机检修时应注意的事项

洗衣机属于强电类的机电产品，因此检修时首先要注意人身安全，其次是避免机电部件的损坏。检修时应注意以下事项：

1）在进行温升、传动带松紧项目的检查时，应切断电源，以免触电或压伤手指。

2）测量起动电容时，应先将电容短路放电，以免人遭电击或击坏万用电表。

3）拆卸时应先弄清结构特点，避免损坏零部件。卸下的零部件应分部位分别存放，以避免丢失或搞混。

4）各种引线，在拆下后应作上标记，以免接错，造成短路或损坏电器元器件。

5）电脑全自动洗衣机的程控电脑的测量、更换应按 CMOS 集成电路的特点要求进行，以免静电击穿电脑。

6）检修后要注意绝缘。对引线、电脑板、电磁阀、电动机、控制器、定时器和各切换开关，要采取防水、防潮措施，确保人身和电气系统的安全。

三、洗衣机的常见故障检修

（一）洗衣机常见故障快修方法

在维修洗衣机时，掌握一些故障的快修方法可以加快维修速度、提高工作效率。实践维修洗衣机的快修方法很多，下面将洗衣机常见故障快修方法进行归纳。

1. 洗衣机整机不工作的快修方法

洗衣机不工作的故障范围主要出现在电源部分、负载部分、控制电路部分三方面，出现此类故障时电源指示灯又分两种故障现象。具体快修方法如下：

1）电源部分。出现此类故障时，应重点检查电源整流滤波电路及变压电路。维修实践中因滤波电容击穿或变压器匝间短路较为常见。快修时更换同类型滤波电容，更换或修复电源变压器。若故障出现在此部分，一般开机时，电源指示灯不会点亮。

2）负载部分。负载部分包括洗涤电动机、脱水电动机和烘干发热器件，当此部分器件出现故障主要是因为电动机绕组短路或漏电引起负载过重而熔断熔丝，从而使洗衣机整机不能工作。此时，由于熔丝管烧坏，切断了整机电源，指示灯不会点亮。快修时，应修复电动机绕组或更换电动机。

3）控制电路部分。全自动洗衣机采用单片微处理器电路，当单片微处理器出现故障时，会出现整机不工作故障。检查单片机故障，应重点检查单片微处理器的复位信号、电源电压和时钟信号是否正常；当上述三种信号电压异常时，单片微处理器便不会工作，从而出现整机不工作故障；当出现该类故障时，电源指示灯往往点亮。

维修此类故障时，应更换电脑主板。普通洗衣机由于其工作时控制系统一般采用机械或机电形式控制，所以此部分故障比较少。

2. 快修脱水电动机绕组局部短路的方法

脱水电动机绕组发生局部短路故障时，电动机会发出较明显的"哼哼"声，机体严重发热。当判断脱水电动机绕组存在局部短路并确定短路点之后，可以采用局部更换的方法进行修复。其具体修复方法是，先给需更换的绕组打上记号，然后将绕组放入装有香蕉水的盆内浸泡20h左右，待绕组上的浸漆软化后，取出短路点所在槽的槽楔，然后用尖嘴钳将已损坏的绕组从定子槽内拆除。再按照拆下线圈的线径及尺寸数据重绕后嵌入槽内，进行连接，整形、浸漆、烘干处理后，即可使用。

3. 洗衣机电源开关不能自锁的快修方法

全自动洗衣机电源开关出现不能自锁故障时，表现为接上电源后指示灯亮，洗衣机不能正常工作。若在使用中出现电源开关不能自锁时，在急用的情况下，可用重物压住电源开关，使之不能弹回到初始位置而处于接通状态，洗衣机就可以进行工作。但不能长期采用此种方法，洗涤完毕后，应搬开重物修理或更换新开关。

出现洗衣机电源开关不能自锁故障的原因及快修方法主要有如下几种：

1）快速修复电源开关中的钢针从滑动槽中脱出的故障。电源开关中的钢针从滑动槽中脱出，会使开关不能自锁。检修时，需要将电源开关拆开，将钢针重新装好即可。

2）快速修复开关中的滑动块槽飞边故障。电源开关中的滑动块槽飞边过多，引起开关钢针无法到位，使电源开关不能自锁。检修时，将电源开关拆开，取出滑动块，用小刀将其槽中的飞边削除即可排除故障。但在操作时必须小心，不要损坏槽形。

3）快速更换电源开关。开关长期使用后，其内部零件损坏，而造成电源开关不能自锁。用螺钉旋具旋下控制座紧固螺钉，拆下控制座，更换新的电源开关。

4. 洗衣机两位琴键开关故障的快修方法

两位琴键开关主要使用在机械式程序控制器的全自动洗衣机中，通过操作此开关，接通或者断开两个电路中的一个，进行水流强弱和漂洗等方式控制。该开关一般不会出现故障，但经长期使用后，如果触头烧蚀或簧片锈蚀，有可能出现接触不良，动作不灵的现象。

快修时，可用细砂纸将触点打磨光亮，并给开关加少许润滑油即可使开关恢复正常。

5. 洗衣机进水异常的快修方法

洗衣机进水故障分为四种情况，其快速修复方法如下：

1）快速修复洗衣机不进水故障。

① 快修方法一。检查水龙头是否打开，水压是否正常，用手摸进水阀的进水口，有无振动感。若上述方法都不能判断故障原因，则用万用表电阻挡检测进水电磁阀两接线片的电阻值，若为无穷大，则说明线圈断路，更换电磁阀。若电磁阀正常，则应进一步测电脑程控器工作电压是否正常。若输入电压正常，则说明程控器有故障，更换程控器即可。

② 快修方法二。通过拆卸机器来判断机械部分是否损坏。当确认是进水电磁阀有故障，但测得线圈电阻正常，应拆开电磁阀，检查阀体是否损坏。若水位压力开关不能断开，则可能是由于水位压力开关控制水位的弹簧锈蚀或折断，此时应更换电磁阀。若进水阀内水道被杂物堵塞或进水滤网被杂物堵塞，拆下清洗即可排除故障。

2）快速修复洗衣机进水不止故障。

① 快修方法一。测量进水电磁阀两端的电压是否为220V，电磁驱动电路的晶体管集电极电压是否为5V直流电压。若电压正常，则可判断双向晶闸管不良，更换晶闸管。

② 快修方法二。用导气管向水位压力开关吹气，并用万用表检测水位压力开关两接线片之间的电阻。在吹气时万用表若始终导通或不导通，则说明水位开关损坏，更换即可修复此类故障。

③ 快修方法三。当洗衣机进水不止时，将电源插头拔掉或关掉洗衣机电源开关，切断电源。如能停止进水，则判定程控器损坏，更换程控器即可。

3）快速修复洗衣机进水量未达到设定水位就停止进水故障。引起此故障的原因主要是水压开关性能不良，使集气室内空气压力尚未达到规定压力时，触头便提前由断开状态转换为闭合状态而停止进水。维修时，若检测水位控制弹簧弹力很小则更换水位控制弹簧；若是因为水压开关凸轮上凹槽磨损或损坏，则更换水位压力开关。

4）快速修复洗衣机进水量必须超过设定水位较多后才会停止进水故障。快修此类故障方法是，清除水压开关集气室导气接嘴处杂物或在漏气处用401胶封固，减少水位控制弹簧预压缩量。

6. 洗衣机排水异常的快修方法

洗衣机排水故障分3种情况，其故障原因及快速修复方法如下：

1）快速修复洗衣机排水速度慢故障。首先检查排水阀是否有杂物堵塞或排水软管是否折弯。若是，则清除阀内杂物或更换排水软管；若不是，则检查排水拉杆与橡胶阀门间隙是否过大。若是，则适当调小排水拉杆与橡胶阀门间隙；若不是，则检查排水阀内弹簧是否过长或失去弹性。若是，则更换内弹簧；若还不是，则说明排水电磁阀动铁心阻尼过大或吸力变小，排除原因或更换电磁阀。

2）快速修复洗衣机不排水故障。首先检查排水管是否放下。若是，则检查排水阀座内橡皮密封圈是否被污物堵塞。若是，清除污物即可；若否，则是因为排水管高于地面15cm以上，或延长排水管过长管口直径过细而造成排不出水。按照洗衣机排水管正确安装要求即可排除故障。

3）快速修复洗衣机排水不净故障。造成此类故障主要是因为水压开关性能不良或空气管路有漏气，使集气室内空气压力变小，当盛水桶内水位还未下降到规定位置时，水压开关触头便提前动作，使总排水时间缩短，导致排水不净。若检查为水压开关损坏，则更换水压开关；若检查为空气管路漏气，则找到空气管路漏气处，用401胶密封即可迅速排除故障。

7. 洗衣机漏水故障快修方法

造成洗衣机漏水原因主要有排水管断裂、离合器密封圈失效、波轮轴轴封损坏、桶体破损等。快速修复方法如下：

1）快速修复排水管断裂故障。排水管断裂后会造成漏水，快速更换方法是，卸下箱体上的固定螺钉，松开与排水阀连接处的抱箍，将连接处的杂迹擦干净，涂上胶粘剂，再重新装上，并用抱箍卡紧即可。

2）快速更换离合器密封圈。离合器密封圈磨损后会造成漏水。离合器密封圈在装配时是使用专用机器压盘压入的，不能单独更换，维修时更换离合器上壳体总成即可修复此类故障。

3）快速修复波轮轴密封圈磨损或弹簧锈蚀故障。当波轮轴密封圈磨损或弹簧圈锈蚀时，水会从波轮轴四周向桶外渗出。维修时，先卸下波轮，将密封圈凹槽中的弹簧圈挑出，取出密封圈，更换新的密封圈及弹簧圈，重新装好即可。

如果一时找不到同规格的新弹簧圈及密封圈，也可找一块轮胎内胎橡胶剪成与拆下的密封圈一样的大小，在轴承槽内注入少量润滑油，将已制好的橡胶片安放后，将轴承挡碗盖上稍用力下压，将橡胶片夹紧。这样修复后，不需要再加弹簧圈，即可快速排除洗衣机漏水故障。

8. 洗衣机漏电故障快修方法

造成洗衣机漏电的原因主要有桶内液体带电、壳体带电、电磁感应现象引起感应电、静电。快速修复其故障具体方法如下：

1）快速修复桶内液体带电故障。检查桶下电子元器件的绝缘情况和渗水现象，并排除故障，隔离波轮轮轴和洗衣机带电部位即可排除漏电现象。

2）快速修复壳体带电故障。用绝缘胶布包好破损电源线，检查电容器本身是否损坏漏电，更换电容器。

3）快速排除电磁感应现象引起感应电及静电故障。洗衣机的感应电与静电经常出现，有时并不会同时出现，一旦发现洗衣机有带电现象应立即停机排除。

感应电能量较小，不会对人身安全造成危害，用验电笔测洗衣机会出现辉光现象。排除感应电的方法很简单，只要将洗衣机地线接好或对调电源接地线孔，将原来的插入地线孔的插片改插火线孔即可。

静电能量较大，严重时人会被强烈电击。更换传动带或传动轮，或者在维修时将传动带在清水中浸泡2h后，取出擦干，再重新装上即可排除带电故障。

9. 快速修复洗衣机蜂鸣器不报警故障

快速检修蜂鸣器不响故障应采用逆路检查法，分为三步：首先检查蜂鸣器本身是否损坏，再检查蜂鸣器驱动电路，最后检查蜂鸣器控制电路。

检查控制电路时，注意检测蜂鸣器信号测试点的信号波形和电压。其中，蜂鸣器驱动电路损坏的可能性较大。因蜂鸣器音频信号大多采用晶体管放大，若检测为晶体管损坏，应更换晶体管。若上述电路都正常，则说明蜂鸣器本身损坏，更换蜂鸣器。

10. 洗衣机脱水异常故障快修方法

洗衣机脱水故障现象主要有不脱水及脱水时发出较大噪声两种情况。检修此类故障时，应采用由简至繁的排除方法，修复方法如下：

1）快速修复洗衣机不脱水故障。首先，检查洗衣机门盖是否关好，衣物是否超出规定量，洗衣机是否旋转平稳。若是，则检查电动机传动带是否过松。若是，则进行调整。快速调整电动机传动带如图5-29所示，旋松电动机固定螺钉及调整螺钉，当向箭头 B 方向压紧传动带时，按箭头 A 方向移动电动机，使传动带平行，然后紧固电动机螺钉即可。

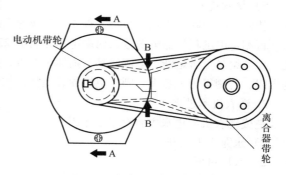

图 5-29　快速调整电动机传动带

另外，检测脱水电动机及起动电容是否损坏，若是则更换脱水电动机及起动电容。若否，则说明脱水电动机减速离合器故障或损坏。修理减速离合器或更换即可。

2）快速修复洗衣机脱水时发出较大噪声故障。清除脱水桶和洗涤桶之间杂物。检查脱水桶平衡圈是否破裂或漏液，若是，更换平衡圈；若否，则检查脱水桶法兰盘紧固螺钉是否松动或破裂，紧固或更换法兰盘即可排除故障。

11. 洗衣机噪声故障快修方法

洗衣机工作时发出的噪声及快修方法主要有以下几种：

1）当洗衣机工作时，发出"砰砰"响声，应调整洗衣机重心，使洗衣机放置平稳，也可在四个底脚上垫上适当厚度的垫块。

2）当洗衣机在空转时，波轮发出"咯咯"摩擦声，放入衣物后声音更大，则说明波轮螺钉松动。拆下波轮，在轴底端加垫适当厚度的垫圈，即可排除故障。

3）电动机运转时，传动带发出"噼啪"声。

此故障是因为传动带松弛所致。检修时，需将电动机机座的紧固螺钉和调整螺钉拧松，再将电动机向远离波轮轴方向移动，使传动带平行后，拧紧机座的调整螺钉及紧固螺钉即可排除故障。

（二）洗衣机常见故障快修技巧

全自动洗衣机结构紧凑、技术含量高，特别是控制系统检修难度较大，因此在洗衣机发生常见故障时，掌握一定的快修技巧可以快速排除故障，起到事半功倍的效果。现以部分最常见故障快修技巧总结如下。

1. 洗衣机不动作

造成洗衣机不动作主要有以下原因：

1）停电。

2）电源插头未插紧。

3）电脑程控器损坏。

4）导线组件损坏。

5）电源线损坏。

6）熔丝烧断。

快修此类故障的方法及技巧：首先，应快速确认是否有电，电源插头是否插紧。若否，再测定电脑程控器电源输入两端电压是否有 220V 电。若有，更换电脑程控器；若无，检查熔丝是否熔断，电源线是否损坏。若否，应进一步检测导线组件插接端子之间的电阻，若测得为无穷大，则应更换导线组件，故障排除。

2. 洗衣机不进水

造成洗衣机不进水主要有以下原因：

1）水龙头未打开。

2）水压过低。

3）自来水龙头处的进水滤网堵塞。

4）进水阀异常。

5）导线组件损坏。

6）电脑程控器损坏。

快修此类故障的方法及技巧：首先，应快速确认是否是水龙头未打开、水压过低、自来水龙头处的进水滤网堵塞造成的。若否，应接通电源，按一下"启动/暂停"键，听进水阀有无动作声音。若有，则可判断进水阀过滤网有堵塞致使水压过低，水不能进入洗衣机内，清除过滤网处的异物即可排除故障；若无，再进一步检测进水阀端子两端有无电压。若有，则应更换进水阀；若无，则可判断导线组件或电脑程控器损坏。

3. 洗衣机不转

造成洗衣机不转主要有以下原因：

1）离合器异常。

2）电动机部分异常。

3）电脑程控器损坏。

快修此类故障的方法及技巧：起动洗衣机无水洗涤程序，快速确认电动机是否动作。若有，则应检查离合器的轴承是否被锁住。若没被锁住，再检测电动机两端是否有电压。若无，则说明电脑程控器损坏；若有，则检查是否因电动机热保护动作。若无保护动作，则说明应更换电动机或电容器。

4. 洗衣机不排水

造成洗衣机不排水主要有以下原因：

1）排水管弯折或堵塞。

2）排水阀堵塞。

3）排水阀电动机损坏。

4）导线组件损坏。

5）电脑程控器损坏。

快修此类故障的方法及技巧：首先，应快速检查排水管是否弯折或堵塞。若否，应设置漂洗或脱水程序起动洗衣机，确认排水阀电动机是否动作，如图 5-30 所示。若排水阀电动机能正常拉开，则可判断排水阀堵塞，清除异物即可排除故障；若排水阀电动机不能动作，则应进一步检测排水阀电动机两端是否有电压。若有，更换排水阀电动机；若无，则可判断导线组件或电脑程控器损坏。

图 5-30　排水阀电动机

5. 洗衣机进水不止

造成洗衣机进水不止主要有以下原因：

1）进水阀损坏。

2）电脑程控器损坏。

3）导线组件损坏。

4）导气系统漏气或堵塞。

5）水位传感器损坏。

快修此类故障的方法及技巧：维修时不要接通电源，打开水龙头，检查进水阀是否进水。若是，更换进水阀即可快速排除故障；若否，此时应接通电源，但不按"启动/暂停"键，检查进水阀是否进水。若是，应更换电脑程控器；若否，则应进一步检查电脑板与水位传感器的导线是否导通。若是，应更换导线组件；若否，则可判断为导气系统漏气或水位传感器损坏而造成洗衣机进水不止。

6. 洗衣机脱不转

造成洗衣机脱不转主要有以下原因：

1）微动开关或停止开关损坏。

2）离合牵引器损坏。

3）减速离合器损坏。

快修此类故障的方法及技巧：首先，快速确认微动开关或停止开关的 ON/OFF 点是否正常。若否，更换微动开关或停止开关即可排除故障；若正常，则应进一步检查离合棘爪拉开时是否到位。若否，则说明离合牵引器损坏；若是，则可判断减速离合器已损坏。

7. 脱水噪声大

造成洗衣机脱水噪声大主要有以下原因：

1）电动机性能不良。

2）电动机固定螺钉松脱。

3）减速器性能不良。

4）棘轮与棘爪分离不好。

5）洗衣机安放不平稳。

6）导压管或导线组件打外桶。

7）吊杆座缺油。

快修此类故障的方法及技巧：引起此类故障的原因较多，维修时采用由简至繁排除方法来加以判断。首先，检查是否电动机噪声大。若是，说明电动机性能不良，需维修或更换电动机；若否，则检查电动机紧固螺钉是否牢固。若是，再检查减速器轴承是否良好。若否，更换减速器；若是，则应进一步检查棘轮与棘爪是否分离良好、洗衣机是否平稳、平衡环是否磨外桶盖、导压管或导线组件是否打外桶、吊杆座是否缺油。查出原因后再相应地调整棘爪角度或距离、调整机脚使其平衡、调整平衡环与外桶间隙、固定好导压管或导线组件、给吊杆座加注润滑油。

8. 洗涤噪声大

造成此类故障主要有以下原因：

1）电动机性能不良。

2）电动机固定螺钉松脱。

3）减速器性能不良。

4）波轮磨内桶底。

快修此类故障的方法及技巧：首先，判断是否因为电动机本身噪声大。若是，则说明电动机性能不良，需更换电动机；若否，则应检查电动机固定螺钉是否紧固牢固。若是，应进一步检查减速器齿轮啮合是否良好。若否，更换减速器；若是，则可判断为波轮磨内桶底造成洗衣机在洗涤时发出很大噪声，调整波轮与内桶间隙即可排除故障。

9. 洗衣机工作时判断布量不准

造成此类故障主要有以下原因：

1）波轮是否被异物止住。

2）电动机是否被止住或性能不良。

3）减速器是否被止住或性能不良。

4）电脑板是否损坏。

5）驱动器是否损坏。

快修此类故障方法及技巧：维修时，首先检查洗衣机工作时判断洗衣量比实际多还是少。若是判断比实际少则说明电脑板或驱动器损坏；若判断比实际多，则应检查波轮是否被异物卡住。若是，拆下波轮，取出异物即可；若否，则应进一步检查电动机或减速器是否被异物卡住或其性能不良。取出异物或更换即可排除故障。

10. 洗衣机工作时无瀑布产生

造成此类故障主要有以下原因：

1）外桶盖喷流处堵塞。

2）循环管堵塞。

3）排水泵堵塞。

4）排水泵损坏。

5）电脑程控器损坏。

快修此类故障的方法及技巧：首先，应检查排水泵是否动作。若否，则说明排水泵或电脑程控器损坏；若是，再检查外桶盖喷流处是否堵塞。若是，清理外桶盖即可；若否，则可判断循环管堵塞，清理循环管即可排除故障。

（三）洗衣机漏电故障检修方法

漏电是洗衣机常见故障。引起洗衣机漏电的原因主要有桶内液体带电，壳体带电，电磁感应现象引起感应电，静电。

1. 桶内液体带电

桶内液体带电是由于波轮轮轴和带电部位相连通引起的，通常检查桶下电气部件的绝缘情况和漏水现象。

2. 壳体带电

壳体带电应检查电源线是否存在外皮破损、铜线裸露，查出漏电部位后应使用绝缘胶布将其包好；或检查电容器本身是否损坏。

3. 电磁感应现象引起感应电

通常感应电能量较小，用测电笔测洗衣机会出现辉光现象，但不对人身安全造成危害。排除感应电的方法是，将洗衣机地线接好或对调电源接地线孔，将原来的插入地线孔的插片改插相线孔。

4. 静电

静电能量较大，严重时会给人以强烈电击。排除静电的方法是，更换传动带（传动轮）或将传动带在清水中浸泡2h后，取出擦干，再重新装上。

【提示】　洗衣机外静电与感应电时常出现，因此，一旦发现带电现象，应停机检查。

（四）洗衣机噪声故障检修方法

洗衣机使用一段时间后，由于机械磨损、缺乏润滑油、机件老化、弹簧疲劳变形等原因，会出现各种不正常噪声。若不及时修理，会导致洗衣机的机件加速磨损甚至损坏。根据噪声的不同可分为以下几种情况：

1. 洗衣时，机身发出"砰砰"响声

此故障通常是因为洗衣桶与外壳之间产生碰撞，或洗衣机放置的地面不平，以及4只底脚未与地面保持良好的接触。检修时，需调整洗衣机重心，平稳放置洗衣机，或在4个底脚垫上适当厚度的垫块。

2. 洗衣时，波轮转动发出"咯咯"摩擦声

当放入水（未放入衣物）时，波轮转动发出"咯咯"摩擦声，则说明波轮旋转时与洗衣桶的底部有摩擦引起的，可拆下波轮，重新修整后再装上；当放入衣物时，"咯咯"响声更大，则说明波轮螺钉松动，可拆卸波轮，在轴底端加垫适当厚度的垫圈，增加波轮与桶底的间隙即可。

3. 电动机转动时，转动传动带发出"噼啪"声

此故障是因为传动带松弛所致。检修时，需将电动机机座的紧固螺钉拧松，再将电动机向远离波轮轴方向转动，使传动带绷紧后，拧紧机座的紧固螺钉即可。

（五）洗衣机漏水故障检修方法

洗衣机漏水通常是由于油封失去弹性，加上长期运转磨损，使洗衣机的轴与油封之间出现缝隙造成的。检修时，先拆下拨水轮与轴，然后将已磨损的油封拆下，将新的油封重新装好即可。

> 【提示】 若无新油封时，可采用此方法修复：将波轮卸下，将坏油封凹槽中的弹簧圈取下，用镊子将新的橡皮圈（内径为 $\phi6mm$，高度为 5mm 左右）套入坏油封即可。

（六）洗衣机脱水桶敲缸故障检修方法

当洗衣机脱水桶倾斜，致使脱水缸与内套缸撞击而发出"咚咚"的撞击声叫做敲缸。引起敲缸的原因通常是脱水桶电动机的三个机座弹簧变软，或弹簧与橡胶套松动。检修时，可拆开洗衣机后盖，拔出弹簧，更换新的弹簧。

（七）脱水电动机绕组断路和短路检修方法

1. 脱水电动机绕组短路故障的检查

用万用表欧姆挡（$R \times 10$ 挡）测量其阻值，如果初级绕组电阻值在 $65 \sim 95\Omega$，次级绕组在 $110 \sim 200\Omega$（次级绕组的阻值比初级绕组的阻值大 50% 左右），说明该电动机正常。如果实测得的阻值较小，则可判断该电动机有短路故障。

2. 脱水电动机绕组断路故障的检查

用万用表欧姆挡测量绕组任意两引线间是否导通，若不导通，则判断该电动机绕组断路。电动机绕组断路或短路，应重新绕制绕组或更换新电动机。

（八）电动机转子断条的检修方法

当洗衣机洗涤电动机不易起动，或在空载时运转正常而在负载后电动机转速变慢时，首先应检查电动机绕组是否存在局部短路，轴承是否磨损或缺油，电容是否正常。在排除以上因素后，若电动机仍然难以起动及转速很慢时，则应考虑转子导条是否断裂，判断方法如下：

拆下电动机，在电动机初级、次级绕组上加 110V 的电压，用手转动一下转子，同时用万用表测量电流。若任一组引线的电流不是均匀的摆动，而是大幅度地升、降，则可判断为转子导条有砂眼或有断条现象。

转子铝条断裂的条数占整个转子槽数的 15% 左右时，电动机就不能正常工作。加载后转速下降，并发出忽高忽低的"嗡嗡"声，振动很大，转子发热，甚至断裂处还会出现火花。转子断条，轻者可以补焊，严重时只有更换新的电动机。

（九）脱水电动机绕组局部短路的检修方法

脱水电动机绕组发生局部短路故障后，在通电状态下电动机会有较明显的"哼哼"声，严重发热，即使外加推力电动机也不能运转。

1. 绕组局部短路的判断方法

判断电动机是否存在局部短路的方法有以下两种：

1）测量法。用万用表 $R \times 1k$ 挡测量电动机初级、次级绕组的串联电阻，若小于每相绕组的电阻之和，则可判断绕组存在局部短路。

2）感温法。拆下电动机的转子，用调压器给定子绕组加上 100V 左右的电压，用手感测绕组的发热情况，明显发热的部位则为短路点。

2. 绕组局部短路的修复方法

当判断绕组存在局部短路并确定短路点之后，可以采用局部更换的方法进行修复。其具体做法是，先给需更换的绕组打上记号，然后将绕组放入装有香蕉水的盆内浸泡20h 左右，待绕组上的浸漆软化后，取出短路点所在槽的槽楔，然后用尖嘴钳将已损坏的线圈从定子槽内拆除。再按照拆下线圈的线径及尺寸数据重绕后嵌入槽内，进行接线，整形、浸漆、烘干处理后，即可使用。

（十）定时器故障的检修方法

普通洗衣机的定时器由发条、齿轮机构等构成。当定时器发生故障时，可先从控制座上卸下定时器，拧下定时器上盖固定螺钉，取下上盖，将定时器发条拧紧，观察其凸轮、齿轮机构运转情况及触头断开、闭合情况，然后再进行检修。

定时器常见故障原因及检修方法如下：

1）发条脱落或断裂。如发条脱落可重新装上；如发条断裂，则应更换新发条。但必须注意，新换的发条必须与原发条规格相同。

2）齿轮啮合不良。齿轮啮合不良有两种原因，一是凸轮组件损坏；二是凸轮组件有脏物造成阻卡。应拆开齿轮、凸轮组件进行检查。若凸轮组件有零件损坏而引起松动，应予更换。若齿轮、凸轮组中有脏物，应进行清除，重新装配。

3）触点打火。洗衣机工作时，其定时器触头频繁通断，会导致触头表面烧蚀及簧片变形而引起触头接触不良，从而产生打火现象。检修时，应根据触头的实际烧蚀程度而定。如果触头只是轻度烧蚀，可采取清洗、打磨的方法进行修复，使其能保证良好的接触和断开即可。如果触头严重烧蚀，则应更换触头簧片。

4）进水或受潮。如果定时器盖有裂纹，水会沿裂纹滴入定时器内，同时洗涤时潮气也会进入到定时器内，损坏定时器。检修时，应拆开定时器，将其内部的水珠和积露擦除干净，并修补上盖的裂纹。

定时器结构较为精密，在洗衣机的器件中，定时器的价格不是很高，修复定时器的价值不大，如遇到较为难以解决的问题时，用同类型的定时器更换即可。

（十一）电源开关不能自锁的检修方法

全自动洗衣机电源开关出现不能自锁故障时，表现为接上电源后指示灯亮，洗衣机不能正常工作，其故障原因及检修方法如下：

1）开关中的钢针从滑动槽中脱出。电源开关中的钢针从滑动槽中脱出，会使开关不能自锁。检修时，需要将电源开关拆开，将钢针重新装好即可。

2）开关中的滑动块槽飞边。电源开关中的滑动块槽飞边过多，引起开关钢针无法到位，使电源开关不能自锁。检修时，需要将电源开关拆开，取出滑动块，用小刀将其槽中的飞边削除即可。但在操作时必须小心，不要损坏槽形。

3）开关本身损坏。开关长期使用后，其内部零件损坏，而造成电源开关不能自锁。检修时，可用螺钉旋具旋下控制座紧固螺钉，拆下控制座，更换新的电源开关。

> 【提示】　若在使用中出现电源开关不能自锁时，在急用的情况下，可用重物压住电源开关，使之不能弹回到初始位置而处于接通状态，洗衣机就可以进行工作，但不能长期采用此方法，洗涤完毕后，应搬开重物修理或更换新开关。

（十二）水位开关故障的检修方法

电脑控制型全自动洗衣机，在接通电源，选择洗涤程序后，洗衣机便开始进水，当水位达到一定高度时，波轮便开始转动。如果进水不止，且波轮不转动，先检查导气管有没有漏气现象，如果没有漏气现象，则说明水位开关有故障，可按以下方法进行检修：

1）检查水位开关上的插片是否松脱。打开控制座，检查水位开关上的插片与控制导线的插头是否松脱或接触不良。可拔下插头，清洁后重新插牢。

2）检查水位开关两插片是否导通。切断电源，拔下控制导线插头，用万用表电阻挡测量水位开关两插片间的电阻值，来判断是否导通，正常时应为导通。若不导通，则说明此水位开关已损坏，一般是水位开关橡胶密封圈破损漏气，应更换新的水位开关。

3）检查水位开关控制弹簧。检查水位开关的控制弹簧是否正常，如果弹簧的弹力太大，会使橡胶密封圈运动受阻，而不能动作，造成进水不止。此时，可调整其上的调整螺钉，使其处于正确位置即可。

4）检查水位开关的其他零件。如果水位开关的其他零件损坏，或因水位开关使用时间过长而引起损坏，则应更换新的水位开关。

> 【提示】　机械型程序控制器全自动洗衣机水位开关与电脑型程序控制器全自动洗衣机水位开关基本相似。所不同的是，电脑型全自动洗衣机水位开关只有2个插片；而机械型全自动洗衣机水位开关有3个插片，分2组。在自由状态下，机械型的一组导通而另一组断开；当受气压橡胶密封圈动作后，导通的一组断开，断开的一组导通，这是正常的。当出现故障时，其检修方法与电脑型洗衣机水位开关检修方法相同。

（十三）两位琴键开关故障的检修方法

两位琴键开关多用在机械式程序控制器的全自动洗衣机中，通过操作此开关，接通或者断开两个电路中一个，进行水流强弱和漂洗等方式控制。该开关一般不会出现故障，但经长期使用后，如果触头烧蚀或簧片锈蚀，有可能出现接触不良，动作不灵的现象。

检修时，可用细砂纸将触点打磨光亮，并给开关加少许润滑油即可使开关恢复正常。

（十四）自动断电开关故障的检修方法

自动断电开关主要由开关体、开关触头和电磁线圈等组成。这种开关既可用手动来完成接通和断开电源，又可受电子式程序控制器的控制。在全自动洗衣机中使用此开关，当整个洗涤程序完成后，自动切断电源。

自动断电开关常见故障主要是按键失灵和不能自动断电，检修方法如下：

1）按键失灵。当手动按动按键后不能接通电源，则可能是触头接触不良，用细砂纸打磨触头即可；当手动按动按键后不能断开电源，则可能是触头烧结在一起不能分开，应先拆开开关，将触头分开，再用砂纸将触头打磨干净即可使用。

2）不能自动断电。自动断电开关不能自动切断电源，一般是因为电磁铁的线圈烧坏或断路，导致衔铁不吸合所致。对于这种故障只能更换电磁铁或整个开关。

（十五）安全开关故障的检修方法

安全开关（又称门盖开关）在脱水过程中的作用。如果脱水桶内的衣物放得不平衡，脱水时就会出现剧烈振动；振动严重时，盛水桶就会碰到安全开关上的杠杆，从而牵动开关上的动簧片，切断脱水电动机电源，使电动机停转。在脱水过程中，如果需中途停机，打开洗衣机盖，安全开关就会断开相应的电路，使电动机停止转动，并起动制动机构，使脱水桶迅速停止转动。

安全开关出现故障时，会出现脱水时脱水桶不转，或在脱水时打开洗衣机盖脱水桶不能停转。安全开关常见的故障是触头接触不良，可按以下方法进行检修：

1）检查触头。先将触头上的污物清洗干净，再用尖嘴钳对触点簧片调整，使上下簧片保持适当距离。

2）检查滑块。安全开关下面的小滑块滑动不顺畅也会导致触头接触不上，检修时，可在滑道外涂少许润滑油。

（十六）排水阀不能正常关闭的检修方法

洗衣机排水阀不能正常关闭，是指洗衣机排水开关处于"关"状态时，排水管仍有水流出。当洗衣机出现此种现象时，首先应检查洗涤桶内的水位是否太高使水从溢水口流出。若不是，则说明排水阀有故障，故障原因及检修方法如下：

1）排水阀拉带太短。洗衣机的排水阀是利用拉带拉动阀芯来实现打开或关闭的，如果排水阀拉带太短，则会使阀芯无法关闭严密而造成泄漏。检修时，将阀带适当放长或更换拉带。

2）排水阀弹簧锈蚀或断裂。排水阀弹簧锈蚀或断裂，弹力不够，会使阀芯关闭不严，而造成漏水。检查时，可拆开排气阀，更换弹簧。

3）排水阀内有杂物。排水阀内有杂物顶住阀芯，使排水阀关闭不严，而造成泄漏。检修时，可打开排水阀，将杂物清除干净。

4）排水阀芯损坏。排水阀芯为橡胶制品，长期使用后会出现破损、飞边、砂眼、气孔等，而使排水阀产生漏水。检修时，只有更换阀芯或整个排水阀。

（十七）洗涤时减速离合器发出异常响声的检修方法

洗涤时，减速离合器发出异常响声的故障原因及检修方法如下：

1）紧固件松动。减速离合是一个组件，当某一紧固螺钉松动时，则会发出异常响声。此时，将其紧固即可。

2）棘爪安装不到位。减速离合器在工作时，棘爪与棘轮正常啮合，离合器才能正常工作；若棘爪安装不到位，则会发出异常响声。此时，将其安装到位即可。

3）轴承磨损。洗衣机长期使用后，其减速离合器的含油轴承或滚动轴承会发生不同程度的磨损，而在运转中产生异常响声。此时，应使用专用工具更换新轴承。

4）传动轮破裂。检查减速离合器的传动轮有无破裂，若有，只有更换新的传动轮。

5）止逆扭簧断裂。减速离合器的止逆扭簧安装不到位或断裂均会在运行中发生异常响声。检修时，首先应将止逆扭簧重新安装，若止逆扭簧断裂，只有更换新的止逆扭簧。

6）减速齿轮磨损。减速离合器是依靠不同规格齿轮的啮合来实现变换速度的。如果行星齿轮与齿轮轴顶端的齿轮、与内齿轮的啮合及滚动支架与洗涤轴花键的啮合不良，则会发生异常响声。此时，只有更换减速离合器的减速齿轮才能修复。

第六章　电冰箱实用技能资料

一、电冰箱专用部件代换及技术资料

（一）电冰箱加热器的代换

加热器损坏的原因主要有断丝、不发热等。检修时，可用万用表测量电热丝的阻值是否正常，以确认加热器是否损坏，如加热器已损坏通常视具体情况进行检修与代换。

1. 防冻加热器

防冻加热器损坏时，可用直径为 2.5 ~ 3mm 的塑料外皮加热线粘结在与待加热部位展开形状相同的平面铝箔上，再将其粘贴在加热部位的外表面。

2. 温度补偿加热器

温度补偿加热器由于多数采用内藏式结构，且位于箱体内，一旦损坏，最好更换箱体，或采用以下方法进行代换检修。

（1）用大功率电阻代换补偿加热丝

先剪掉箱内发热丝的两个接头，并联一只大功率电阻（5.1kΩ/10W ~ 7.5kΩ/10W）。图 6-1 所示为用大功率电阻代换补偿加热丝电路图。

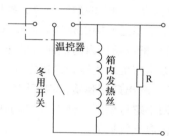

图 6-1　用大功率电阻代换补偿加热丝电路图

> 【提示】　当电阻体积较大时，可用较小功率的电阻并联代替。接好后将电阻和接头用硅胶封死，避免出现漏电，最后将电阻贴在下蒸发器上，使电冰箱在冬季能正常工作即可。

（2）用箱内照明灯串联二极管代换发热丝

图 6-2 所示为用箱内照明灯串联二极管代换发热丝电路图。将二极管置于温控器盒内。冬季时，冬用开关打开，照明灯点亮，箱内温度升高，从而达到温度补偿的目的。将冬用开关关掉后，照明灯的开关就跟改接前一样。即，开门时，照明灯点亮；关门后，照明灯不亮。

（3）用电冰箱节能器或电子温控器代换发热丝

将温控器置于"不停机"挡，然后将电冰箱节能器或外接式电子温控器的控制旋钮调至适当的位置即可。

（4）加装外加热器

1）带转换开关的流线型温控盒外加热器。先拆下温

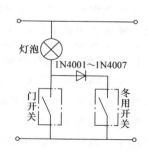

图 6-2　用箱内照明灯串联二极管代换发热丝电路图

控盒，将原装加热器的两根白线插头拔出，然后将维修用外加热器的大插头插入原加热器的温控器处插头，小插头插入原加热器的转换开关处插头。再将维修用外加热器的加热部分装入，最后将温控盒按原样固定在内胆上。

2）带磁控开关的温控盒外加热器。先拆下温控盒，将原装加热器的两根白线插头拔出；再将维修用外加热器的大插头插入原加热器的温控器处插头，小插头剪下并剥出约10mm长的线头；同时将与加热器连接的磁控开关红色线的圆插头剪下并剥出约10mm长的线头，将此两线连接上并用绝缘胶布包裹好；再将维修用外加热器的加热部分装入，最后将温控盒按原样固定在内胆上。

（二）电冰箱压缩机的代换

由于现在各大压缩机厂商都已基本停止R12、R134a压缩机的生产，在维修中就要涉及压缩机的代换问题。一般如原来为R12制冷系统，可直接将压缩机换成相同制冷量的R600a压缩机，其拆除压缩机的一般步骤如下：

1）断开抽空的加液封口，放掉制冷剂，焊开高低压连接管，为防湿气进入制冷系统，用木塞把连接机壳的高低压管口堵死，松开固定螺钉，取出压缩机。

2）把压缩机内的机油从低压吸气管倒出，再用量杯装420～450mL机油注入；然后根据压缩机的式样和连接方式，在焊缝处锯开。

3）取出避振弹簧，将压缩机平放在支架上；拆除高压缓冲管的螺钉卡子，并将缸盖的四个螺钉松掉，使缓冲管与压缩机分离；同时，拔下压缩机电动机引线，取出机心，再取下气缸体。

4）拆下曲轴，将其下端的油嘴轻轻拆下，用台钳夹住曲轴，将两根铁管套在曲柄两端，并将偏心平衡块插入，稍稍拧紧，顶下转子。

5）将拆下的零件用汽油进行清洗（除电动机定子外），将不能用的密封垫片及磨损、腐蚀、变形的零件全部更换。

> **【提示】** 抽真空后灌R600a制冷剂，灌注量为原R12制冷剂灌注量的45%～50%。如原为R134a系统则要将原系统管路先用氮吹干净，再抽真空约30min以上（要从过滤器及压缩机的工艺管两端抽真空）；然后再换上相同排气量（非压缩机铭牌上的额定功率）的R600a压缩机，抽真空后灌注R600a制冷剂，灌注量为原R134a制冷剂灌注量的50%～60%。

（三）定频电冰箱换板维修

对于电脑板损坏严重的电冰箱建议采用换板维修，这样既方便又快捷。步骤很简单，注意连接端口匹配，换板型号匹配。

换板时，非专业人员请勿拆卸主控板（包括打开控制盒盖），先将电冰箱的电源拔掉，用十字螺钉旋具拆开主控制盒，打开主控制盒盖，将电冰箱主控板上的电缆插头拔下（按住插头上的卡扣），更换损坏的主控板后，盖上主控制盒盖，将螺钉固定即可。图6-3所示为主控板拆卸示意图。

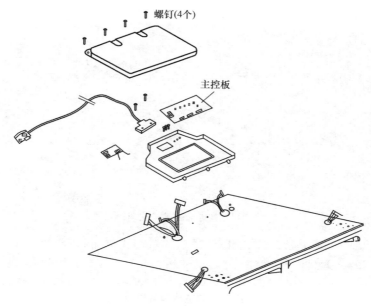

图 6-3　主控板拆卸示意图

（四）变频电冰箱换板维修

对于变频电冰箱换板维修，则大多是采用原装板直接更换。例如，海尔电冰箱更换变频板（见图 6-4），可直接购买相同型号的变频板（可看电脑板上的配件编号，按配件编号购买即可），将接插件直接插上即可使用。

图 6-4　海尔电冰箱某型号变频板

同一个品牌变频电冰箱的电脑板大多不可以采用同一块电脑板进行换板维修，一定要注意电脑板的编号，同编号的电脑板则可以直接进行换板维修，如海尔变频电冰箱电脑板（见图6-5）。

图6-5　海尔变频电冰箱某型号电脑板

二、电冰箱主芯片应用代表电路参考图

（一）海尔BCD–190W型双温双控电冰箱电路参考图（见图6-6）

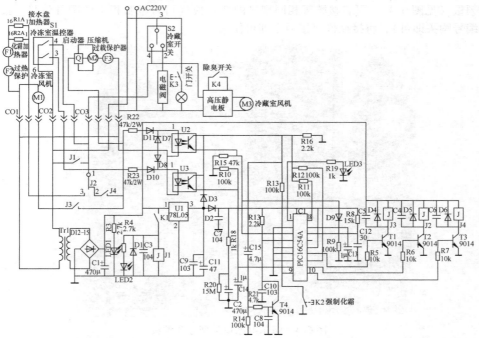

图6-6　海尔BCD–190W型双温双控电冰箱电路参考图

（二）海尔BCD–196KF电冰箱电路参考图（见图6-7）

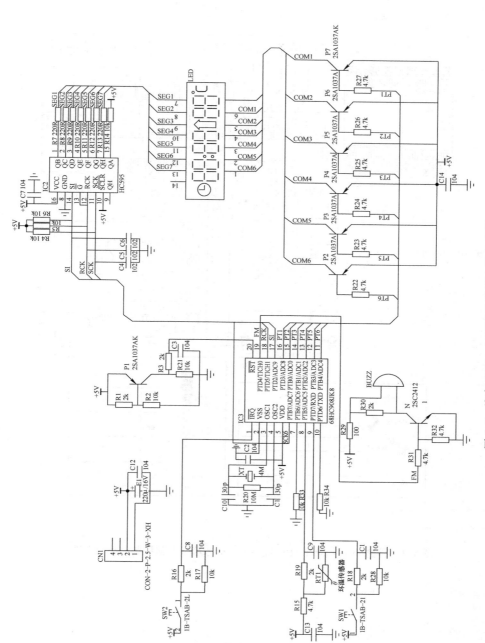

图6-7　海尔BCD-196KF电冰箱电路参考图

（三）科龙 BCD–209W/HC 数字生态电冰箱微电脑控制电路参考图（见图6-8）

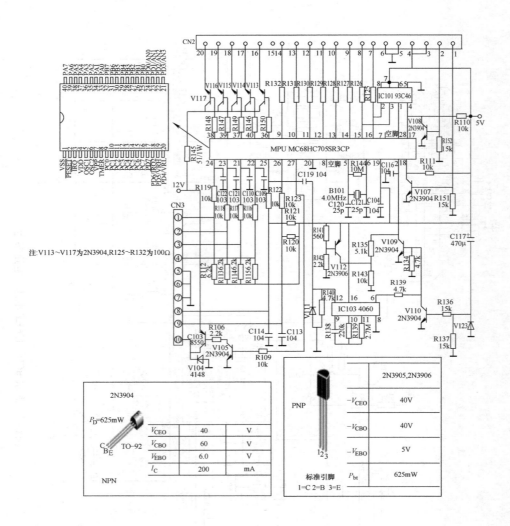

图6-8　科龙 BCD–209W/HC 数字生态电冰箱微电脑控制电路参考图

（四）三星 RSG5BLFH 变频对开门式电冰箱电路参考图（见图 6-9）

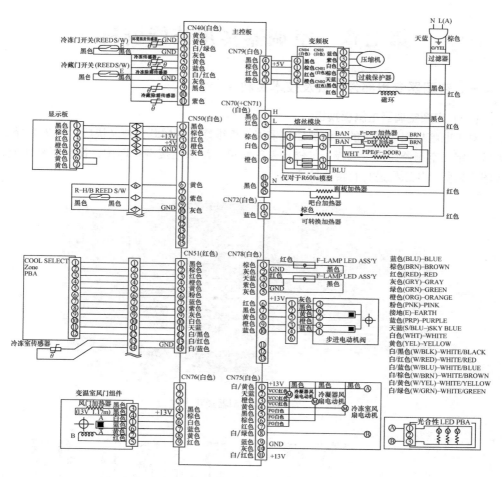

图 6-9　三星 RSG5BLFH 变频对开门式电冰箱电路参考图

第七章　空调器实用技能资料

一、空调器专用部件代换及技术资料

（一）定频空调器电脑板换板

对于电脑板损坏严重的空调器建议采用换板维修，这样既方便又快捷。图 7-1 所示为常用定频空调器通用电脑板。维修步骤很简单，注意连接端口匹配，换板型号匹配，按图 7-2 所示与原机进行直接连接即可。

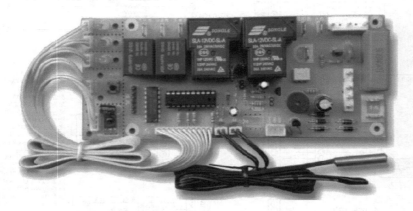

图 7-1　常用定频空调器通用电脑板

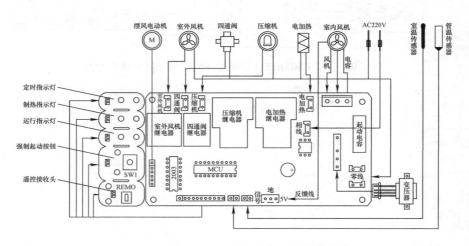

图 7-2　常用定频空调器通用电脑板接线图

【提示】 定频空调器换板维修注意事项：定频空调器换通用电脑板后，通电前应检查室内风机线是否与更换的通用电脑板接线端子顺序相同。换板后严禁不观察直接通电试用。若换板后，空调器室内风机不能正常运转，则应将通用电脑板的上起动电容更换为与原机起动电容一样的电容器。

（二）变频空调器电脑板换板

对于变频空调器换板维修，则大多是采用原装板直接更换，比通用板更换更简单。例如，海信空调器更换变频板（见图7-3），则直接购买相同型号的变频板（可看电脑板上的配件编号，按配件编号购买即可），将接插件直接插上即可使用。

图7-3 海信空调器更换变频板

同一个品牌变频空调器的电脑板大多不可以采用同一块电脑板进行换板维修，一定要注意电脑板的编号，同编号的电脑板则可以直接进行换板维修，如海信变频空调器电脑板（见图7-4）。

【提示】 变频空调器换板维修注意事项：变频空调器有可能有多块电脑板，要注意区分换哪块，不同的电脑板有不同的编号，如0010403559则是海尔一款变频空调器电脑板的编号。一定要注意同板更换。

为提高变频空调器的能效，有时也可以通过更换电脑板来达到此目的。例如海尔 KFR－35GW/E2BP 变频空调器为提高能效，可将原电脑板0010403330更改为0010403559。

（三）空调器压缩机的更换

更换压缩机必须使用的工具有弯管器、割管器、切管器、钳子、焊接设备、抽真空

图 7-4 海信变频空调器电脑板

及充灌工具、辅助材料和焊剂等。

更换压缩机及连带件时，先应慢慢放出残留的制冷剂，如泄放速度太快，则容易把压缩机内的润滑油放掉。拆焊导入和导出管道时，防止烧坏隔热材料。更换新压缩机后，导入导出管应弯曲整形，用扩口器将一端扩成杯形口（见图7-5），将另一端插入杯形口内，对管道进行焊接时，应严格操作每一步，保证焊接的质量。

焊接方法如下：①将调节好火焰的焊枪对准要焊接的铜管焊口来回移动均匀加热；②当焊接口加热成暗红色时，将焊条放在焊接口处，用喷枪的亮蓝色火焰（中焰）将焊条熔化（见图7-6），待焊条熔化且均匀地包围在焊接口后，将焊条移开；③冷却后将洗涤剂涂抹在接口上检查气泡，等加压后检查是否焊接牢实。

图 7-5 扩成杯形口

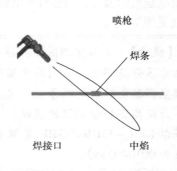

图 7-6 管道焊接

【提示】 如果压缩机损坏，光更换压缩机，往往不能完全排除故障。更换压缩机时，必须根据故障状况，更换连带的零件及压缩机冷冻油。如冷冻油呈暗黑色烧焦状，必须更换冷冻油，并对冷冻系统进行清洗。同时更换压缩机、贮液罐、毛细管和翅片。

二、空调器主芯片应用代表电路参考图

（一）海信 KFR－45LW/39BP 空调器室内机电路参考图（见图7-7）

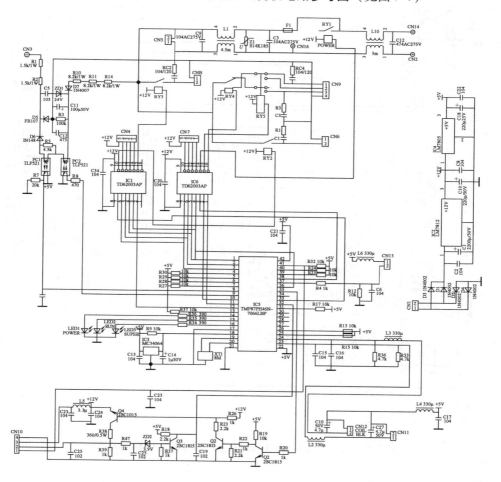

图7-7 海信 KFR－45LW/39BP 空调器室内机电路参考图

（二）海信 KFR－45LW/39BP 空调器显示板电路参考图（见图7-8）

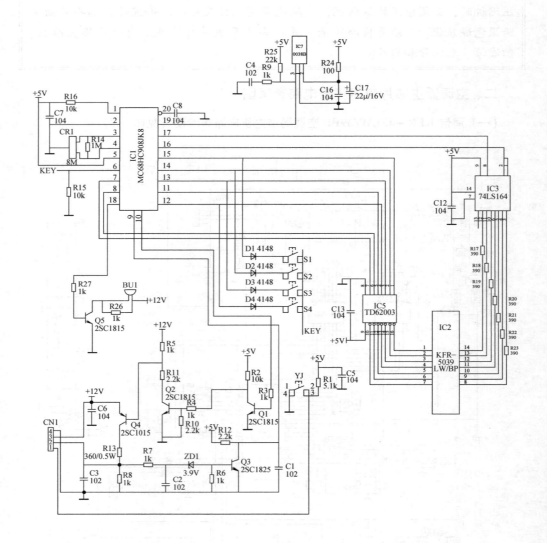

图7-8　海信 KFR－45LW/39BP 空调器显示板电路参考图

（三）海信 KFR－45LW/39BP 空调器控制板电路参考图（见图7-9）

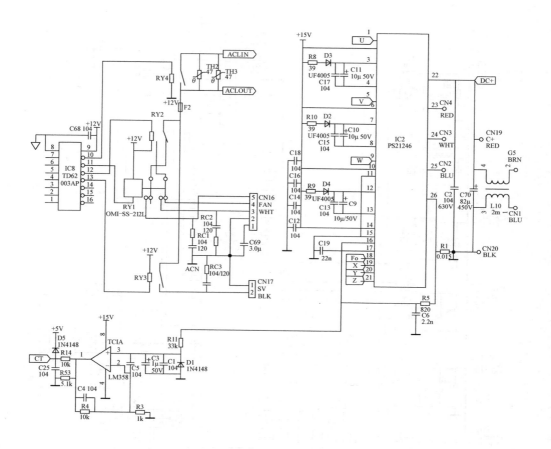

图7-9 海信 KFR－45LW/39BP 空调器控制板电路参考图

（四）海信 KFR – 45LW/39BP 空调器室外机控制板电路参考图（见图 7-10）

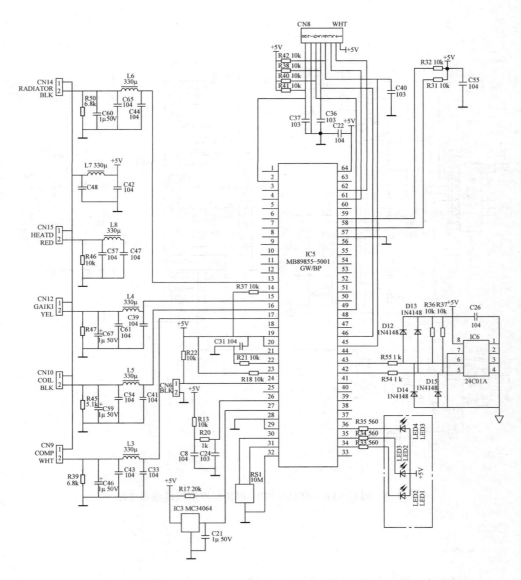

图 7-10　海信 KFR – 45LW/39BP 空调器室外机控制板电路参考图

第八章 洗衣机实用技能资料

一、洗衣机专用部件代换及技术资料

（一）洗衣机电子程序控制器换板维修操作步骤

电子程序控制器故障原因主要是触头或弹簧片异常，若不能修复，则只能更换新的电子程序控制器。以滚筒式洗衣机为例，更换操作步骤如下：

1）用十字螺钉旋具卸下洗衣机上盖后边的两处固定螺钉，从上盖前端用手向后拍几下，即可取下上盖。

2）将程控器旋钮指针顺时针方向旋至停止（Stop）位置，用螺钉旋具从程控器旋钮的后面将程控器旋钮向外推出；松开导线捆扎线，使连线处于自由松散状态。

3）用十字螺钉旋具拧下安装程控器的两处螺钉，即可卸下程控器，如图8-1所示。

4）按照程控器上的编号重新将导线插到新换的程控器上。确保插线无误后，再按拆卸相反的顺序安装新的程控器。

图 8-1　卸下损坏的程控器

5）在安装程控器旋钮时，左手应向右推动分水杠杆臂，使杠杆臂弯钩离开旋钮安装孔，然后用右手将旋钮指针对准程控器停止（Stop）位置后推入安装孔，或将程控器旋钮对准程控器安装轴上弧线较长的扇形面推入安装孔。

6）理顺连线，用捆扎线捆好，然后固定到箱体上，且不能有张力。

（二）洗衣机电脑板换板维修操作步骤

洗衣机电脑板有其特殊性，因为洗衣机电脑板工作环境较潮湿，电脑板易受潮而不能正常工 作甚至损坏。有些电脑板的印制电路防潮是用透明软体胶固封，元器件在封闭的工作条件下发热，引起透明胶体脱胶，脱胶造成潮气进入，从而造成电脑板损坏的可能性升高。

1. 原配电脑板换板维修操作步骤

洗衣机电脑板损坏，难以修复，可使用与故障洗衣机相同品牌、相同型号新的电脑板代换来排除故障。以典型全自动波轮洗衣机为例，代换操作步骤如下：

1）首先拔下电源插头，卸下进水管插接器。

2）拧下洗衣机控制面板几处固定螺钉，卸下控制面板，取出防水板，如图8-2所示。

3）代换电脑板之前，应先排查故障洗衣机进水阀、排水电动机、电动机是否正常（见图8-3～图8-5），若存在故障应先修复，否则可能会烧毁新的电脑板。

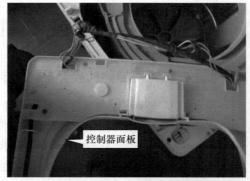

控制器面板

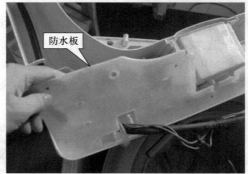

防水板

图8-2　卸下控制器面板和防水板

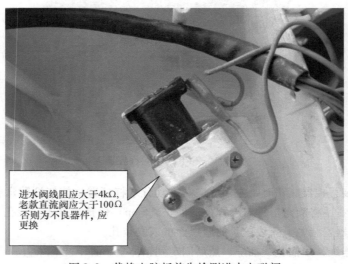

进水阀线阻应大于4kΩ，老款直流阀应大于100Ω否则为不良器件，应更换

图8-3　代换电脑板前先检测进水电磁阀

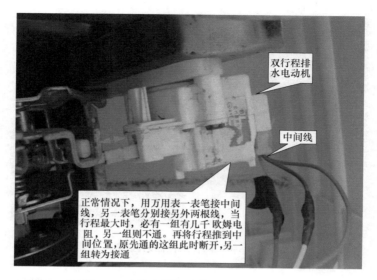

双行程排水电动机

中间线

正常情况下，用万用表一表笔接中间线，另一表笔分别接另外两根线，当行程最大时，必有一组有几千欧姆电阻，另一组则不通。再将行程推到中间位置，原先通的这组此时断开，另一组转为接通

图 8-4　代换电脑板前先检测排水电动机

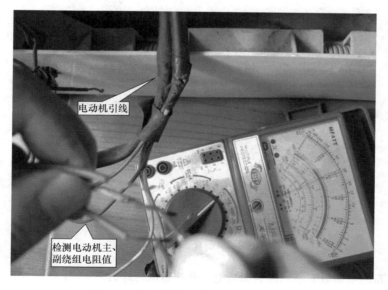

电动机引线

检测电动机主、副绕组电阻值

图 8-5　代换电脑板前先检测电动机

　4）代换电脑板之前，应确定故障洗衣机水位器与新的电脑板是否对应。若故障洗衣机原配为机械水位开关，更换新电脑板前，应更换与新电脑板相等频率的电子水位传感器，否则会出现进水不止或不干衣现象。两种水位器的区别如图 8-6 所示。

　5）拧下故障电脑板几处固定螺钉，拔下上面的水位传感器、进水电磁阀等插件，将故障电脑板从控制面板上卸下，如图 8-7 所示。

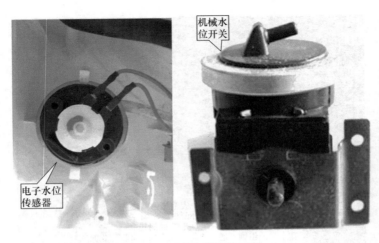

图 8-6　两种水位器的区别

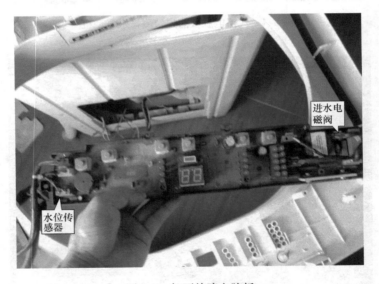

图 8-7　卸下故障电脑板

6）将新的电脑板安装到控制面板上，并拧紧固定螺钉。

7）将新电脑板各插线与插线孔按相同对应颜色分别插接好。

8）恢复控制面板后，即可通电试机。

2. 通用型电脑板换板维修操作步骤

一般情况下，代换的电脑板要求与故障洗衣机电脑板的型号应一致。而对于部分洗衣机，由于难以找到原配的电脑板，实践维修中，也使用改装型即通用电脑板进行代换。

通用型电脑板又称万能板，是专门为全自动波轮洗衣机和滚筒洗衣机的改装而生产的一种简易洗衣机控制器。图8-8 所示为全自动滚筒洗衣机通用电脑板。通用型电脑板性能不及原配电脑板，代换过程也比较复杂些。具体操作步骤如下：

1）电脑板拆装。首先断电，并断开进水管，卸下控制台固定螺钉；然后从故障电脑板上拔下导线插头，松开水位开关、电源开关的固定螺钉，卸下水位开关、电源开关等，即可卸下故障电脑板；取出万能电脑板，将各引线按颜色分辨清楚，并插接好。

2）水位传感器处理。更换新的电脑板之前，应卸下旧的水位传感器，更换上随万能电脑板配送的专用水位开关；以免旧的水位传感器与万能电脑板不对应，从而出现进水不止或不干衣现象。

图 8-8　万能电脑板

3）排水牵引阀处理。滚筒式全自动洗衣机为上排水方式，采用交流排水泵排水。全自动波轮洗衣机通常采用排水牵引阀为直流排水阀和交流排水阀两种类型。电脑板输出也相对有交流输出和直流输出两种，代换电脑板时务必注意，不能用错。同时注意检测排水阀电阻值，以防因漏电短路击穿新电脑板晶闸管。

4）进水阀处理。全自动洗衣机多为交流进水阀，只需把连接线接上即可。为了稳妥，建议先测量其电阻值是否小于 $4k\Omega$，如小于 $4k\Omega$ 则为漏电短路，容易把新换电脑板的进水晶闸管击穿而造成一通电就马上进水的故障。

5）门开关处理。代换电脑板后，若遇到排水后不脱水故障（不进行第二程序且有报警声），应检查门开关是否接触良好（如触头接触不良、断线等）。

6）电动机线路处理。把洗衣机电动机阻值一样的两根线分别接至电脑板的相应脚上，如果接上后，如出现在干衣时单是波轮转而外桶不转，将此两根线对调即可。

7）电源开关线路处理。一般情况下，对于普通电源开关只需接上电源开关端口即可，自动端口可不用。而对于某些具有电源开关自动跳闸功能的洗衣机。接线时，要注意四个插头不能接错，否则不能自动跳或电源不通电。

【提示】　1）代换万能电脑板前，应先了解包装盒上各插口的功能说明以及洗衣机的电路说明。安装时只要把各器件上的插头对应到万能板上的插口就行了。对于双插，有可能对应不上万能板上的插口，需剪下插线，再分别对应接上。一般的洗衣机电路布线是，双插上的红、蓝色线是洗衣电动机的正反转，棕、黄色线是电源相线与零线，灰色线是进水阀，紫色线是排水阀；两条都是蓝色线的那个插头是门开关，两条都是黄色的那个插头是水位传感器，黑色线为自动开关线。

　　2）万能电脑板安装好试机，观察波轮或滚筒的转向是否为顺时针，若不是，则对调接线即可。

二、洗衣机主芯片代表电路参考图

（一）LG WD – A1226EDS 全自动滚筒洗衣机电路参考图（见图8-9）

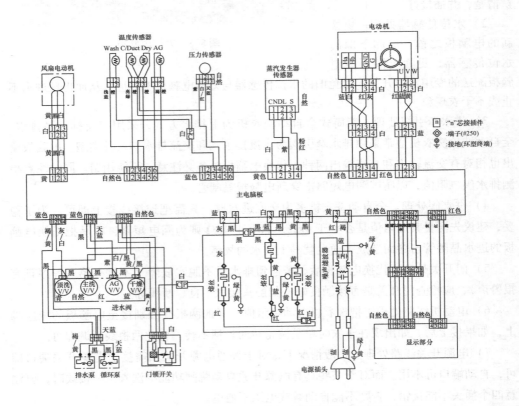

图8-9　LG WD – A1226EDS 全自动滚筒洗衣机电路参考图

（二）海尔 XQG50 – BS1268Z、XQG50 – BS1068Z、XQG50 – BS968Z 全自动滚筒洗衣机电路参考图（见图 8-10）

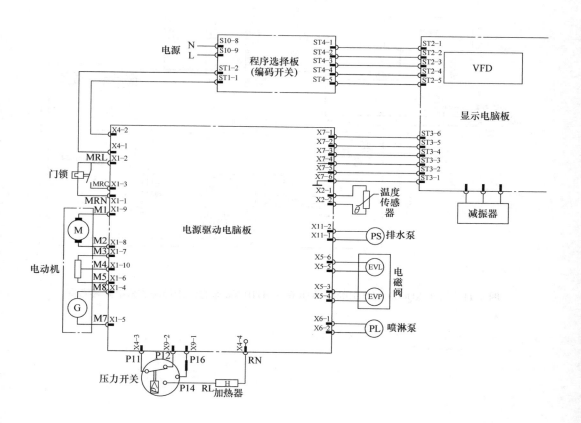

图 8-10　海尔 XQG50 – BS1268Z、XQG50 – BS1068Z、XQG50 – BS968Z
全自动滚筒洗衣机电路参考图

（三）海尔 XQG60 – HTD1068、XQG60 – HTD1268 全自动滚筒洗衣机电路参考图
（见图 8-11）

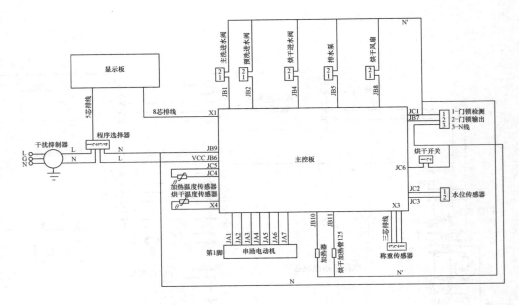

图 8-11　海尔 XQG60 – HTD1068、XQG60 – HTD1268 全自动滚筒洗衣机电路参考图